Physik für MTA

Uwe Gunther Schröder

Physik für MTA

ausgerichtet auf den Lehrinhaltskatalog
mit Übungsfragen

2., unveränderte Auflage
230 Abbildungen, 20 Tabellen

1998
Georg Thieme Verlag Stuttgart · New York

Dr. rer. nat. U. G. Schröder, Diplomphysiker
Westerholter Weg 80
45657 Recklinghausen

Zeichnungen von Joachim Hormann, Stuttgart

Die Deutsche Bibliothek – CIP-Einheitsaufnahme

Schröder, Uwe Gunther:
Physik für MTA : ausgerichtet auf den Lehrinhaltskatalog mit Übungsfragen / Uwe Gunther Schröder. – 2., unveränd. Aufl. – Stuttgart ; New York : Thieme, 1998

Wichtiger Hinweis:
Wie jede Wissenschaft ist die Medizin ständigen Entwicklungen unterworfen. Forschung und klinische Erfahrung erweitern unsere Erkenntnisse, insbesondere was Behandlung und medikamentöse Therapie anbelangt. Soweit in diesem Werk eine Dosierung oder eine Applikation erwähnt wird, darf der Leser zwar darauf vertrauen, daß Autoren, Herausgeber und Verlag große Sorgfalt darauf verwandt haben, daß diese Angabe **dem Wissensstand bei Fertigstellung des Werkes** entspricht.

Für Angaben über Dosierungsanweisungen und Applikationsformen kann vom Verlag jedoch keine Gewähr übernommen werden. **Jeder Benutzer ist angehalten,** durch sorgfältige Prüfung der Beipackzettel der verwendeten Präparate und gegebenenfalls nach Konsultation eines Spezialisten festzustellen, ob die dort gegebene Empfehlung für Dosierungen oder die Beachtung von Kontraindikationen gegenüber der Angabe in diesem Buch abweicht. Eine solche Prüfung ist besonders wichtig bei selten verwendeten Präparaten oder solchen, die neu auf den Markt gebracht worden sind. **Jede Dosierung oder Applikation erfolgt auf eigene Gefahr des Benutzers.** Autoren und Verlag appellieren an jeden Benutzer, ihm etwa auffallende Ungenauigkeiten dem Verlag mitzuteilen.

1. Auflage 1984

Geschützte Warennamen (Warenzeichen) werden *nicht* besonders kenntlich gemacht. Aus dem Fehlen eines solchen Hinweises kann also nicht geschlossen werden, daß es sich um einen freien Warennamen handele.

Alle Rechte, insbesondere das Recht der Vervielfältigung und Verbreitung sowie der Übersetzung, vorbehalten. Kein Teil des Werkes darf in irgendeiner Form (durch Photokopie, Mikrofilm oder ein anderes Verfahren) ohne schriftliche Genehmigung des Verlages reproduziert oder unter Verwendung elektronischer Systeme verarbeitet, vervielfältigt oder verbreitet werden.

© 1984, 1998 Georg Thieme Verlag, Rüdigerstraße 14, 70469 Stuttgart
Printed in Germany
Satz: Setzerei Lihs, 71636 Ludwigsburg, gesetzt auf Linotype System 4 (202)
Druck: Druckhaus Götz GmbH, 71636 Ludwigsburg

ISBN 3-13-654602-4   2 3 4 5 6

*Meiner lieben Frau Beate
in Dankbarkeit gewidmet.*

Vorwort

Der medizinisch-technische Assistent muß über solide Grundkenntnisse in der Physik verfügen, um der fortschreitenden Entwicklung beim Einsatz der technisch-physikalischen Errungenschaften in Diagnostik und Therapie gewachsen zu sein und die teilweise recht komplizierten Geräte verstehen und bedienen zu können.

Die vorliegende Darstellung der Physik ist daher speziell im Hinblick auf die Erleichterung der Ausübung dieses Berufes zusammengestellt und an Beispielen erläutert.

Dabei wurde großer Wert auf eine anschauliche Beschreibung der allgemeinen Grundlagen gelegt. Die Beschränkung auf ein Minimum an mathematischen Formalismen ohne Verlust an Exaktheit ist dem allgemeinen Bedürfnis der Auszubildenden angepaßt. Gleichzeitig kann das Lehrbuch daher auch als präzise Studienhilfe für weitergehende Berufe verwendet werden.

Der Leser kann anhand von 38 Übungsaufgaben seine erworbenen Kenntnisse selbst überprüfen und wird durch die Angabe der Lösungswege mit der Denkweise der Physik vertraut gemacht. Das umfangreiche Stichwortverzeichnis macht das Lehrbuch auch gleichzeitig zu einem hilfreichen Nachschlagewerk.

Recklinghausen, im Frühjahr 1984 UWE GUNTHER SCHRÖDER

Inhaltsverzeichnis

1.	**Einführung**	1
1.1.	Bedeutung der Physik für die Medizin	1
1.2.	Physik als messende Wissenschaft	2
1.2.1.	Physikalische Größe und Einheit	2
1.2.2.	Basisgrößen und Basiseinheiten	4
1.2.3.	Abgeleitete Einheiten	6
2.	**Mechanik der festen Körper**	7
2.1.	Physikalische Größen in Raum und Zeit	7
2.1.1.	Länge, Definition der Längeneinheit	8
2.1.2.	Fläche, Volumen	11
2.1.3.	Winkelmaße	13
2.1.4.	Zeit, Definition der Zeiteinheit	16
2.1.5.	Schwingungsdauer, Frequenz	18
2.1.6.	Der Vektorbegriff	19
2.2.	Bewegungsarten von Körpern (Kinematik)	20
2.2.1.	Geradlinige Bewegung (Translation)	21
2.2.2.	Kreisbewegung (Rotation)	26
2.2.3.	Pendelbewegung, harmonische Schwingung	28
2.3.	Masse und Kraft (Dynamik)	30
2.3.1.	Trägheit, Kraftbegriff und Masse	30
2.3.2.	Definition der Masseneinheit, Einheit der Kraft	31
2.3.3.	Gewichtskraft	33
2.3.4.	Wechselwirkung, Gravitation	34
2.3.5.	Zentripetal- und Zentrifugalkraft	36
2.3.6.	Kraft als Vektor	39
2.3.7.	Reibung, Reibungskraft	41
2.3.8.	Kräftepaar, Drehmoment	42
2.3.9.	Messung von Kräften, Hookesches Gesetz	46
2.4.	Energie und Bewegungsgrößen	50
2.4.1.	Arbeit und Energie	50
2.4.2.	Kraftstoß, Impuls	55
3.	**Mechanik der Flüssigkeiten und Gase**	57
3.1.	Elemente der mechanischen Atomistik	57
3.2.	Hydrostatik	65
3.3.	Aerostatik	72
3.4.	Lösungen	76
3.5.	Hydrodynamik	81

Inhaltsverzeichnis IX

4. Wärmelehre 89

4.1. Phänomenologische Wärmelehre 89
4.1.1. Temperatur, Messung der Temperatur 89
4.1.2. Wärmeausdehnung 91
4.1.3. Zustandsbeschreibung der Gase 97
4.2. Der Wärmebegriff 99
4.2.1. Wärmemenge 99
4.2.2. Wärmetransport 102
4.3. Molekularkinetische Theorie der Wärme 104
4.4. Hauptsätze der Wärmelehre 112

5. Elektrizitätslehre 114

5.1. Elektrostatik 114
5.1.1. Elektrizitätsbegriff 114
5.1.2. Das elektrische Feld 116
5.1.3. Das elektrische Potential, Spannung 119
5.1.4. Influenz 120
5.1.5. Elektrische Spannungsquellen 128
5.2. Magnetostatik 131
5.2.1. Erscheinung des Magnetismus 131
5.2.2. Magnetische Felder 134
5.3. Elektrodynamik 135
5.3.1. Der elektrische Strom 135
5.3.2. Magnetfeld eines stromdurchflossenen Leiters 137
5.3.3. Der Ladungstransport in fester und flüssiger Materie 146
5.3.4. Der elektrische Stromkreis stationärer Ströme 152
5.3.5. Elektrische Arbeit 157
5.3.6. Induktion 159
5.3.7. Ladungstransport im Vakuum und in Gasen 164

6. Schwingungen und Wellen 167

6.1. Schwingung 167
6.1.1. Harmonische Schwingung 167
6.1.2. Freie und erzwungene Schwinung 171
6.1.3. Anharmonische Schwingung 171
6.2. Wellen 173
6.2.1. Mathematische Beschreibung am Beispiel mechanischer Wellen 174
6.2.2. Wellenarten und ihre Ausbreitung 176
6.2.3. Polarisation 181
6.2.4. Überlagerung von Wellen 181
6.2.5. Schallwellen 184

6.2.6. Spezielle Wellenphänomene 187
6.2.7. Anwendung von Wellen in der Medizin 192

7. Atomphysikalische Grundlagen 196

7.1. Atombau 196
7.1.1. Struktur der Atome 197
7.1.2. Die Bohrsche Theorie des Atommodells 199
7.1.3. Das periodische System der Elemente 201
7.1.4. Atomverbindungen, Moleküle 205
7.2. Der Atomkern 205
7.2.1. Struktur der Atomkerne 206
7.2.2. Stabilitätskriterien, Radioaktivität 207
7.3. Ionisierende Strahlen 210

8. Optik 213

8.1. Wellennatur des Lichtes 213
8.1.1. Entstehung von Licht 214
8.1.2. Lichtinterferenz 214
8.1.3. Beugungseffekte 215
8.2. Geometrische Optik 219
8.2.1. Geradlinige Lichtausbreitung 219
8.2.2. Reflexion und Brechung 221
8.2.3. Das Prisma 225
8.2.4. Linsen 227
8.2.5. Abbildungen 230
8.3. Optische Systeme 235
8.3.1. Das optische System des menschlichen Auges 235
8.3.2. Vergrößerung 237
8.4. Polarisation von Licht 243
8.5. Photometrie 245

Mathematischer Anhang 248

Sachverzeichnis 265

1. Einführung

1.1. Bedeutung der Physik für die Medizin

„Die Physik ist eine Hilfswissenschaft für die Medizin." Diese scharf formulierte, aus der Sicht des Physikers diskriminierende Aussage ist aus dem Munde des Mediziners nicht nur häufig zu hören, sie ist vom Standpunkt der praktischen Medizin aus im Grunde durchaus verständlich. Der sich beleidigt fühlende Physiker sollte dabei in ehrlicher Selbstkritik überprüfen, ob nicht auch er selbst dazu neigt, eine andere reine Wissenschaft als Hilfswissenschaft zu bezeichnen, wenn er die Stellung der Mathematik in der Physik einzuordnen versucht.

In der obigen Formulierung ist natürlich sowohl das eine, als auch das andere Unsinn. Keine Wissenschaft ist eine Hilfswissenschaft. Richtig ist vielmehr, daß man nicht jede Wissenschaft „wissenschaftlich" betreiben muß, um wichtige Ergebnisse für die eigenen Problemstellungen nutzbringend einzusetzen. Allerdings ist es unbestritten, daß doch zumindest das Verständnis für die Ergebnisse vorauszusetzen ist, um diese an der richtigen Stelle und in der richtigen Weise anwenden zu können.

Was für die medizinische Wissenschaft gilt, gilt selbstverständlich auch für alle anderen medizinischen Berufe. Vornehmlich der medizinisch-technische Assistent muß über solide Grundkenntnisse in der Physik verfügen, um der fortschreitenden Entwicklung beim Einsatz der technisch-physikalischen Errungenschaften in Diagnostik und Therapie gewachsen zu sein und die teilweise recht komplizierten Geräte verstehen und bedienen zu können.

Auf die im Grunde tief verwurzelte Verwandtschaft von Physik und Medizin soll hier nur am Rand hingewiesen werden. Sie geht zurück bis in die Anfangsgründe der Heilkunde, die als Wissenschaft von den physischen Voraussetzungen aller Existenz einfach „physica" war und so auch hieß, und die daher dem Fachmann für dieses Wissensgebiet den Namen „physicus" gegeben hat. Noch in Zedlers Universallexikon (1741) erscheint der Arzt als „der von der Obrigkeit ordentlich bestellte Medicus", und die „Physica" wird hier noch als die Naturlehre und Medizin im weitesten Sinne ausgewiesen.

So ist es auch nicht verwunderlich, daß noch bis zum Beginn unseres Jahrhunderts viele große Mediziner auch gleichzeitig große Physiker waren und umgekehrt (mit HERMANN LUDWIG HELMHOLZ und ADOLF FICK seien zwei der bedeutendsten genannt). Erst die explosionsartige Entwicklung der Wissenschaft und die damit verbundene zwangsläufige

Spezialisierung hat zu dem heute vermeintlich vorhandenen Graben zwischen beiden Wissenschaftszweigen geführt. Es erscheint mir daher angebracht, zu Beginn eines Lehrbuches speziell für medizinisch-technische Assistenten auf diesen gemeinsamen Kern hinzuweisen.

Wenn Sie die Hintergründe der technischen Unterstützung der Medizin verstehen, erleichtert dies Ihnen die Anwendung und Handhabung der dafür vorgesehenen Geräte und bewahrt Sie vor unter Umständen folgeschweren Fehleinschätzungen von Gefahren. Wenn man um ihre Notwendigkeit weiß, lassen sich bekanntlich Vorschriften und Anweisungen wesentlich besser befolgen! Daher wurde die vorliegende Darstellung der Physik speziell im Hinblick auf die Erleichterung Ihrer Berufsausübung zusammengestellt und an Beispielen erläutert.

1.2. Physik als messende Wissenschaft

1.2.1. Physikalische Größe und Einheit (Tab. 1 und 2)

Die Physik ist eine messende Wissenschaft. Sie versucht zunächst die Welt qualitativ zu verstehen und danach quantitativ zu erfassen. Sie ist damit von den Anschauungsformen des Menschen abhängig und diese Anschauungsformen sind Raum und Zeit. Raum und Zeit sind die wesentlichen Grundbegriffe zur Erfassung unserer Welt.

Was heißt *Erfassung?* Neben dem Erkennen als dem qualitativen Verstehen ist dies die quantitative Zuordnung der Erscheinungen zu bestimmten physikalischen *Größen*, mit anderen Worten, das *Messen* der Erscheinungen. Dieses Messen läßt sich nur durch einen Vergleich mit einer bekannten Größe bewerkstelligen. Die objektive Messung einer physikalischen Größe G erreicht man durch den Vergleich mit

Tabelle 1 Mathematische Zeichen

Zeichen	Bedeutung	Beispiel
=	ist gleich	$b = 2$
$\neq$	ist nicht gleich	$3 \neq 2$
$\approx$	ist ungefähr gleich	$g \approx 9{,}81 \, m/s^2$
<	ist kleiner	$2 < 3$
$\leq$	ist kleiner oder gleich	$\alpha \leq 2\pi$
>	ist größer	$3 > 2$
$\geq$	ist größer oder gleich	$\alpha \geq 0$
$\triangleq$	entspricht	$18g \, H_2O \triangleq 1 \, mol$
$\sim$	ist proportional zu	$F \sim m$
+	Addition	$2 + 3 = 5$
−	Subtraktion	$5 - 3 = 2$
· oder ×	Multiplikation	$2 \times 3 = 6$
/ oder :	Division	$6 : 3 = 2$
$\to \infty$	geht gegen unendlich	$n \to \infty$

Physik als messende Wissenschaft 3

Tabelle 2 Das griechische Alphabet

A α = Alpha	I ι = Jota	P ϱ = Rho
B β = Beta	K ϰ = Kappa	Σ σ = Sigma
Γ γ = Gamma	Λ λ = Lambda	T τ = Tau
Δ δ = Delta	M μ = My	Y υ = Ypsilon
E ε = Epsilon	N ν = Ny	Φ φ = Phi
Z ζ = Zeta	Ξ ξ = Xi	X χ = Chi
H η = Eta	O o = Omikron	Ψ ψ = Psi
Θ ϑ = Theta	Π π = Pi	Ω ω = Omega

einer, einmal festgelegten Größe, die man dann die *Einheit* [G] dieser Größe G nennt. Eine physikalische Größe G ist dann lediglich ein bestimmtes Vielfaches {G} dieser Einheit [G].

$$\text{phys. Größe} = \text{Maßzahl} \times \text{Einheit}$$

(1.1) $\qquad G \;=\; \{G\} \;\times\; [G]$

Wird die Größe G gemessen, so bedeutet dies, daß angegeben wird,

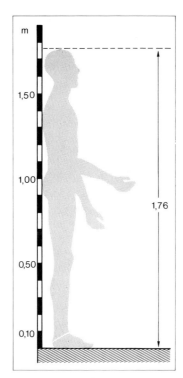

Abb. 1 Längenmaßung durch Vergleich mit einem Meterstab

wie oft die Einheit [G] in G enthalten ist; dies ist dann die Maßzahl {G} der Größe G, also eine reine Zahl ohne jeden Zusatz.

| Messen heißt vergleichen.

(Anmerkung: Wir charakterisieren die Maßzahl einer Größe G grundsätzlich mit geschweiften Klammern {G} und die Einheit der Größe mit eckigen Klammern [G]!)

> **Beispiel 1:** Eine physikalische Größe Ihres täglichen Lebens ist die Länge l, die in der Ihnen wohlbekannten Einheit *Meter* (m) gemessen wird. In Ihrem Paß steht die Körperlänge, z. B. l = 1,69 m; das heißt, die Einheit [l] *Meter* (m) ist in Ihrer Körperlänge 1,69 mal enthalten. Die Zahl 1,69 ist dann die Maßzahl {l} Ihrer Körperlänge l (Abb. 1).
> l = {l} · [l]   l = 1 m.

1.2.2. Basisgrößen und Basiseinheiten

Die enorme Entwicklung der Physik in den letzten 100 Jahren hat zu einer nahezu unübersehbaren Fülle von verschiedenen Größen geführt. Es ist daher erforderlich geworden, die Vielzahl der Größen zu „Minimalisieren", das heißt, sich bei der Erfassung der Welt auf ein Minimum von sogenannten Basis- oder Grundgrößen zu beschränken, aus welchen sich dann alle anderen zusammensetzen lassen.

Es ist selbstverständlich, daß die erwähnten Grundbegriffe Raum und Zeit die ersten Grundgrößen dieser Art liefern. Der Anschauungsform „Raum" als Grundbegriff zur gegenständlichen Erfassung von Körpern und Feldern wird dabei eine Metrik zugeordnet, indem man in dem Abstand zweier beliebiger Raumpunkte eine Grundgröße sieht, die man dann allgemein als „Länge" bezeichnet. Die Anschauungsform „Zeit" wird durch die Bestimmung der Anzahl von periodisch wiederkehrenden Situationen einer Meßanordnung meßbar gemacht.

Zusammen mit fünf weiteren Größen bilden „Länge" und „Zeit" ein System von Basisgrößen, auf welche man sich heute in der Physik beschränkt. Zur Messung einer Größe benötigt man eine Einheit, die einmal jederzeit realisierbar, das heißt physisch als Vergleichsmaßstab darstellbar sein muß, und zum anderen über lange Zeitabschnitte hinweg unverändert bleiben muß.

Bei der 11. Generalkonferenz für Maße und Gewichte im Jahre 1960 wurden die in Tab. 3 zusammengestellten 7 Basisgrößen mit ihren zugehörigen Basiseinheiten als Basissystem international festgelegt. Dies ist das „Système International d'Unitès" (abgek. SI).

Auf die Festlegungen (Definitionen) der Basiseinheiten wird jeweils in den Kapiteln eingegangen, in welchen sie zum erstenmal in Erscheinung treten.

Physik als messende Wissenschaft

Tabelle 3   Basiseinheiten des SI

Größe	Symbol	Einheit	Kurzzeichen
Länge	l	Meter	m
Zeit	t	Sekunde	s
Masse	m	Kilogramm	kg
Stromstärke	I	Ampère	A
Temperatur	T	Kelvin	K
Lichtstärke	I	Candela	cd
Stoffmenge	n	Mol	mol

Tabelle 4   Vorsilben für Zehnerpotenzen

Vorsilben	Symbol	Potenz	Vorsilben	Symbol	Potenz
Tera	T	10^{12}	Zenti	c	10^{-2}
Giga	G	10^{9}	Milli	m	10^{-3}
Mega	M	10^{6}	Mikro	µ	10^{-6}
Kilo	k	10^{3}	Nano	n	10^{-9}
Hekto	h	10^{2}	Piko	p	10^{-12}
Deka	da	10^{1}	Femto	f	10^{-15}
Dezi	d	10^{-1}	Atto	a	10^{-18}

Häufig ist es recht unbequem, eine stark von der Basiseinheit verschiedene physikalische Größe in hohen positiven oder negativen Zehnerpotenzen der Zahlenwerte auszudrücken. Daher hat die Konferenz an Stelle dieser Zehnerpotenz bestimmte Vorsilben zu den Basiseinheiten vorgesehen, die in Tab. 4 zusammengestellt sind.

Beispiel 2: Der Abstand der Panzerdornen eines Einzellers ist eine stark von der Basiseinheit Meter (m) verschiedene Größe, etwa 0,0000005 m oder $5 \cdot 10^{-7}$ m. Die Tab. 4 liefert hierfür den Wert 0,5 µm (Abb. 2).

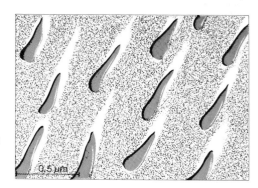

Abb. 2   Meßaufnahme der Panzerdornen eines Einzellers mit dem Elektronenmikroskop

1.2.3. Abgeleitete Einheiten

Die Einführung eines Basissystems bedeutet nun, daß darauf aufbauend alle weiteren benötigten Einheiten gebildet werden, beziehungsweise definiert werden müssen. Als Grundregel hierfür gilt, daß die Bildung neuer Einheiten nur mit Hilfe der Multiplikation (bzw. Division) erfolgen darf.

Als kohärent abgeleitete Einheiten bezeichnet man alle diejenigen, die aus Produkten oder Quotienten der Basiseinheiten (mit dem Zahlenfaktor 1) abgeleitet werden.

> **Beispiel 3:** Einige kohärent abgeleitete SI-Einheiten sind Ihnen aus dem täglichen Leben geläufig, z. B. die Einheiten der Fläche, des Volumens oder der Geschwindigkeit.

Solchen kohärent abgeleiteten Einheiten gibt man häufig noch einen eigenen Namen, meist den eines berühmten Wissenschaftlers, der sich mit Arbeiten um die entsprechenden Größen verdient gemacht hat (z. B. die Einheit der Kraft als „Newton", N, S. 33). (Tab. 5)

Tabelle 5   Kohärent abgeleitete Größen und Einheiten

Größe	Symbol	Einheit	Kurzzeichen	Zusammenhang
Kraft	F	Newton	N	1 N = 1 kg m/s^2
Energie	W	Joule	J	1 J = 1 N m
Leistung	P	Watt	W	1 W = 1 J/s
Druck	p	Pascal	Pa	1 Pa = 1 N/m^2
Ladung	Q	Coulomb	C	1 C = 1 A · s
Spannung	U	Volt	V	1 V = 1 J/C
Kapazität	C	Farad	F	1 F = 1 C/V
Widerstand	R	Ohm	Ω	1 Ω = 1 V/A
Induktivität	L	Henry	H	1 H = 1 Vs/A
Frequenz	ν	Hertz	Hz	1 Hz = 1/s
Brechkraft	D	Dioptrie	dpt	1 dpt = 1/m
Bel.stärke	E	Lux	lx	1 lx = 1 lm/m^2
Energiedosis	D_E	Gray	Gy	1 Gy = 1 J/kg
Aktivität	A	Becquerel	Bq	1 Bq = 1/s

2. Mechanik der festen Körper

Seit der englische Physiker und Mathematiker ISAAC NEWTON in seinem 1687 erschienenen Werk „Philosophiae naturalis principia mathematica" die naturwissenschaftlichen Leistungen seiner Vorgänger KEPLER, GALILEI, HUYGENS usw. mit seinem eigenen zu einem grundlegenden Gesamtwerk zusammenfaßte, spricht man von der „Newtonschen Mechanik". Über mehr als zwei Jahrhunderte hinweg hatten seine dort dargelegten Anschauungen bei Physikern und Philosophen uneingeschränkte Geltung. Und in der Tat, die beiden wichtigsten Annahmen von NEWTON erscheinen uns „Schmalspur-Wissenschaftlern" eher selbstverständlich als unverständlich, seine Vorstellungen nämlich von den in der Einleitung erwähnten Begriffen Raum und Zeit.

NEWTON stellte sich den Raum als ein riesiges, unbegrenztes dreidimensionales „Gefäß" vor, dessen Eigenschaften und Existenz völlig unabhängig von der darin enthaltenen Materie und deren Bewegungen ist – eine von uns kritiklos akzeptierte Annahme. Desgleichen faßt er die Zeit als etwas „absolut verfließendes" auf, derart, daß es gleichgültig ist, ob man einen festen Zeitabschnitt auf der Erdoberfläche in einem Flugzeug oder auf dem Mond mißt, überall soll während eines wohldefinierten Vorganges dieselbe Zeit verfließen.

So gern wir uns auch mit diesen Vorstellungen einverstanden erklären, die Überlegungen und Untersuchungen der genialen Naturwissenschaftler LORENTZ, POINCARÉ und vor allem ALBERT EINSTEIN haben diese Vorstellungen zu Beginn dieses Jahrhunderts revidiert. Doch glücklicherweise können wir uns damit trösten, daß die Gültigkeit der Newtonschen Anschauungen nur für gewisse Bereiche der Physik verloren geht, mit welchen wir im normalen Alltag nicht in Berührung kommen. Wir können sie daher mit gutem Gewissen als grundlegend für die gesamte Mechanik ansehen, die in diesem Buch behandelt wird.

2.1. Physikalische Größen in Raum und Zeit

In der Einleitung sind die ersten Grundgrößen „Länge" und „Zeit" bereits eingeführt worden. Die zugehörigen Einheiten des SI stellen die, nach dem heutigen Stand der Physik, optimalen Möglichkeiten dar, die Voraussetzungen der jederzeitigen Realisierbarkeit zu erfüllen.

Der Weg zu diesen Einheiten ist von dem egozentrischen Satz geprägt: „Der Mensch ist das Maß aller Dinge!" Alles, was unsere menschliche Größenordnung übersteigt, nennen wir groß, was darunter liegt klein,

2. Mechanik der festen Körper

Tabelle 6 Vergleich einiger Längen in der Natur

Gegenstand	Größenordnung
Milchstraßensystem (Durchmesser)	10^{20} m
Entfernung der Sonne 150 Mill. km	10^{11} m
Erdumfang (am Äquator) 40 000 km	10^{7} m
Höhe des Eiffelturmes 300 m	10^{2} m
Mensch 1,6–1,9 m	10^{0} m
Menschlicher Embryo (7. Woche) 2 cm	10^{-2} m
Rote Blutkörperchen 7,5 μm	10^{-6} m
Auflösungsgrenze des Lichtmikroskopes	10^{-7} m
Durchmesser der Atome	10^{-10} m
Durchmesser eines Nukleons	10^{-15} m

die extremen Bereiche des *Makro-* und *Mikrokosmos* übersteigen unser Vorstellungsvermögen. Wir können uns zwar oft mit vergrößerten oder verkleinerten Modellen helfen (z. B. Landkarten, Atommodelle), doch, wie die Gegenüberstellung dieser Größenordnungen im Vergleich zum Menschen zeigt (Tab. 6), gelangen wir auch hier letztlich an eine Grenze.

Die Orientierung der Maßeinheiten an der menschlichen Größenordnung spiegelt sich in den Namen wie Elle, Fuß, Augenblick, Tagesreise usw. wider und macht die Schwierigkeiten deutlich, die der Einführung eines internationalen, einheitlichen Maßsystems im Wege standen. Um so bemerkenswerter ist dann auch die Feststellung, daß gegenwärtig immerhin 85 % der Weltbevölkerung die bei der 11. Generalkonferenz für Maße und Gewichte 1960 festgelegten SI-Einheiten benutzt.

2.1.1. Länge, Definition der Längeneinheit

Die *Länge* kann als die einfachste Grundgröße bezeichnet werden, weil sie direkt aus der Anschauungsform Raum hervorgeht und von uns rein optisch erkannt werden kann. Wenn man jedoch an die Einheitennamen Elle, Klafter, Spanne, Fuß usw. denkt, so deuten diese nicht gerade auf eine problemlose Entwicklung zur SI-Eineit Meter hin. Im Jahre 1800 z. B. gab es allein in Baden 112 verschiedene Ellen. Der König von Preußen soll 1804 sein Land dadurch vergößert haben, daß er die Postmeile verkleinern ließ, „so daß man jetzt of sieben Meilen fährt, und es sind nur vier da"!

Doch erst als nach dem Ausbruch der Französischen Revolution die Nationalversammlung beschloß, daß gegen die „erstaunliche und lästige Verschiedenheit der Maße" etwas getan werden müsse, wurde am 10. Dezember 1799 in Frankreich das metrische System eingeführt, wobei euphorisch behauptet wurde „für alle Zeiten und für alle Völker".

Abb. 3 Das Ende des Platin-Iridium-Strichmaßes

Der damals als „mètre des archives" konstruierte Endmaßstab aus Platin, das sogenannte *Ur-Meter,* war aus sehr präzisen Messungen des 10^7ten Teils des Erdmeridianquadranten hervorgegangen. Es galt zwar für lange Zeit auch über Frankreich hinaus als grundlegende Basiseinheit, erwies sich aber mit dem Fortschritt der Meßtechnik als zu wenig genau, insbesondere konnte man sich der Unveränderlichkeit des Materials nicht ausreichend genug sicher sein.

Bei der ersten Generalkonferenz für Maße und Gewichte 1889 wurde das Ur-Meter daher ersetzt durch ein Strichmaß aus Platin-Iridium (90% Platin, 10% Iridium) mit einem asymmetrischen, x-förmigen Querschnitt (Abb. 3). In der Rinne sind zwei Gruppen von je drei Strichen eingeritzt, wobei der Abstand der mittleren Striche 1 m ist. Die besondere Zusammensetzung des heute noch fälschlicherweise als Ur-Meter bezeichneten Grundmaßes ließ dessen Unveränderlichkeit als besser gesichert erscheinen.

Dennoch hatte man tatsächlich die Vermutung, daß sich der Prototyp bis zum Jahre 1960 (z. B. durch Umkristallisierungsvorgänge) um 0,5 µm verkürzt hat. Es hat daher in dieser Zeit viele Versuche gegeben, besser reproduzier- und konservierbare Prototypen herzustellen. Diese gipfelten in der Erkenntnis, daß die mit größter Wahrscheinlichkeit als unveränderlich gesichert zu betrachtenden Längenmaße im atomaren Bereich der Materie zu suchen sind, darstellbar am besten durch die Wellenlänge des Lichtes, welches von bestimmten Atomzuständen eines definierten Atoms ausgesendet wird.

Durch ständige Verfeinerung der Meßtechnik hat man das Meter schließlich durch eine bestimmte (sehr große) Anzahl von Wellenlängen einer bestimmten Strahlung realisieren können. (Das Meter ist das

1650763,73fache der Wellenlänge des von dem Edelgas Krypton unter genau festgelegten Bedingungen ausgestrahlten Lichtes.) Dadurch konnte man die Unsicherheit der Länge eines Meters auf 10^{-8} m bis 10^{-9} m beschränken. Der „Anschluß" der Lichtwellenlänge an einen Maßstab kann mit optischen Geräten (Interferometern) geschehen. Man zählt dabei im Prinzip einfach die Wellenlängen, die auf den betreffenden Maßstab kommen.

Die *Längenmessungen* im täglichen Leben erfolgen im allgemeinen durch Strichmaße. Wir alle kennen die üblichen Maßstäbe und Band-

Abb. 4   Zehntelmaß

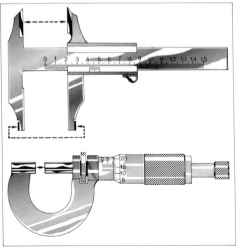

Abb. 5   Schieblehre

Abb. 6   Mikrometerschraube

maße, die eine Genauigkeit von ca. 1 mm aufweisen. Kleine Längen mißt man mit dem Zehntelmaß (Abb. 4) oder einer Schieblehre (Abb. 5), deren Genauigkeit etwa zehnmal besser ist. Die hohe Ablesegenauigkeit bei der Schieblehre wird durch eine Nonius-Skala ermöglicht. Die Mikrometerschraube (Abb. 6) läßt, wie ihr Name schon sagt, sogar Messungen im Bereich von einigen Mikrometern zu.

Sobald man in den atomaren Bereich hineinkommt, sind selbstverständlich diese makroskopischen Meßgeräte nicht mehr einsatzfähig. Wir möchten uns hier auf den Hinweis beschränken, daß heute mit optischen oder elektronenoptischen Verfahren (s. Abb. 2) Messungen im Nanometerbereich möglich sind mit einer Genauigkeit von bis zu 1 nm (10^{-9} m).

2.1.2. Fläche, Volumen

Die zweite Dimension unserer Anschauungsform Raum führt zu dem Begriff der Fläche als dem Produkt aus zwei Längenmaßen. Die aus der Basiseinheit Meter kohärent abgeleitete SI-Einheit ist damit durch ein ebenes Quadrat mit 1 m Seitenlänge, dem Quadratmeter (Abb. 7a), definiert. Zur leichteren Handhabung werden Verkleinerungen wie mm^2 und cm^2 oder Vergrößerungen wie km^2 verwendet. In der Landwirtschaft sind Flächenmaße wie 1 Ar = 100 m^2 oder 1 Hektar = 100 Ar = 10^4 m^2 im Gebrauch.

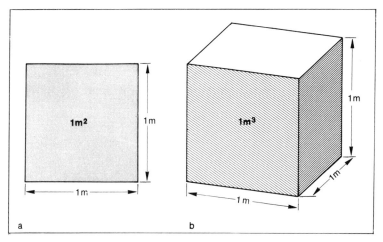

Abb. 7
a) Definition des Quadratmeters als Längeneinheit × Längeneinheit
b) Definition des Kubikmeters als Längeneinheit zur dritten Potenz

2. Mechanik der festen Körper

Seit dem Altertum haben Mathematiker und Geodäten in der *Ausmessung und Berechnung von Flächen* Hervorragendes geleistet. Da die Flächenmessung im Prinzip auf Längenmessungen zurückzuführen ist, können hier die gleichen Genauigkeiten wie dort erzielt werden. Zur Messung von Flächen, die von beliebigen (auch unregelmäßigen) Kurven eingeschlossen werden, kann ein mathematisches Gerät, das *Planimeter,* benutzt werden.

Ergänzt man das zweidimensionale Quadratmeter in die dritte Dimension zu einem Würfel mit der Kantenlänge 1 m (Abb. 7b), so liefert dies die Einheit des *Rauminhaltes* oder *Volumens* 1 Kubikmeter = m · m · m = m³. Auch hier sind die kleineren Einheiten wie *Kubikdezimeter* dm³, *Kubikzentimeter* cm³ und *Kubikmillimeter* mm³ im praktischen Gebrauch.

Bei der Verwendung der Einheiten für Fläche und Volumen ist Vorsicht geboten! Die Abkürzungen Milli-, Zenti-, Dezi- usw. beziehen sich hier immer auf die Größenart Länge und werden entsprechend mitpotenziert:

Beispiel 4: $1 \text{ m} = 10 \text{ dm} = 10^2 \text{ cm} = 10^3 \text{ mm}$

Fläche: $(1 \text{ m})^2 = (10 \text{ dm})^2 = (10^2 \text{ cm})^2 = (10^3 \text{ mm})^2$
$1 \text{ m}^2 = 10^2 \text{ dm}^2 = 10^4 \text{ cm}^2 = 10^6 \text{ mm}^2$

Volumen: $(1 \text{ m})^3 = (10 \text{ dm})^3 = (10^2 \text{ cm})^3 = (10^3 \text{ mm})^3$
$1 \text{ m}^3 = 10^3 \text{ dm}^3 = 10^6 \text{ cm}^3 = 10^9 \text{ mm}^3$

Eine Volumeneinheit alter Tradition ist das *Liter.* Es ist auch heute noch als Einheit zulässig, allerdings ist seine Größe nicht mehr wie früher an die Definition der Masseneinheit (S. 32) gebunden als das Volumen von 1 kg Wasser bei 4 °C und Normaldruck, sondern (da dies

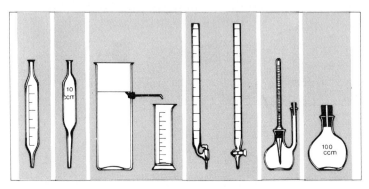

Abb. 8 Geräte zur Volummessung von Flüssigkeiten

bei der heutigen exakten Definition des kg ein etwas zu großes Volumen gäbe) international als andere Bezeichnung für 1 dm³ festgelegt. Zur *Messung des Volumens* gibt es für Flüssigkeiten eine Vielzahl von Geräten (Abb. 8). Das Volumen kleinerer, fester Körper kann man durch Verdrängung von Wasser (Überlaufgefäß) bestimmen; ebenso werden Gasvolumina durch Verdrängung von Flüssigkeiten bestimmt (Gasuhren).

2.1.3. Winkelmaße

Bei der Untersuchung des Winkelbegriffes werden wir es mit einer Zahl zu tun haben, die als eine der wichtigsten Zahlen überhaupt gilt und die seit Jahrtausenden mehr oder weniger gut bekannt ist – es ist die *Kreiszahl,* die angibt, um wieviel mal größer als sein Durchmesser der Umfang eines Kreises ist. Es läßt sich nämlich zeigen, daß das Verhältnis von Umfang zu Durchmesser für *alle* Kreise gleich ist! Diese Zahl wird mit dem griechischen Buchstaben π (gelesen Pi) bezeichnet. π ist also definiert als Verhältnis von Kreisumfang U zu Kreisdurchmesser d:

(2.1) $\quad \dfrac{U}{d} = \pi; \; U = \pi \cdot d; \; U = 2\pi r \quad$ DEF

(Anmerkung: Alle definierenden Beziehungen werden mit DEF charakterisiert!)

Der Wert von π kann heute mit modernen elektronischen Rechenanlagen auf über 100 000 Stellen berechnet werden – wesentlich genauer als es für den praktischen Gebrauch erforderlich ist. Wird z. B. der Umfang der Erde mit einem Wert von π, der auf 10 Stellen genau ist, ausgerechnet, so ist der Umfang schon auf ca. 1 mm genau bestimmt. So genau ist die Erde noch nie vermessen worden.

Beispiel 5: Die Summe der Kehrwerte aller Quadratzahlen liefert exakt den sechsten Teil von π^2! Dies ermöglicht z. B. die numerische Berechnung mit Hilfe eines Computers.

$$\sum_{n=1}^{n \to \infty} \frac{1}{n^2} = \pi^2/6 = 1{,}644934\ldots\ldots$$

Eine Erwähnung ist in diesem Zusammenhang nicht uninteressant: In MAX EYHTS Roman „Der Kampf um die Cheopspyramide" werden den Weisen vom Nil vor ca. 4500 Jahren beachtliche Kenntnisse und Fähigkeiten zugesprochen, die sie in den Maßen der Pyramide verewigt haben sollen. Hierzu gehören z. B. die Länge der Erdachse, die Entfernung der Erde von der Sonne, das Atomgewicht der Elemente usw. Natürlich sind dies alles unbewiesene und unbeweisbare Phantastereien, jedoch *eine* solche „Pyramidenwahrheit" kann man nicht ohne weiteres ignorieren: Dividiert man nämlich den halben Umfang

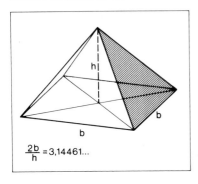

$\frac{2b}{h} = 3{,}14461\ldots$

Abb. 9 Näherungswert für π aus den Daten der Cheopspyramide. Es ist hier das Verhältnis $2b/h \approx \pi$

der Pyramide (an der Basis) $U/2 = 2b$ durch die Pyramidenhöhe h, so erhält man einen Näherungswert für π (Abb. 9). Dies rührt von der Vorschrift her, die für den Bau der Pyramide gemacht wurde, daß jede der vier Seitenflächen FA so groß sein soll wie ein Quadrat mit der Pyramidenhöhe h als Seite. Dies liefert rein rechnerisch den Wert:

$$\frac{2b}{h} = 3{,}14461\ldots\ldots\ldots$$

Es muß jedoch bezweifelt werden, daß die Bauvorschrift $FA = h^2$ zu dem Zweck erdacht worden ist, einen Näherungswert für π im Stein festzulegen.

Der exakte Wert auf 10 Stellen genau ist

(2.2) $\qquad \pi = 3{,}1415926535\ldots\ldots\ldots$

Berühmte Näherungswerte sind der von ARCHIMEDES mit $22/7 = 3{,}1428571\ldots\ldots$ oder der von PTOLEMÄUS mit $333/106 = 3{,}1415094\ldots\ldots$ Aus diesen beiden Werten läßt sich durch getrennte Addition der Zähler und Nenner ein ausgezeichneter Näherungswert finden:

$$\frac{22+333}{7+106} = \frac{355}{113} = 3{,}141592920\ldots\ldots$$

Doch bemühen Sie sich bitte nicht – alle Versuche, diese Zahl durch das Verhältnis zweier ganzer exakt anzugeben, sind zum Scheitern verurteilt. Hierfür gibt es schon sehr lange einwandfreie Beweise.

Wenn man aus einem vollen Kreis vom Umfang U ein Segment mit dem *Bogen* B herausschneidet, so hat dieses einen bestimmten *Mittelpunktswinkel* α (Abb. 10). Wie aus der Abbildung zu erkennen ist, bleibt das Verhältnis B/U für einen festen Winkel beim Übergang von r zu r' unverändert, da auch B und U sich im selben Maße ändern:

$$\begin{aligned} r &\longrightarrow r' \\ U = 2\pi r &\longrightarrow U' = 2\pi r' \\ B = k\,r &\longrightarrow B' = k\,r' \end{aligned}$$

(2.3) $$\frac{B}{U} = \frac{B'}{U'} = \frac{k}{2\pi}$$

Damit kann das Verhältnis $B/r = B'/r' = k$ als Maß für den Winkel α verwendet werden, denn es ist für einen bestimmten Winkel α eindeutig definiert und umgekehrt.

(2.4) $$\alpha = \frac{B}{r} \quad \text{DEF}$$

Das Maß des größtmöglichen Winkels ist dann

$$\alpha_{max} = U/r = 2\pi = 6{,}28318530\ldots$$

Bei der uns geläufigen Winkelmessung wurde dieser „Vollwinkel" in 360 Teile unterteilt, die Einheit der Größenart Winkel war damit der 360ste Teil des Vollkreises und bekam den Namen „Grad" (ähnlich wie die Stunde unterteilte man den Grad in 60 Minuten, die Minute in

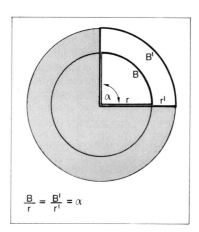

Abb. 10 Zusammenhang zwischen dem Mittelpunktwinkel α und dem Kreisbogen B. Das Verhältnis B/r ist bei konstantem Winkel α unabhängig vom Radius r!

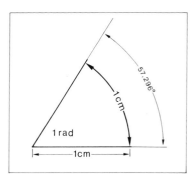

Abb. 11 Darstellung der Winkeleinheit rad

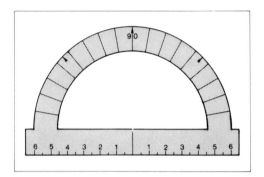

Abb. 12
Winkelmesser

60 Sekunden mit den Abkürzungen a° b′ c″ für a Grad, b Minuten und c Sekunden). Da diese willkürliche Festlegung jedoch eine unnötige Erweiterung der Einheiten bedeutete, hat man sich beim SI auf das oben genannte Verhältnis B/r als Winkelmaß geeinigt.

Die Einheit des Winkelmaßes ist kohärent, da das Verhältnis aus zugehörigem Bogen B und Radius r gleich 1 (Abb. 11) ist. Man nennt diese Einheit Radiant, abgekürzt rad. In dieser Einheit ist dann der Vollwinkel $\alpha_{max} = 2\pi$ rad. Da die Einheit aus dem Verhältnis zweier gleichartiger Größen, nämlich Längen, gebildet ist, kann man in eindeutigen Fällen die Angabe rad auch weglassen.

> **Übung 1:** Wie groß ist der Winkel, welcher der SI-Einheit 1 rad entspricht, in der herkömmlichen Einheit Grad?
> 1 Vollwinkel = 360° = 2π rad = 2π
> Damit ist 1 rad = 360°/2π = 57.2958°
> oder 1 rad = 57°17′45″

Zur *Winkelmessung* verwendet man als einfachste Vorrichtung einen *Winkelmesser* (Abb. 12), ein mit einer Gradeinteilung versehener Halb- bzw. Vollkreis. Genauere Messungen sind mit dem *Anlegegoniometer* möglich, bei welchem eine Meßschiene um den Mittelpunkt des Teilkreises gedreht werden kann.

(Über Winkelfunktionen siehe Anhang S. 254.)

2.1.4. Zeit, Definition der Zeiteinheit

Ähnlich wie die Längeneinheit unterlag auch die Zeiteinheit einer langwierigen Entwicklung. Im Gegensatz zur Länge ist jedoch die Zeit nicht in materieller Verkörperung vorzeigbar, insbesondere läßt sie sich nicht im üblichen Sinne speichern – die Zeit verrinnt unaufhörlich. Am besten wird dies durch das kontinuierliche Ausfließen feiner Körner bei einer Sanduhr dokumentiert (Abb. 13).

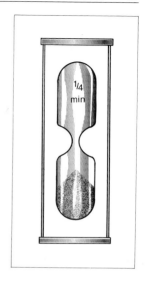

Abb. 13 Sanduhr zur Pulsmessung

Jede Ausmessung der Zeit bedeutet das Setzen von regelmäßig aufeinanderfolgenden Marken, die dann abgezählt werden. Der zeitliche Abstand zweier Marken kann als Zeiteinheit gewählt werden. Bei der Sanduhr erreicht man dies, indem man sie nach einem jeweiligen Durchlauf einfach umdreht.

Ganz allgemein ist das grundsätzliche Verfahren der *Zeitmessung* immer das Abzählen von regelmäßig wiederkehrenden Zuständen einer Meßvorrichtung. Die naheliegendste Vorrichtung dieser Art bot uns die Natur selbst im Wechsel von Tag und Nacht an. Von der interessanten Entwicklung der Zeiteinheit bis zu unserer heutigen Sekunden-Definition soll hier nur die Festlegung des „wahren Sonnentages" aufgeführt werden als dem Abstand zweier aufeinanderfolgender Sonnendurchgänge durch den Erdmeridian. Die Einteilung dieses Sonnentages in 24 Stunden geht auf die ursprüngliche Definition des Tages als die Zeitdauer von 12 Stunden von Sonnenauf- bis Sonnenuntergang zurück, dessen Länge jedoch vom Meßort und von der Jahreszeit abhing. Woher diese Aufteilung einer Stunde in 60 Minuten stammt ist nicht bekannt, man weiß aber, daß die Astronomen im 15. Jahrhundert die Sekunde als den 60sten Teil einer Minute definierten.

Alle Vorrichtungen zur Messung der Anzahl von periodisch wiederkehrenden Zuständen (Marken) sind Uhren, genauer Zeit-Uhren. Im allgemeinen zählt man die Schwingungen eines Pendels oder einer Unruhe. Die Genauigkeit dieser Uhren ist durch die Güte der Konstanz der Schwingungsdauer bestimmt. Der regelmäßige Durchlauf der Sonne durch den Erdmeridian ist also eine „natürliche" Uhr. Die Zeiteinheit Sekunde ist durch die Einteilung in 24 × 60 × 60 = 86400 Sekunden als der 86400ste Teil des Sonnentages definiert.

Die Festlegung und Messung des Sonnentages und damit der Sekunde wurde zwar fortwährend durch immer neue Verfahren und Erkenntnisse verbessert (z. B. der Ausgleich von regelmäßigen Schwankungen durch die Einführung des *mittleren Sonnentages*), um jedoch den heutigen Anforderungen an die Genauigkeit zu genügen, mußte man auch hier die Konstanz der Schwingungen im atomaren Bereich ausnützen. Das Prinzip der Zeitmessung ist natürlich auch in diesem Bereich das Abzählen periodisch auftretender Marken, der Unterschied besteht lediglich in der weitaus größeren Anzahl solcher Marken innerhalb der Zeiteinheit 1 Sekunde. Diese ist im SI als die Zeitdauer festgelegt, innerhalb welcher eine bestimmte Anzahl (genau 9162631770) Schwingungen der Strahlung des Cäsium-Isotopes 133 stattfinden.

Die Entwicklung der Uhren zur realen Zeitmessung war natürlich an den jeweiligen Stand der Definition der Zeiteinheit gebunden. Angefangen bei den wohl ältesten Zeitmessern, den Sonnenuhren über die Wasser- und Sanduhren, brachte die Einführung der Pendeluhr (Chr. HUYGENS, 1673) den entscheidenden Fortschritt (die Konstanz der Schwingungsdauer eines Pendels wird ausgenützt). Bei unseren Taschen- und Armbanduhren wird an Stelle des langen Pendels eine Unruhe mit Spiralfeder verwendet. Mit diesen mechanischen Uhren werden Genauigkeiten von einigen Sekunden pro Tag erreicht.

Eine wesentliche Verbesserung brachte dann die Einführung des *Stimmgabelschwingers* vor etwa 25 Jahren und danach die Ausnutzung der sehr konstanten Schwingungen eines Quarzkristalls (Quarzuhren). Die Krönung, die letztlich auch die exakte Definition der Sekunde möglich machte, ist dann die *Atomuhr* (der erwähnte Cs-Strahler), mit welcher Quarzoszillatoren kalibriert werden und die üblichen Uhren über Untersetzer (Vorrichtungen zur proportionalen Verminderung der Schwingungszahl) angeschlossen werden.

2.1.5. Schwingungsdauer, Frequenz

Einen Bewegungsvorgang, der sich in regelmäßigen Zeitabständen wiederholt und seine Bewegungsrichtung umkehrt, nennt man *Schwingung* (s. 2.2.3.). Den kleinsten Zeitabstand zwischen zwei gleichen Bewegungszuständen des schwingenden Körpers bezeichnet man als *Schwingungsdauer* T. Nach dieser Zeit hat der Körper gerade eine Schwingung durchgeführt.

Das Pendel einer Pendeluhr zum Beispiel kann so konstruiert sein, daß es gerade eine Schwingungsdauer von einer Sekunde hat; ein solches

Physikalische Größen in Raum und Zeit 19

Pendel nennt man Sekundenpendel (S. 168). Allgemein läßt sich bei bekannter Schwingungsdauer T die Anzahl n der Schwingungen pro Sekunde leicht angeben:

> **Übung 2:** Wieviele Schwingungen n führt ein Körper in einer Sekunde aus, wenn die Schwingungsdauer T = 0,1 ms ist?
> n Schwingungen der Dauer T sollen zusammen 1 s dauern. Dann ist
> n · T = 1 s oder n = 1 s/T = 1 s/0,1 ms = 10

n Schwingungen der Dauer T benötigen die Zeit t = n · T; den Quotienten aus der Schwingungszahl n und der hierfür benötigten Zeit t nennt man die *Frequenz* (Symbol ν = Ny) der Schwingung:

(2.5) $\quad \nu = n/t = n/n \cdot T = 1/T \quad$ DEF

Die Einheit dieses neuen Begriffes ist dann die reziproke Zeiteinheit s^{-1}. Mit ihr lernen wir die erste Einheit kennen, die den Namen eines berühmten Physikers erhalten hat (HEINRICH HERTZ, 1857–1884), dessen Verdienste vor allem auf dem Gebiet der Elektrodynamik liegen, wo die Frequenz eine wichtige Rolle spielt.

(2.6) $\quad [\nu] = s^{-1} = $ Hertz $ = $ Hz $\quad$ DEF

2.1.6. Der Vektorbegriff

Wir haben inzwischen gelernt, daß eine physikalische Größe G allgemein durch das Produkt aus Maßzahl {G} und Einheit [G] (Gleichung 1.1) definiert ist. Wir haben dort jedoch noch außer acht gelassen, daß damit nicht jede Größe eindeutig festgelegt ist, zumindest nicht im Rahmen der SI-Einheiten. Wenn Sie zum Beispiel mit Ihrem Auto genau so schnell durch die Landschaft fahren wie ein anderer freundlicher Verkehrspartner, so ist damit noch lange nicht gesagt, daß Sie beide die gleiche Geschwindigkeit haben, denn mit dem Geschwindigkeitsbegriff ist auch eine Bewegungsrichtung verbunden. Der *Betrag* der Geschwindigkeit ist zwar der gleiche, nicht jedoch unbedingt die Orientierung; wenn Sie gerade stadteinwärts fahren, fährt der andere eventuell stadtauswärts, auch wenn Sie gleich schnell fahren. Die Geschwindigkeit ist neben der Maßzahl {v} und der Einheit [v] erst durch die zusätzliche Angabe der Orientierung und Richtung eindeutig definiert.

Alle Größen, für welche zur vollständigen Definition noch diese Angabe notwendig ist, nennt man *Vektoren,* die anderen *Skalare*. Es kommt nun darauf an, diesen Vektor-Charakter gemeinsam mit der Meßzahl anschaulich darzustellen. Ohne wesentliche Beschränkung der Allgemeinheit gelingt uns dies am einfachsten in der Ebene durch einen sogenannten *Richtungspfeil* (Abb. 14). Er gibt anschaulich die Orientierung des Vektors an und seine Länge ist ein Maß für den

20 2. Mechanik der festen Körper

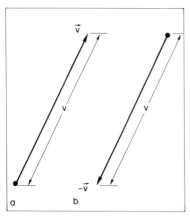

Abb. 14 Richtungspfeil eines Vektors in der Ebene

Betrag der physikalischen Größe. Anfang und Ende des Pfeiles (durch die Pfeilspitze unterschieden) bestimmen die Richtung, für die es bei jeder Orientierung die beiden Möglichkeiten a und b gibt.

Das Symbol der Größe wird durch einen Pfeil über dem Symbol oder durch Verwendung von deutschen Buchstaben als vektoriell charakterisiert, im Falle der Geschwindigkeit z. B. $\vec{v}$ oder $\mathfrak{v}$. Die entsprechende Darstellungsform ist natürlich auch im dreidimensionalen Raum möglich.

Alle Größen, die direkt oder indirekt von der Orientierung im Raum abhängen, sind somit vektoriell, an vorderster Stelle natürlich der Abstandspfeil eines Raumpunktes von einem anderen. Die als Abstand zweier Raumpunkte definierte Grundgröße „Länge" ist der Betrag des Vektors, der durch diesen Pfeil dargestellt wird.

Eine elementare skalare Größe haben wir in der Zeit kennengelernt; sie kann nicht nach links oder rechts und schon gar nicht rückwärts verlaufen.

Auf die Verknüpfung von Vektoren untereinander und mit Skalaren wird in den folgenden Kapiteln und im Anhang noch näher eingegangen.

2.2. Bewegungsarten von Körpern (Kinematik)

Jede Veränderung der Lage eines Körpers oder auch nur eines „materiellen Punktes" im Raum (als Bezugssystem) nennt man eine Bewegung. Mit dieser „Ortsveränderung" ist grundsätzlich eine bestimmte Zeitdauer verbunden – kein Punkt kann gleichzeitig an verschiedenen Orten sein! Auf der Messung der Ortsveränderung in Abhängigkeit der Zeit baut die Bewegungslehre oder Kinematik auf.

Bewegungsarten von Körpern (Kinematik)

2.2.1. Geradlinige Bewegung (Translation)

Als Translation bezeichnet man eine fortschreitende Bewegung eines Körpers, wenn sich die einzelnen Punkte des Körpers auf parallelen Geraden bewegen.

a) Gleichförmige Translation

Die Translation nennt man dann gleichförmig, wenn ein Massenpunkt auf gerader Bahn in *gleichen* Zeiten *gleiche* Wege zurücklegt.

Ist $\vec{s}$ die in der Zeit t zurückgelegte Wegstrecke, so bedeutet die Definition der gleichförmigen Translation, daß das Verhältnis $\vec{s}/t$ eine Konstante ist. Man nennt diese Konstante die *Geschwindigkeit* $\vec{v}$ der gleichförmigen Translation.

(2.7) $\qquad$ *Geschwindigkeit* $\vec{v} = \vec{s}/t \qquad$ DEF

Wie die Wegstrecke $\vec{s}$ ist natürlich auch die Geschwindigkeit eine vektorielle Größe, da jedoch bei der Translation die Orientierung unverändert bleibt, können wir uns im folgenden auf die Beträge der Vektorgrößen beschränken.

Für die Einheit der Geschwindigkeit folgt aus der Definition (2.7) zwangsläufig das Verhältnis von Längeneinheit zu Zeiteinheit:

(2.8) $\qquad [\vec{v}] = [l]/[t] = m/s \qquad$ Einheit der Geschwindigkeit

Aus der Definition (2.7) können wir bei bekannter Geschwindigkeit v durch einfache Umformungen leicht die in der Zeit t zurückgelegte Wegstrecke s oder die hierfür benötigte Zeit t angeben (s. auch Tab. 7):

(2.9) $\qquad \vec{s} = \vec{v} \cdot t \qquad t = s/v$

Tabelle 7 $\quad$ Werte einiger Geschwindigkeiten

	m/s	km/h
100-m-Läufer	10	36
Rennpferd	18	65
Schwalbe	80	288
Schall (0 °C in Luft)	331	1192
Licht (Vakuum)	$3 \cdot 10^8$	$1,08 \cdot 10^9$

Übung 3: Wie groß ist die Geschwindigkeit eines auf der Erdoberfläche (am Äquator) ruhenden Punktes durch die Eigenrotation der Erde?
Nach der ursprünglichen Definition des Meters als dem 10^7ten Teil des Erdmeridianquadranten (2.1.1.) beträgt der Erdumfang am Äquator $s = 4 \cdot 10^7$ m. Diese Strecke wird von dem Punkt in der Zeit $t = 1$ Tag $= 24$ h zurückgelegt, also $v = s/t = 4 \cdot 10^4$ km/24 h $= 1666,6 \ldots$ km/h. (Das ist schneller als der Schall!)

22 2. Mechanik der festen Körper

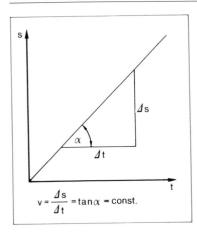

Abb. 15 Weg-Zeit-Diagramm bei gleichförmiger Translation

In der Abb. 15 ist die zeitliche Abhängigkeit der Wegstrecke s in einem Diagramm dargestellt. Bei der gleichförmigen Translation bleibt per Definition das Verhältnis aus Wegstrecke s und Zeit t immer gleich.

Dies gilt natürlich auch für eine beliebig kleine Wegstrecke Δs und die hierfür benötigte Zeit Δt (zur Symbolisierung des kleinen Ausmaßes eines definierten Größenabschnittes setzt man vor das Größensymbol G den großen griechischen Buchstaben „Delta" Δ), also

(2.10) $\qquad v = \Delta s/\Delta t = \text{constant}$

an jeder beliebigen Stelle des Diagrammes.

b) Beschleunigte Translation (Beschleunigung)

Im allgemeinen sind jedoch die (später noch zu definierenden) Voraussetzungen für die gleichförmige Translation nicht erfüllt, d. h. ein Körper legt im allgemeinen in gleichen Zeitabschnitten unterschiedliche Wegstrecken Δs zurück. Das Weg-Zeit-Diagramm kann daher z. B. die Form in Abb. 16a haben.

Ein Maß für die Geschwindigkeit v eines beliebigen Bewegungsablaufes ist die Steigung im Weg-Zeit-Diagramm. Verläuft die Kurve waagrecht, so ruht der Körper (v = 0). Der Übergang von einer steigenden in eine fallende Kurve bedeutet eine Richtungsumkehr.

Jede Geschwindigkeitsveränderung wird als *Beschleunigung* bezeichnet. Als Maß für die Beschleunigung dient das Verhältnis aus Geschwindigkeitsänderung Δv und der zugehörigen Zeit Δt:

(2.11) $\qquad$ Beschleunigung $a = \Delta v/\Delta t \qquad$ DEF

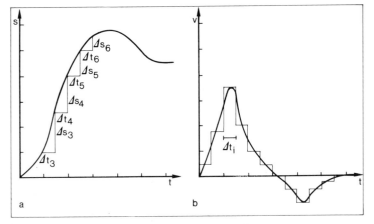

Abb. 16 a) Weg-Zeit-Diagramm bei allgemeiner Bewegung
b) Geschwindigkeits-Zeit-Diagramm zu a)

Die Beschleunigung ist somit ebenfalls ein Vektor. Die Einheit ergibt sich direkt aus der Definition zu

(2.12) $\quad [a] = [\Delta v]/[\Delta t] = \dfrac{m/s}{s} = m/s^2 \quad$ Einheit der Beschleunigung

c) Gleichförmige Beschleunigung

Bei der gleichförmigen Beschleunigung ist das Verhältnis $\Delta v/\Delta t$ eine Konstante. Demnach ist die Kurve der gleichförmigen Beschleunigung im Geschwindigkeits-Zeit-Diagramm eine Gerade (wie das Weg-Zeit-Diagramm der gleichförmigen Bewegung mit v = constant) mit der Steigung $a = \Delta v/\Delta t$ (Abb. 17a). Der lineare Zusammenhang liefert somit für die Geschwindigkeit v nach der Beschleunigungszeit t

(2.13) $\quad v = a \cdot t$

Umgekehrt ist die Zeit, die man benötigt, um bei der gleichförmigen Beschleunigung a auf die Geschwindigkeit v zu kommen (Division von (2.13) durch a):

$\quad t = v/a$

Die zugehörige Wegstrecke (Abb. 17b) finden wir am einfachsten, wenn wir so tun, als ob die Bewegung mit einer konstanten Geschwindigkeit abläuft, deren Wert $\bar{v}$ dem Mittelwert der Geschwindigkeit entspricht,

also $\quad \bar{v} = v/2$

Nach (2.9) ist dann $s = \bar{v} \cdot t = \dfrac{v}{2} \cdot t$

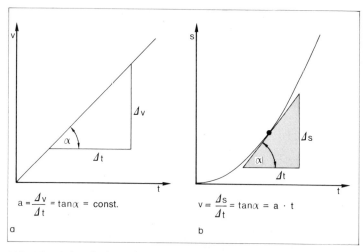

Abb. 17 a) Geschwindigkeits-Zeit-Diagramm bei gleichmäßig beschleunigter Bewegung
b) Weg-Zeit-Diagramm zu a)

und mit (2.13) folgt

(2.14) $$s = \frac{v}{2} \cdot t = \frac{a \cdot t}{2} \cdot t = \frac{a}{2} \cdot t^2$$

oder mit $t = v/a$

(2.15) $$s = \frac{a}{2} \cdot t^2 = \frac{a}{2} \cdot \frac{v^2}{a^2} = \frac{v^2}{2a}$$

> **Übung 4:** Für ein flottes Auto wird von der Firma angegeben, es beschleunige von 0 auf 100 km/h in 10,0 s. Welche Wegstrecke s ist hierfür erforderlich? Wie groß wäre die Wegstrecke s zur Erlangung von 126 km/h?
> Die Beschleunigung erhalten wir aus (2.13) zu a = v/t = 108 km/h/10 s = 30 m/s/10 s
> a = 3 m/s². Die hierbei zurückgelegte Wegstrecke ist dann nach (2.15)
> s = v²/2a = (30 m/s)²/2 · 3 m/s² = 150 m
> Um mit der gleichen Beschleunigung 126 km/h zu erhalten, würde man eine wesentlich größere Wegstrecke benötigen (126 km/h = 35 m/s) s = v²/2a = (35 m/s)²/2 · 3 m/s² = 204,17 m

d) Die Gesetze des freien Falls

Das beste Beispiel einer gleichförmig beschleunigten Bewegung bietet uns die Natur im freien Fall von Körpern. Die Erfahrung lehrt uns,

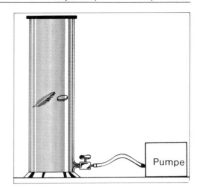

Abb. 18 Im Vakuum fallen alle Körper gleich schnell

daß jeder Körper, wenn er im freien Raum sich selbst überlassen wird, eine Bewegung durchführt, die wir als „Fallen" des Körpers bezeichnen. Die ersten quantitativen Versuche hierüber hat Galilei 1590 am schiefen Turm von Pisa durchgeführt. Auf die näheren Zusammenhänge und Ursachen des Fallens kommen wir später noch zu sprechen. Uns genügen an dieser Stelle die beiden wesentlichen Ergebnisse dieser Versuche:

1. Die Fallzeit von Körpern ist bei gleicher Fallhöhe unabhängig von der Form und Masse des Körpers – alle Körper fallen gleich schnell (unter Vernachlässigung der Luftreibung) (Abb. 18).

2. Die Fallbewegung ist eine gleichförmig beschleunigte Bewegung mit einer Beschleunigung g von rund 10 m/s^2. Die Orientierung dieser Beschleunigung ist zum Erdmittelpunkt hin gerichtet.

Das besondere Symbol „g" für diese Beschleunigung deutet auf den Begriff „Gravitation" hin; man nennt sie häufig Erd- oder Schwerebeschleunigung.

Die Fallgesetze lassen sich einfach aus den Beziehungen (2.13) bis (2.15) ablesen, wenn man dort die Wegstrecke s durch die Fallhöhe h ersetzt und für die Beschleunigung a das spezielle Symbol g verwendet. Für Fallhöhe h und Endgeschwindigkeit v nach der Zeit t oder die Fallzeit t bei gegebener Fallhöhe h erhält man so die Formeln:

(2.16) $\quad h = \frac{1}{2} g t^2 \;=\; \frac{v^2}{2g} \quad$ Fallhöhe

$\quad\quad\quad\; v = g \cdot t \;=\; \sqrt{2gh} \quad$ Endgeschwindigkeit

$\quad\quad\quad\; t = \sqrt{\frac{2h}{g}} \;=\; \frac{v}{g} \quad$ Fallzeit

2.2.2. Kreisbewegung (Rotation)

Bei der geradlinigen Bewegung haben wir bereits auf den Vektorcharakter der Begriffe Geschwindigkeit und Beschleunigung hingewiesen. Da diese Vektoren bei der Translation jedoch per Definition ihre Orientierung beibehalten, konnte diese bislang unberücksichtigt bleiben.

Betrachtet man nun die Bewegung eines Körpers auf einer Kreisbahn mit betragsmäßg konstanter Geschwindigkeit (Abb. 19), so erfährt dieser jedoch in jedem Augenblick eine Änderung der Orientierung (Abb. 20a), wodurch ebenfalls eine Beschleunigung erklärt ist. Sie ist immer senkrecht zum Geschwindigkeitsvektor orientiert, was aus der Betrachtung einer infinitesimalen (d. h. unendlich kleinen) „Drehung"

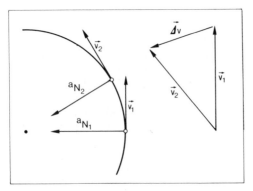

Abb. 19 Bewegung eines Massenpunktes auf einer Kreisbahn
Normale und Tangente in einem Kurvenpunkt

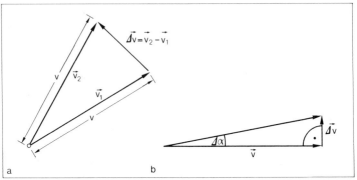

Abb. 20 a) Änderung der Orientierung eines betragsmäßig konstanten Vektors v (Drehung)
b) „Unendlich kleine Drehung" von v, die Änderung Δv steht senkrecht auf v

Bewegungsarten von Körpern (Kinematik) 27

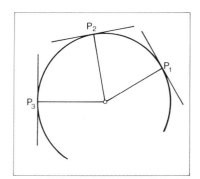

Abb. 21 Bei jeder Kreisbewegung geht die Senkrechte auf einer Tangente im Berührpunkt immer durch den Kreismittelpunkt

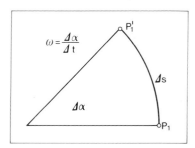

Abb. 22 Infinitesimale Kreisbewegung zur Definition der Winkelgeschwindigkeit ω

folgt (Abb. 20b). Die Beschleunigung ist bei einer Kreisbewegung also immer zum Kreismittelpunkt gerichtet (Abb. 21).

Man nennt sie daher auch Radialbeschleunigung oder Zentripetalbeschleunigung a_z.

Analog zur Translationsgeschwindigkeit v definiert man bei der Kreisbewegung eine *Winkelgeschwindigkeit* ω (Omega) als das Verhältnis aus überstrichenem Winkel $\Delta\alpha$ und der zugehörigen Zeit Δt (Abb. 22):

(2.17) $\qquad \omega = \Delta\alpha/\Delta t \qquad$ DEF $\qquad$ Winkelgeschwindigkeit

mit der Einheit

(2.18) $\qquad [\omega] = [\Delta\alpha]/[\Delta t] = 1/s$

Für den Zusammenhang zwischen Zentripetalbeschleunigung a_z, Bahngeschwindigkeit v und Winkelgeschwindigkeit ω gilt:

(2.19) $\qquad v = \omega \cdot r$ (aus $\Delta s = r \cdot \Delta\alpha$ nach (2.4))

und

(2.20) $\qquad a_z = v^2/r = \omega^2 \cdot r$

> **Übung 5:** Eine Laborzentrifuge wird mit 2000 Umdrehungen pro Minute (2000 Upm) betrieben.
> a) Wie groß sind die Umlaufzeit T und die Bahngeschwindigkeit am unteren Ende der Reagenzgläser (Abstand 20 cm)?
> b) Welche Radialbeschleunigung erhält man dort (Abb. 31)?
> a) 2000 Umläufe dauern 1 min = 60 s
> 1 Umlauf dauert dann T = 60 s/2000 = 30 ms.
> Während eines Umlaufs legt ein Punkt auf einem Kreis gerade den Kreisumfang · U = 2 π · r zurück. Dies geschieht in der Zeit T und man hat somit die Bahngeschwindigkeit
> $v = U/T = 2\pi r/T = (2 \cdot \pi \cdot 0{,}2 \text{ m})/30 \text{ ms} = 41{,}89 \; \frac{m}{s}$
> b) Die Radialbeschleunigung erhalten wir aus (2.29):
> $a_r = v^2/r = (4\pi^2 r^2/T^2)/r = 8772{,}98 \text{ m/s}^2$
> Das ist nahezu das tausendfache der Erdbeschleunigung g.

2.2.3. Pendelbewegung, harmonische Schwingung

Den Begriff der Schwingung und deren Dauer haben wir bereits kennengelernt. Wir wollen nun auch diesen Bewegungsvorgang genauer untersuchen. Das wesentliche Merkmal einer Schwingung war die zeitlich regelmäßige Wiederkehr jedes beliebigen Bewegungszustandes und die Zeitdauer, innerhalb welcher alle möglichen Bewegungszustände gerade einmal vorkommen, war die Schwingungsdauer T.

Wenn man die gleichförmige Bewegung eines Körpers auf einer Kreisbahn betrachtet (gemeint ist eine Kreisbewegung mit konstanter Winkelgeschwindigkeit), so läßt sich aus ihr sehr einfach eine Pendelbewegung (mit den gleichen Werten für Schwingungsdauer T und Frequenz ν) ableiten. Man braucht hierzu lediglich die Kreisbewegung auf eine Kreistangente g zu projizieren und den Ort des projizierten Punktes P′ zu verfolgen (Abb. 23).

Für die Kreisbewegung eines Punktes P wissen wir, daß die Radialbeschleunigung $\vec{a_r}$ immer entgegen $\vec{r}$ gerichtet ist (zum Kreismittelpunkt hin) und ihr Betrag a_r bei konstanter Winkelgeschwindigkeit proportional zu r ist. Man kann daher in jedem beliebigen Augenblick der Kreisbewegung die beiden Richtungspfeile von $\vec{a_r}$ und $\vec{r}$ aufeinanderlegen und fest verbinden, sie ändern ja beide ihre Länge nicht!

Wie man leicht aus der Abbildung erkennen kann, gilt entsprechend für die Projektionen P′ bei jeder beliebigen Bahnposition von P, daß die *Beschleunigung a der Auslenkung x entgegengerichtet ist und das Verhältnis ihrer Beträge überall gleich ist*, und zwar ist

(2.21) $\qquad a/x = a_r/r = \omega^2 = \text{constant}$

oder für die Vektoren

(2.22) $\qquad \vec{a} = -\omega^2 \cdot \vec{x} = -K \cdot \vec{x}$

Bewegungsarten von Körpern (Kinematik)

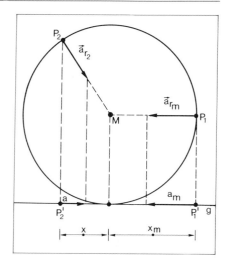

Abb. 23 Projektion einer Kreisbewegung auf einer Kreistangente zur Erklärung der harmonischen Schwingung

Jede Pendelbewegung, bei welcher die Beschleunigung $\vec{a}$ immer entgegen der Auslenkung gerichtet und dieser proportional ist, nennt man *harmonische Schwingung*.

Es gibt in der Natur praktisch keine Schwingung, bei welcher diese Voraussetzung exakt erfüllt ist, wohl aber haben wir bei nahezu allen bekannten Pendelbewegungen „beinahe" eine harmonische Schwingung. „Beinahe" heißt dabei, daß die Schwingung im allgemeinen um so harmonischer wird, je kleiner die maximale Auslenkung vom Nullpunkt ist.

Bei einer harmonischen Schwingung können wir die Werte von Auslenkung x und Beschleunigung a zu jedem Zeitpunkt t aus der Abb. 23 leicht entnehmen. Aus der Trigonometrie (s. Anhang S. 254) erhalten wir den Zusammenhang

$$x/r = \sin \alpha \quad \text{oder} \quad x = r \cdot \sin \alpha$$

Für den Winkel α des Radiusvektors zur Zeit t liefert uns (wegen der konstanten Winkelgeschwindigkeit ω) die Beziehung (2.17)

(2.23) $\quad \alpha = \omega \cdot t$

Wir erhalten also für den zeitlichen Verlauf einen sinusförmigen Zusammenhang:

(2.24) $\quad \vec{x} = r \sin \omega \cdot t \quad$ Harmonische Schwingungs-
$\quad\quad\quad \vec{a} = -\omega^2 \cdot r \cdot \sin \omega \cdot t \quad$ gleichung

2.3. Masse und Kraft (Dynamik)

In dem vorangehenden Abschnitt Kinematik haben wir die Bewegungsarten und -abläufe kennengelernt. Wir haben festgestellt, daß mit der Kenntnis der Beschleunigung a jede Änderung eines bestehenden Anfangszustandes errechnet werden kann. Wir wollen uns jetzt die Frage stellen, von welchen Größen diese Beschleunigung eigentlich abhängt. Wir werden dabei mit einer weiteren Grundgröße der Physik zu tun haben, die man die *Masse* eines Körpers nennt. Doch nicht sie wird die wichtigste in diesem Abschnitt sein, sondern die *Kraft* (Dynamik = Lehre von den Kräften), die jedoch eng mit dem Massenbegriff verbunden ist.

2.3.1. Trägheit, Kraftbegriff und Masse

Als eigenartige Eigenschaft jedes Körpers stellt man einen Widerstand fest, den er jedem Beschleunigungsversuch entgegensetzt. Jeder, der schon einmal ein Auto angeschoben hat, bekam dies deutlich zu spüren. Doch nicht nur, um einen Körper aus der Ruhe in Bewegung zu versetzen, sondern auch umgekehrt, einen Körper abzubremsen, erfordert die Überwindung des Widerstandes, den dieser der Änderung seines Bewegungszustandes entgegensetzt. Man nennt diesen Widerstand die *Trägheit* oder das Beharrungsvermögen des Körpers und bezeichnet diese Erfahrungstatsache als *Trägheitsgesetz*. NEWTON gab diesem Satz folgende Formulierung:

1. Newtonsches Axiom:

> Jeder Körper verharrt im Zustand der Ruhe oder der gleichförmigen Bewegung, solange keine äußeren Einflüsse auf ihn einwirken.

Viele Erfahrungen des täglichen Lebens liegen in diesem Satz begründet. Steht man z. B. in einem Autobus, der plötzlich anfährt, so fällt man nach rückwärts, weil der Körper infolge seiner Trägheit im Zustand der Ruhe verharren will. Wenn umgekehrt der Autobus während der Fahrt plötzlich abbremst, so fällt man nach vorn in die ursprüngliche Bewegungsrichtung, da auch jetzt der Körper bestrebt ist, seine bisherige Bewegung beizubehalten.

Alle äußeren Einflüsse, welche den Bewegungszustand eines Körpers verändern, nennt man Kräfte. Man definiert:

> Eine Kraft ist die Ursache einer Beschleunigung.

Ein Maß für die Kraft kann aus ihrer Wirkung gefunden werden, d. h. aus der Beschleunigung, welche sie bei einem bestimmten Körper hervorruft.

Ein einfaches Beispiel ist die Steinschleuder: Wenn man ein Gummiband in einer Gabel spannt und einen Stein damit fortschleudert, dann

Masse und Kraft (Dynamik) 31

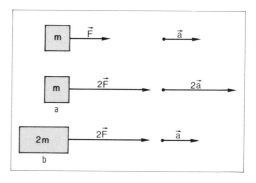

Abb. 24 Zur Herleitung des Grundgesetzes der Mechanik
a) doppelte Kraft ergibt doppelte Beschleunigung,
b) doppelte Masse erfordert doppelte Kraft zur gleichen Beschleunigung

ist die Fluggeschwindigkeit des Steines von der „Spannkraft" des Gummibandes abhängig. Man kann diese z. B. dadurch verdoppeln oder vervielfachen, indem man zwei oder mehrere Gummibänder derselben Art spannt.

Aus solchen Versuchen hat man festgestellt, daß die erzielte Beschleunigung um so größer ist, je größer die beschleunigende Kraft ist, die Beschleunigung also proportional zur Kraft ist (Abb. 24a).

$$F \sim a$$

Wenn man andererseits bei diesen Versuchen zwei oder auch mehrere Steine gleichzeitig fortschleudert, so erhält man gerade dann jeweils die gleiche Beschleunigung, wenn man die Anzahl der Gummibänder (und damit die Kraft) ebenfalls entsprechend vervielfacht. Die erforderliche Kraft ist also ebenfalls proportional zur beschleunigten Masse (Abb. 24b).

$$F \sim m$$

Diese empirisch erkannten Gesetzmäßigkeiten veranlaßten NEWTON zur Definition der Kraft in seinem 2. Axiom:

2. Newtonsches Axiom:

Kraft ist gleich Masse mal Beschleunigung.

(2.25) $\quad F = m \cdot a \quad$ DEF

Wegen seiner fundamentalen Bedeutung für die gesamte Mechanik wird dieses Gesetz auch als das „Grundgesetz der Mechanik" bezeichnet.

2.3.2. Definition der Masseneinheit, Einheit der Kraft

Da die Trägheit eine grundsätzliche Eigenschaft jedes materiellen Körpers ist, läßt sich die Masse grob definieren als den Betrag an

Materie, den das Objekt enthält. Sie ist damit die dritte Grundgröße der Physik, die wir kennenlernen. Die Realisierung ihrer Einheit ist natürlich an die Existenz eines künstlich geschaffenen materiellen Prototyps gebunden. Ursprünglich wählte man hierfür die Masse von 1 dm³ Wasser bei seinem Dichtemaximum (3,98 °C) unter definierten Druckbedingungen (Normaldruck). Im SI einigte man sich bei der Darstellung des Massenprototyps (ähnlich wie bei der Konstruktion des Meterstandards vor der Zurückführung auf atomare Größen) auf einen Metallzylinder aus 90 % Platin und 10 % Iridium.

Die gewählte Legierung bürgt für Beständigkeit, Homogenität und gute Oberflächenpolierbarkeit. Ein Zylinder von ca. 39 mm Durchmesser und gleich großer Höhe ist als Einheit *1 kg* im BIPM (Bureau International des Poids et Mesures) in Sèvres bei Paris aufbewahrt.

Neben der Masse hat auch die volumenbezogene Mengengröße fundamentale Bedeutung. Ein Kubikmeter Wasser hat eine sehr viel kleinere Masse als ein Kubikmeter Quecksilber, andererseits jedoch eine größere Masse als ein Kubikmeter Öl. Jeder Kubikmeter einer Substanz repräsentiert eine ganz spezifische Masse, deren Wert man die *Dichte* der Substanz nennt.

Die Dichte einer Substanz ist ihre Masse bezogen auf ihr Volumen

(2.26) $\quad$ Dichte = Masse/Volumen
$\quad\quad\quad\quad \varrho = m\ /\ V \quad\quad$ DEF

Die Einheit der Dichte ist damit

(2.27) $\quad [\varrho] = [m]/[V] = kg/m^3$

Häufig findet man in der Literatur die 1000mal *größere* Einheit g/cm³ (1 g/cm³ = 1000 kg/m³).

Tabelle 8 $\quad$ Dichten einiger Stoffe bei 20 °C in g/cm³

Äthylalkohol	0,7893
Wasser	0,9982
Aluminium	2,7
Eisen	7,86
Quecksilber	13,546
Platin	21,4

Übung 6: Die Dichte von Quecksilber beträgt bei 0 °C ϱ_{Hg} = 13,595 g/cm³. Welche Masse hat dann eine Quecksilbersäule der Höhe 760 mm, wenn der Querschnitt 1 cm² ist?
Das Volumen der Säule ist
V = 76 cm · 1 cm² = 76 cm³.
Für die Masse erhält man dann
m = ϱ · V = 13,595 g/cm³ · 76 cm³ = 1033,22 g

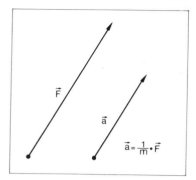

Abb. 25 Der Kraftvektor hat die gleiche Richtung wie der Vektor der Beschleunigung, welche sie hervorruft

$\vec{a} = \frac{1}{m} \cdot \vec{F}$

Auf die Bestimmung von Massen werden wir später eingehen (Die Waage, S. 43), ebenso auf die Möglichkeiten der Dichtebestimmung (Jolly-Waage, S. 70).

Die Definition der Kraft als Ursache einer Beschleunigung findet in dem Grundgesetz der Mechanik (2.25) seine quantitative Darstellung. Die Festlegung der Masseneinheit definiert somit auch die *Einheit der Kraft:*

(2.28) $[F] = [m] \cdot [a] = kg \cdot m/s^2$ DEF

Gleichzeitig erkennen wir, daß die Kraft als Produkt aus Skalar und Vektor ebenfalls eine vektorielle Größe ist, und zwar hat sie die Orientierung und Richtung der Beschleunigung a (Abb. 25). Die SI-Einheit der Kraft hat den Namen des Mannes bekommen den wir eingangs schon als „Vater der Mechanik" erkannt hatten, Isaac Newton, engl. Physiker.

(2.29) $1 \, m \cdot kg/s^2 = 1 \, Newton = 1 \, N$ DEF

2.3.3. Gewichtskraft

Bei der Behandlung der gleichförmig beschleunigten Bewegung hatten wir das „Fallen" eines Körpers und dessen Gesetzmäßigkeit kennengelernt. Die Ergebnisse der Versuche von Galilei sind genauso seltsam wie die Erscheinung der Trägheit von Körpern. Die Fallbewegung wurde einmal als eine gleichförmig beschleunigte erkannt und zum zweiten als völlig unabhängig von der Masse des Körpers. Die erste Erkenntnis erfordert nach dem Grundgesetz der Mechanik eine beschleunigende Kraft. Das zweite Ergebnis sagt, daß diese Kraft proportional zur Masse des fallenden Körpers sein muß. Man nennt diese Kraft das Gewicht $\vec{F_G}$ oder die Schwere des Körpers. Es hat den Anschein, als ob der Körper von der Erde mit dieser Kraft $\vec{F_G}$ angezogen würde.

Man sagt daher: Das Gewicht einer Masse m ist die Anziehungskraft $\vec{F_G}$, die die Erde auf die Masse ausübt. Diese Kraft ist der Masse des Körpers proportional und der Proportionalitätsfaktor g ist die Beschleunigung, die die Masse beim freien Fall erfährt.

(2.30)
$$\vec{F_G} = m \cdot \vec{g}$$
Gewicht = Masse mal Fallbeschleunigung

Die Fallbeschleunigung ist nicht an allen Orten der Erde gleich groß, eine Feststellung, die in der Herkunft der Gewichtskraft begründet ist, was wir im folgenden näher untersuchen wollen.

Tabelle 9 Einige Werte von g an verschiedenen Orten in m/s²

Hamburg	9,81394	Nordpol	9,865
München	9,80729	Äquator	9,801
Rom	9,80347		

2.3.4. Wechselwirkung, Gravitation

Die ersten beiden Newtonschen Axiome werden durch einen weiteren Erfahrungssatz ergänzt: Wenn ein Objekt die Bewegung eines anderen beeinflußt, wird es stets auch selbst in seiner Bewegung beeinflußt. Die *Aktion* eines Objektes auf ein anderes ist immer von der *Reaktion* des zweiten Objektes auf das erste begleitet. Wir haben also eine *Wechselwirkung* zwischen den beiden Objekten, und zwar derart, daß die Reaktion des zweiten Körpers gleich der Aktion des ersten und von entgegengesetzter Richtung ist.

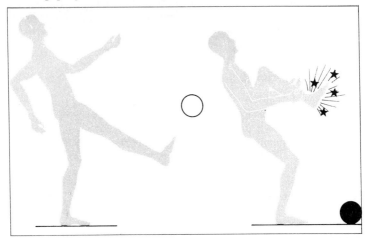

Abb. 26 Demonstration der „Reactio" eines Bleifußballs

3. Newtonsches Axiom:

Jede Kraft erzeugt eine gleichgroße Gegenkraft

(2.31)　　　Actio = Reactio

Einem Fußballspieler, der phantastische Tore zu schießen in der Lage ist, können wir das leicht beweisen, wenn wir ihm heimlich einen mit Blei gefüllten Fußball auf den Elfmeterpunkt legen – er wird so schnell keine Tore mehr schießen (Abb. 26)!

Wie funktioniert ein Düsenantrieb? Aus einer Düse werden Gase ausgestoßen. Dies erfordert eine Beschleunigung der Gaspartikelchen und damit eine Kraft. Diese Kraft ist die Aktion der Düse auf die Gasteilchen, und deren gleichgroße Reaktionskräfte in Gegenrichtung beschleunigen die Düse und damit das Flugzeug oder die Rakete (entsprechend dem Rückstoß bei einer Kanone). Die Flugkörper stoßen sich also an den austretenden Gasteilchen ab, nicht etwa an der Erde oder der umgebenden Luft (Abb. 27)!

Auch die Gewichtskraft, die wir als Anziehungskraft der Erde auf den Körper interpretierten, erzeugt eine gleichgroße Gegenkraft, d. h.

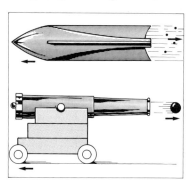

Abb. 27　Rückstoß beim Raketenantrieb und bei einer Kanone

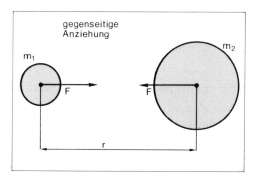

Abb. 28　Gravitationskraft zwischen zwei Massen

auch der Körper zieht die Erde mit einer Kraft an, die gleich seinem Gewicht ist. Allgemein bezeichnet man die wechselseitige Anziehung materieller Körper als *Gravitation*. NEWTON hat diese empirische Erkenntnis quantitativ wie folgt formuliert:

Zwei beliebige Massen m_1 und m_2, deren Mittelpunkte den Abstand r haben, ziehen sich gegenseitig mit einer Kraft an, die den beiden Massen direkt und dem Quadrat des Abstandes umgekehrt proportional ist (Abb. 28).

(2.32) $$F_G = G \frac{m_1 \cdot m_2}{r^2}$$ Gravitationsgesetz

Die Konstante G bezeichnet man als Gravitationskonstante.

Wenn man das Gewicht einer Masse m als Gravitationskraft zwischen der Erdmasse m_E und m interpretiert, so ist

(2.33) $$F_G = G \frac{m_E \cdot m}{R^2} = \left(\frac{G \cdot m_E}{R^2}\right) \cdot m$$

wobei für den Abstand r der Erdradius R eingesetzt ist. Vergleicht man diese Beziehung mit der Gleichung (2.30), so hat man einen Ausdruck für die Erdbeschleunigung g gefunden, welcher deren Unterschiede an verschiedenen Orten durch die verschiedenen Werte für R erklärt.

(2.34) $$g = \frac{G \cdot m_E}{R^2}$$

Die Gravitationskonstante G wurde im Laborexperiment ermittel zu

(2.35) $\quad G = 6{,}67 \cdot 10^{-11}\,Nm^2/kg^2$

Übung 7: Der Erdradius R_p am Pol beträgt 6356 km. Bei Kenntnis der Erdbeschleunigung dort ($g = 9{,}865\,m/s^2$) kann man die Erdmasse berechnen:
Aus (2.34) erhält man
$m_E = g \cdot R^2/G = 9{,}865\,m/s^2 \; \dfrac{(6356)^2 \cdot 10^6\,m^2}{6{,}67 \cdot 10^{-11}\,Nm^2/kg^2}$
$m_E = 5{,}975 \cdot 10^{24}\,kg$

2.3.5. Zentripetal- und Zentrifugalkraft

Eine Kreisbewegung einer Masse m erfordert eine ständig zum Kreismittelpunkt hingerichtete Radialbeschleunigung $\vec{a_r}$.
Nach dem 2. Newtonschen Axiom (2.25) ist mit ihr eine Kraft verbunden, die gleich dem Produkt aus der Masse m und der Radialbeschleunigung $\vec{a_r}$ ist,

(2.36) $\vec{F_p} = m \cdot \vec{a_r}$

Die Kraft, welche eine Kreisbewegung hervorruft, nennt man *Zentripetalkraft* $\vec{F_p}$.

Bei bekannter Geschwindigkeit v der Kreisbewegung vom Radius r kennen wir aus (2.19) den Betrag der Radialbeschleunigung als $a_r = v^2/r$. Damit haben wir auch den Betrag der Zentripetalkraft:

(2.37) $F_p = m \cdot a_r = m \cdot v^2/r$ Zentripetalkraft

Natürlich ist auch sie (wie die Radialbeschleunigung) stets senkrecht zur Kreisbahn orientiert (Abb. 29). Die Wurfschleuder aus dem Altertum oder der Hammerwurf als Sportdisziplin sind anschauliche Beispiele. Durch die feste Verbindung der Masse mit dem Drehzentrum (etwa durch ein Seil), wird diese zur Kreisbewegung gezwungen, die Zwangskraft ist die Zentripetalkraft. Daß dieser eine gleichgroße, entgegengesetzte Wechselwirkungskraft zugeordnet ist, spürt der Hammerwerfer an der Zugkraft im Seil, gegen die er sich anstemmen muß (Abb. 30). Diese Kraft nennt man die *Zentrifugalkraft* $\vec{F_z}$, die auch für die Wirkung bei der Laborzentrifuge (Abb. 31) verantwortlich ist. Es ist dies die Trägheitskraft, die dem Zwang der Zentripetalkraft entgegen wirkt.

Die Zentrifugalkraft $\vec{F_z}$ ist gleich der Zentripetalkraft $\vec{F_p}$ und dieser entgegen gerichtet.

(2.38) $\vec{F_z} = -\vec{F_p}$

Läßt der Hammerwerfer das Seil plötzlich los, so ist schlagartig keine Zwangskraft mehr vorhanden und die Masse wird nicht mehr auf die Kreisbahn gezwungen; sie verläßt diese daher, indem sie treu nach dem 1. Newtonschen Axiom ihre augenblickliche Bewegungsrichtung beibehält und somit tangential weiterfliegt.

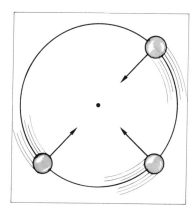

Abb. 29 Die Zentralkraft (Zentripetalkraft) steht immer senkrecht zur Kreisbahn

2. Mechanik der festen Körper

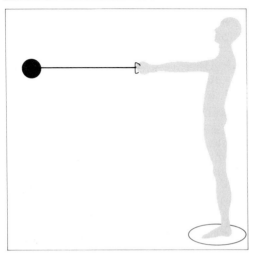

Abb. 30 Hammerwerfer

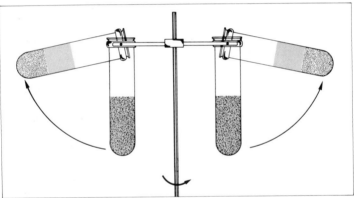

Abb. 31 Prinzip der Laborzentrifuge

Übung 8: Die Eisenkugel beim Hammerwurf hat eine Masse von 7,5 kg, der Abstand zum Drehzentrum ist etwa 1,5 m. Welche Zugkraft muß der Hammerwerfer aufbringen, wenn er sich kurz vor dem Abwurf etwa dreimal in der Sekunde dreht?

Die Winkelgeschwindigkeit ω bei 3 Umdrehungen pro Sekunde beträgt $3 \cdot 2\pi \frac{1}{s} = 18{,}85 \frac{1}{s}$

Damit erhält man als Zentrifugalkraft F_z:

$F_z = m\omega^2 r = 7{,}5 \text{ kg} \cdot (18{,}85)^2 \frac{1}{s^2} \cdot 1{,}5 \text{ m}$
$F_z = 3997 \text{ N}$

Das entspricht immerhin dem Gewicht einer Masse von über 400 kg.

2.3.6. Kraft als Vektor

Da die Kraft eine vektorielle Größe ist, benötigen wir zu ihrer Untersuchung neben ihrem Betrag auch ihre Richtung. Wir können sie dabei, wie jeden Vektor, durch einen Richtungspfeil darstellen, dessen Länge dann den Betrag der Kraft repräsentiert. Zusätzlich benötigen wir noch den Angriffspunkt der Kraft.

Wir können uns darauf beschränken, sogenannte Punktmassen zu behandeln, d. h. wir denken uns die gesamte Masse eines materiellen Körpers in einem einzigen Punkt vereinigt, den wir dann den Schwerpunkt des Körpers nennen (Definition S. 42). Wenn nun in diesem Punkt mehrere verschiedene Kräfte gleichzeitig angreifen, müssen wir nach der daraus resultierenden Wirkung fragen. Sie ergibt sich offenbar als Summe aller Kräfte, es ist jedoch dabei zu berücksichtigen, daß die Kräfte im allgemeinen verschiedene Richtungen haben. Wir müssen die sogenannte *Vektorsumme* bilden.

Wenn wir die Vektoren durch Richtungspfeile darstellen, können wir die Summenbildung durch eine geometrische Addition ersetzen (Abb. 32). Die Vektorsumme zweier Kräfte $\vec{F_1} + \vec{F_2}$ kann man ermitteln, indem man den Anfang des zweiten Pfeiles an das Ende des ersten setzt (Ende = Pfeilspitze). Der resultierende Pfeil beginnt am Anfang des ersten und endet am Ende des zweiten. Er ist dann eine Darstellung der Vektorsumme $\vec{F} = \vec{F_1} + \vec{F_2}$. Die Länge des resultierenden

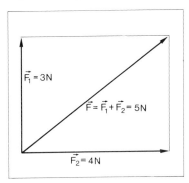

Abb. 32 Beispiel zur Addition von Kräften

Übung 9: Im Schwerpunkt eines Körpers greifen die Kräfte $\vec{F_1} = 3N$ und $\vec{F_2} = 4N$ an. Die beiden Kräfte stehen senkrecht aufeinander. In welche Richtung weist die Resultierende und wie groß ist ihr Betrag? Die geometrische Addition ist in Abb. 32 dargestellt. Der Betrag läßt sich mit Hilfe des Satzes von Pythagoras berechnen (s. Anhang):
$F^2 = F_1^2 + F_2^2 = 9N^2 + 16N^2 = 25N^2$
$F = 5N$

Pfeiles liefert den Betrag F des Summenvektors $\vec{F}$. Dieser ist nicht gleich der Summe der Einzelbeträge F_1 und F_2, da die Vektoren verschiedene Richtungen haben.

Allgemeine Addition von Kräften

Selbstverständlich läßt sich die Summenbildung von Kraftvektoren von zwei auf beliebig viele verallgemeinern, solange diese in einem gemeinsamen Punkt angreifen. Durch Aneinandersetzen aller Richtungspfeile entsteht dabei ein *Krafteck*, bei welchem der resultierende Summenvektor durch den Richtungspfeil dargestellt wird, der vom Anfang des ersten bis zum Ende des letzten Richtungspfeiles zeigt (Abb. 33). Ist die Resultierende Null, dann halten sich alle Kräfte das *Gleichgewicht*:

(2.39) $\qquad F = \sum\limits_{i} F_i = 0$

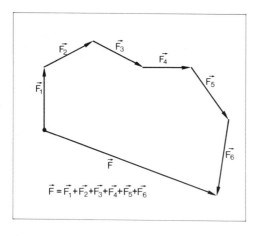

Abb. 33 Allgemeine Kräftesumme (Krafteck)

Komponentenzerlegung von Kräften

In vielen Fällen ist es notwendig, eine gegebene Kraft in zwei Kraftkomponenten zu zerlegen, welche im Angriffspunkt senkrecht zueinander stehen und deren Vektorsumme gleich der gegebenen Kraft ist. Ein einfaches Beispiel hierfür liefern die Kraftverhältnisse an der schiefen Ebene (Abb. 34). Die Ausgangskraft F_G ist dabei das Gewicht $F_G = m \cdot g$ der Masse m des Körpers. Dieses liefert einmal die *Parallelkomponente* F_P in Richtung der schiefen Ebene und zum anderen die *Normalkomponente* F_N senkrecht dazu. Man erhält diese Komponenten, indem man durch den Angriffspunkt der Kraft F_G Parallelen

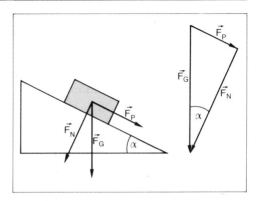

Abb. 34 Masse auf der schiefen Ebene

zu den Komponentenrichtungen zieht und die Skizze zum Kräfteparallelogramm ergänzt. Man erhält so:

(2.40) $\quad F_P = F_G \sin \alpha$
$\quad\quad\quad\quad F_N = F_G \cos \alpha \quad$ $\alpha =$ Steigungswinkel

Zur Beschleunigung in Wegrichtung steht somit nur die Komponente $F_P = F_G \sin \alpha$ der Gewichtskraft zur Verfügung.

2.3.7. Reibung, Reibungskraft

Legen wir nach Abb. 34 einen Körper auf eine Tischplatte und neigen die Tischebene um den Winkel α, so müßte der Körper schon bei den kleinsten Neigungswinkeln aus der Ruhelage beschleunigt werden, da dann die Komponente $F_G \sin\alpha$ (Hangabtrieb) in Wegrichtung wirkt. Wir beobachten jedoch, daß er zunächst in Ruhe bleibt und sich erst ab einem bestimmten Grenzwinkel in Bewegung setzt, dann allerdings mit erheblicher Beschleunigung zu Boden rutscht.

Verringern wir nach Einsetzen der Bewegung den Neigungswinkel kontinuierlich, so wird die Geschwindigkeit des Körpers bei einem etwas kleineren Winkel einen unteren Grenzwert erreichen, es stellt sich ein Gleichgewichtszustand ein, in welchem sich der Körper gleichförmig bewegt.

Der Grund für dieses Phänomen ist in der „äußeren Reibung" zwischen den Oberflächen der berührenden Körper zu suchen. Auf Grund der immer vorhandenen Rauigkeit der Oberflächen verzahnen sich diese gewissermaßen ineinander und es tritt eine bremsende Kraft in Gegenrichtung zum Hangabtrieb auf. Diese Kraft nennt man die Reibungskraft F_R. Sie ist um so größer, je größer die Normalkomponente F_N ist, sie ist ihr proportional:

(2.41) $\quad F_R = \mu \cdot F_N \quad$ Coulombsches Reibungsgesetz

Den Proportionalitätsfaktor µ nennt man den Reibungskoeffizienten der beiden Oberflächen. Er ist von der Art und Beschaffenheit der Oberflächen abhängig, nicht jedoch von der Größe der reibenden Flächen!

2.3.8. Kräftepaar, Drehmoment

Das Krafteck zweier gleich großer, entgegengesetzt gerichteter Kräfte ergibt als Resultierende Null, die Kräfte halten sich das Gleichgewicht. Dies gilt jedoch nur, solange die Kräfte den gleichen Angriffspunkt haben. Ist dies nicht der Fall, so spricht man von einem Kräftepaar (Abb. 35). Die *Wirkungslinien* (als Wirkungslinie einer Kraft bezeichnet man die Linie in einem festen Körper, auf welcher alle Angriffspunkte liegen, in welchen die Kraft die gleiche Wirkung auf den Körper hat) der beiden Kräfte haben dann einen bestimmten Abstand 1 zueinander.

Die Wirkung, die dieses Kräftepaar auf einen Körper ausübt, führt zu einer Drehung des Körpers solange, bis die Wirkungslinien der Kräfte sich überdecken, der Abstand 1 also gleich Null wird.

Die für die Drehung verantwortliche physikalische Größe nennt man das *Drehmoment* M. Dieses ist um so größer, je größer die Einzelkraft F und je größer der Abstand 1 ist, also gilt

(2.42) $\qquad M = F \cdot 1 \qquad$ Drehmoment $\qquad$ DEF

Dieses Drehmoment ist positiv, wenn die Drehung im Uhrzeigersinn erfolgt, im anderen Falle negativ. Wenn allgemein mehrere Kräfte an einem Körper in verschiedenen Angriffspunkten angreifen, so ist zur Erzielung eines Gleichgewichtes die Beziehung (2.39) nicht mehr ausreichend, es muß zusätzlich auch die Summe aller Drehmomente gleich Null sein:

(2.43) $\qquad \sum_i M_i = 0$

Denkt man sich einen Körper aus verschiedenen Massenelementen zusammengesetzt, so haben deren Gewichtskräfte alle verschiedene Angriffspunkte im Körper, rufen also Drehmomente M_i in bezug auf einen räumlich fixierten Punkt hervor. Unter dem Schwerpunkt des Körpers versteht man nun den Punkt im Körper, in welchen man ihn gegen sein Gewicht m · g so fixieren kann, daß er sich im Gleichgewicht befindet. Dies ist offenbar genau dann der Fall, wenn sowohl (2.39) als auch (2.43) gilt.

Für viele Aufgaben der Mechanik kann man sich die gesamte Masse eines Körpers in seinem Schwerpunkt vereinigt denken.

Man bestimmt diesen Schwerpunkt, indem man dem Körper nacheinander an zwei Randpunkten aufhängt. Der Schwerpunkt liegt jedes-

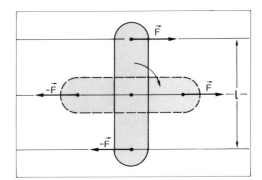

Abb. 35 Drehmoment eines Kräftepaares

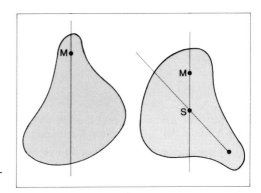

Abb. 36 Bestimmung eines Schwerpunktes einer beliebigen Masse

mal auf der lotrechten Geraden durch den Aufhängepunkt (Abb. 36). Der Schnittpunkt der beiden ermittelten Geraden gibt die Lage des Schwerpunktes an.

Die Waage

Eine wichtige Anwendung des Prinzips des Drehmomentengleichgewichtes ist die Waage als einem Instrument zur Massenbestimmung. Wie bei jeder Messung lassen sich auch Massen durch den Vergleich mit anderen bekannten Massen bestimmen. Neben der, bei der Kraftmessung zu besprechenden Möglichkeit der Bestimmung der Schwere (S. 47) lassen sich Massen auch in der Wirkung ihrer Drehmomente mit einer Balkenwaage vergleichen (Abb. 37). Bei der in der Abbildung schematisch dargestellten Anordnung wird die Masse m mit der bekannten, auf einer Laufschiene beweglich angebrachten Masse m_o verglichen. In bezug auf den Drehpunkt üben die Gewichte beider Massen Drehmomente aus, die sich bei einem bestimmten Abstand x

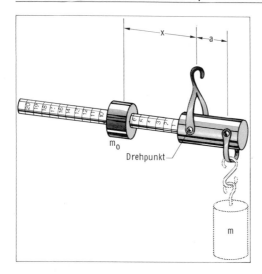

Abb. 37
Balkenwaage

der Masse m_o vom Drehpunkt das Gleichgewicht halten. Wenn a der feste Abstand der Masse m vom Drehpunkt ist, so gilt

$m \cdot a \cdot g = m_o \cdot x \cdot g$, woraus man für m erhält:

$$m = x \cdot \frac{m_o}{a}.$$

Der Wert m_o/a ist hierbei eine konstante Größe, die von der Konstruktion der Waage abhängt. Die Skalen sind im allgemeinen so geeicht, daß man an der Stelle x direkt den Wert der zu bestimmenden Masse m ablesen kann.

> **Übung 10:** Bei einer Balkenwaage beträgt der Lastabstand a = 10 cm und die Vergleichsmasse ist m_o = 1 kg. In welchem Abstand x stellt sich das Gleichgewicht ein, wenn die zu messende Masse m = 8,5 kg beträgt?
> Die Beziehung $m = x \cdot m_o/a$ liefert umgekehrt $x = a \cdot m/m_o$ = 10 cm · 8,5 kg/1 kg = 85 cm

Hebelgesetze

Auch die Prinzipien, welche die Wirkung der einfachsten Maschinen (Hebel) bestimmen, gehen aus dem Drehmomentengleichgewicht hervor. Im einfachsten Fall handelt es sich dabei um eine drehbar gelagerte Stange (Abb. 38). Man kann mit solchen Hebeln sehr große

Masse und Kraft (Dynamik)

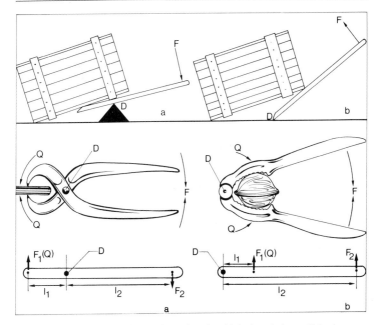

Abb. 38 Beispiele für ein- und zweiarmige Hebel und deren Prinzip
a) zweiarmige, b) einarmige

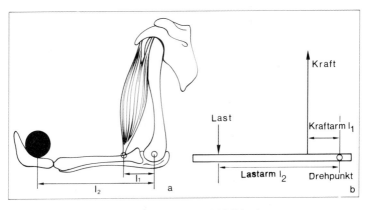

Abb. 39 a) Unterarm als einarmiger Hebel, b) Prinzip

Kräfte erzeugen, indem man mit relativ kleinen Kräften genügend große Drehmomente hervorruft durch einen entsprechend großen Abstand zum Drehpunkt.

Da die Hebel in erster Linie zum Heben von Lasten verwendet werden, nennt man den Abstand des Drehpunktes vom Angriffspunkt der Last den *Lastarm*, entsprechend den Abstand des Kraftangriffspunktes den *Kraftarm* des Hebels.

Man unterscheidet zwei Hebeltypen, je nachdem ob Last- und Kraftarm auf der gleichen Hebelseite liegen (einarmiger Hebel) oder nicht (zweiarmiger Hebel). Die Balkenwaage ist ein Beispiel für einen zweiarmigen Hebel. Für beide Typen läßt sich das Drehmomentengleichgewicht auf die einfache Formel bringen:

(2.44) $\quad F_2 \cdot l_2 \ = \ F_1 \cdot l_1$
$\quad\quad\quad$ Kraft × Kraftarm = Last × Lastarm $\quad$ Hebel-Gesetz

---

Übung 11: Der menschliche Unterarm ist ein einarmiger Hebel (Abb. 39a, b). Es sei $l_1 = 51$ cm und $l_2 = 3$ cm. Welche Kraft muß der Bizeps aufbringen, um m = 5 kg anzuheben?
Das Drehmomentengleichgewicht (2.48) liefert für die Kraft F_2:
$F_2 = F_1 \times l_1/l_2 = 5$ kg $\cdot 9{,}81$ m/s$^2 \cdot 51$ cm/3 cm
$F_2 = 5 \cdot 9{,}81 \cdot 51/3$ N $= 833{,}85$ N
$F_2 = 833{,}85$ N

2.3.9. Messung von Kräften, Hookesches Gesetz

Kräfte lassen sich durch ihre Wirkungen messen, die sie hervorrufen. Wir hatten sie als Ursache von Beschleunigungen starrer Körper erkannt, folglich lassen sie sich auch anhand von solchen Beschleunigungen messen. Es ist dies jedoch nicht die am besten beobachtbare und meßbare Wirkung von Kräften.

Jeder Körper erfährt unter dem Einfluß äußerer Kräfte auch eine Form- und Volumenveränderung, da es keinen ideal starren Körper gibt. Wenn die Verformungen nach den Kraftwirkungen wieder vollständig verschwindet, handelt es sich um *elastische,* andernfalls um *plastische* Verformungen. Viele Körper verhalten sich bei kleineren Gestaltsänderungen elastisch und zeigen erst bei größeren Deformationen bleibende Veränderungen.

Der Zusammenhang mit der einwirkenden Kraft F und einer elastischen Deformation Δx bietet eine einfache Möglichkeit der Kraftmessung, da er einem linearem Kraftgesetz gehorcht, d. h. die Deformation Δx ist proportional zur einwirkenden Kraft F:

(2.45) $\quad\quad F = D \cdot \Delta x \quad\quad$ Hookesches Gesetz

Masse und Kraft (Dynamik) 47

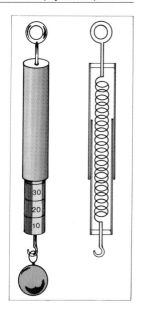

Abb. 40 Federwaage (Dynamometer)

Die Proportionalitätskonstante D in diesem Hookeschen Gesetz ist eine materialabhängige Größe, die im Einzelfall ermittelt werden muß.

Die Längenänderung einer Schraubenfeder z. B. gehorcht ebenfalls diesem Gesetz, die Größe D heißt dann *Federkonstante*. Diese Schraubenfedern werden in Form von *Federwaagen* (Abb. 40) zur Kraftmessung (Dynamometer) verwendet. Die Größenordnung der zu messenden Kräfte bestimmt die Auswahl der Feder. Federn mit kleinen Federkonstanten (weiche Federn) eignen sich zur Messung kleiner Kräfte, große Federkonstanten liefern harte Federn zur Messung großer Kräfte.

Für die Längenänderung x der Federwaagen gilt das Hookesche Gesetz:

(2.46)　　　　$F = D \cdot x$　　　　$x = F/D$

In Abb. 41 ist der Zusammenhang zwischen Längenänderung x und Kraft F für zwei verschiedene Federn dargestellt. Die Steigung der Geraden in diesem Hookeschen Diagramm entspricht der jeweiligen Federkonstanten D.

Da Massen im Schwerefeld der Erde eine Anziehungskraft erfahren, kann man bei bekannter Erdbeschleunigung die Kraftmessung auch zur Massenbestimmung benutzen. Es ist dies jedoch nur dann eine

Übung 12: Eine Federwaage wird durch eine Kraft von 10 N um 2 cm gedehnt. Welche Kraft erfährt die Feder bei einer Dehnung um 3,5 cm?
Nach (2.50) ist die Federkonstante
$D = F/x = 10\ N/2\ cm = 5\ N/cm$.
Eine Dehnung um 3,5 cm entspricht demnach:
$F_{3,5} = 3,5\ cm \cdot D = 3,5 \cdot 5\ N = 17,5\ N$
$F_{3,5} = 17,5\ N$

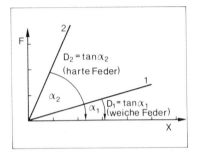

Abb. 41 Die Federkonstante D ist die Steigung im Hookeschen Diagramm

einwandfreie Massenbestimmung, wenn die Eichung der Federwaage am Meßort mit bekannten Massen erfolgt (Massenvergleich).

Druck und Spannung

Eine wichtige Größe bei der Behandlung der Kraftwirkung bei Deformationen ist die Spannung. Betrachten wir die Verformung eines einseitig eingespannten Stabes der Länge 1 und dem Querschnitt A (Abb. 42). Auf die Stirnseite wirke die Kraft F_n ein, und zwar in senkrechter Richtung als Normalkraft.

Bewirkt die Kraft F_n eine Verlängerung des Stabes um Δl (Dehnung), so wird sie als Zug bezeichnet, bei einer Verkürzung um Δl (Stauchung) als Druck, beides Formen des allgemeinen Begriffes „Normalspannung" σ. Als solche bezeichnet man das Verhältnis von einwirkender Normalkraft F_n zur Fläche A, auf die sie wirkt:

(2.47) $\sigma = F_n/A$ DEF

(Für den Druck wird allgemein als Symbol p verwendet.)

σ ist somit die auf die Querschnittseinheit senkrecht einwirkende Kraft. Da der Zusammenhang zwischen Normalkraft F_n und Längenänderung dem Hookeschen Gesetz gehorcht, gilt dies bei konstanter Querschnittsfläche A natürlich auch für die so definierte Spannung:

(2.48) $\sigma = E\ \Delta l/l$

Die relative Längenänderung $\Delta l/l$ ist proportional zur Spannung σ. Der Proportionalitätsfaktor E wird Elastizitätsmodul genannt.

Masse und Kraft (Dynamik)

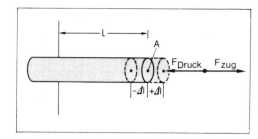

Abb. 42 Einseitig eingespannter Stab zur Definition von Zug- und Druckspannung

Die Einheit der Spannung geht direkt aus der Definition (2.47) hervor:

(2.49) $\quad [\sigma] = [F]/[A] = N/m^2$

Diese neue Einheit hat den Namen Pascal bekommen (nach BLAISE PASCAL, franz. Physiker):

(2.50) $\quad 1\ N/m^2 = 1\ Pascal = 1\ Pa \quad$ DEF

> **Übung 13:** Wie groß ist der Druck in einem Oberschenkelknochen, dessen Querschnittsfläche 2 cm² beträgt und der die Masse von 50 kg zu tragen hat?
> Aus (2.47) erhalten wir
> $p = F/A = 50\ kg \cdot 9{,}81\ m/s^2 / 2\ cm^2$
> $p = 2{,}45 \cdot 10^6\ Pa$

An der Übungsaufgabe 13 erkennt man, daß das Pascal eine sehr kleine Einheit ist. Man hat daher die um den Faktor 10^5 größere Einheit bar eingeführt:

(2.51) $\quad 1\ bar = 10^5\ Pa \quad$ DEF

Luftdruckmessungen werden häufig in mbar (Millibar) angegeben.

Veraltete Druckeinheiten (seit 31. 12. 77 verboten):

a) 1 Torr: Dies ist der Bodendruck einer Quecksilbersäule von 1 mm Höhe bei 0°C. Durch die Berechnung dieses Drucks (S. 68 u. 74) erhält man die Beziehung: 1 Torr = 133,322 Pa = 1,33322 mbar

b) 1 atm = 1 physikalische Atmosphäre
Dies ist der Bodendruck einer Quecksilbersäule von 760 mm Höhe bei 0°C, also
1 atm = 760 Torr = 760 · 1,33322 mbar = 1,01325 bar

c) 1 at = 1 technische Atmosphäre
Sie ist definiert als Gewichtskraft der Masse 1 kg pro Quadratzentimeter bei g = 9,80655 m/s², also 1 at = 9,80655 N/cm² = 0,980655 bar

Da diese alten Einheiten noch häufig in Gebrauch sind, können wir uns für die Praxis einfach merken:

1 Atmosphäre ≈ 1 bar
Der Fehler beträgt dabei maximal 2%!

2.4. Energie und Bewegungsgrößen

2.4.1. Arbeit und Energie

Beschleunigt man einen Körper entlang eines Weges s oder hebt ihn auf die Höhe h, so muß an ihm eine, in Bewegungsrichtung wirkende Kraft angreifen. Das Produkt aus der angreifenden Kraft F und dem zurückgelegten Weg s nennt man die *Arbeit* W:

(2.52) $W = F \cdot s$ DEF
           Arbeit = Kraft × Weg

Voraussetzung hierfür ist, daß längs des gesamten Weges immer die gleiche Kraft wirksam ist. Haben Kraft und Weg nicht die gleiche Richtung, so ist nur die Kraftkomponente in Wegrichtung wirksam. Schließen die beiden Richtungen den Winkel α ein, so ist (Abb. 43)

(2.53) $F_s = F \cdot \cos\alpha \quad W = F_s \cdot s = F \cdot s \cdot \cos\alpha$

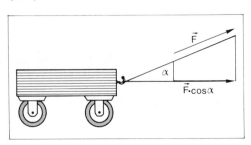

Abb. 43 Kraftkomponente in Bewegungsrichtung

Die Einheit der Arbeit geht direkt aus der Definition hervor:
$[W] = [F] \cdot [s] = N \cdot m$. Diese Einheit hat den Namen des Physikers JOULE erhalten:

(2.54)   1 Joule = 1 Newton × Meter
           1 J   = 1 N · m   DEF

Potentielle Energie (Lageenergie)

Wurde an einem Körper Arbeit verrichtet, so hat sich seine Situation in irgendeiner Weise verändert. Hebt man z. B. den Körper mit der Masse m auf einen Tisch der Höhe h (Abb. 44), so ist gegen die Gewichtskraft Arbeit verrichtet worden. Die aufgebrachte *Hubarbeit* ist:

(2.55) $W = m \cdot g \cdot h$ Hubarbeit

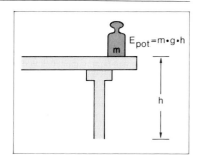

Abb. 44 Potentielle Energie der Masse m auf der Höhe h

Der Körper befindet sich danach in der Höhe h über dem Ausgangsort. Läßt man ihn von dort über den Tischrand wieder auf die Erde fallen, so bedeutet dies, daß an ihm eine Beschleunigungsarbeit verrichtet wird. Der Körper hat also durch die Hubarbeit die Fähigkeit erworben, eine Beschleunigungsarbeit zu verrichten.

Die Fähigkeit eines Körpers, Arbeit zu verrichten, nennt man die *Energie* des Körpers.

Wurde diese Energie durch eine Hub- oder Verformungsarbeit erworben, so ist diese Arbeit als *potentielle* Energie E_{pot} im Körper gespeichert worden, sie steht also potentiell wieder zur Verrichtung von Arbeit zur Verfügung.

(2.56) $\quad E_{pot} = m \cdot g \cdot h \quad$ potentielle Energie oder Lageenergie

Es ist übrigens gleichgültig, auf welchem Wege der Körper auf die Höhe h gebracht wird, die notwendige Hubarbeit und damit die potentielle Energie ist immer die gleiche. Wenn wir einen Berg der Höhe h besteigen, so haben wir meist die Möglichkeit, dies auf einem bequemen, weniger steilen Wanderweg zu tun. Der Vorteil ist hierbei, daß der Kraftaufwand geringer ist, als wenn wir direkt die Böschung hinauf klettern würden. Allerdings ist dafür der Weg, den wir zurücklegen müssen, entsprechend länger, das Produkt aus Kraft und Weg bleibt also gleich (Abb. 45).

Am Beispiel der schiefen Ebene (Abb. 34) kann man dies leicht zeigen, indem man die Masse m einmal in der direkten Fallinie nach oben bringt (W = mgh), und zum anderen die schiefe Ebene (reibungsfrei) hinaufschiebt. Der Kraftaufwand längs der schiefen Ebene ist natürlich bedeutend geringer, da ja nur gegen den Hangabtrieb $F_p = F_G \sin\alpha$ Arbeit verrichtet werden muß, der notwendige Weg zum „Gipfel" ist jedoch um den gleichen Faktor länger, $s = h/\sin\alpha$, so daß man für die Arbeit wieder erhält:

$$W = F_p \cdot s = F_G \sin\alpha \cdot h/\sin\alpha = F_G \cdot h = m \cdot g \cdot h$$

Abb. 45 Zur Erklimmung der Höhe h muß man immer die gleiche Arbeit aufbringen, unabhängig vom Weg

Potentielle Energie einer gespannten Feder

Bei der Drehung einer Spiralfeder um die Strecke x muß gegen die rücktreibende Kraft eine Arbeit verrichtet werden. Diese Arbeit wäre nach (2.52) das Produkt aus Kraft F und Weg x, F · x, wenn die Kraft F hierbei konstant bliebe. Bei der Feder nimmt diese jedoch nach dem Hookeschen Gesetz (2.45) proportional mit dem Weg [Dehnung] von Null auf F = D · x zu. Dies bedeutet das gleiche, wie wenn während des gesamten Dehnungsvorganges die konstante Kraft $F/2 = \frac{1}{2} D \cdot x$ wirken würde. Die Arbeit, welche man bei der Dehnung verrichtet, ist also

(2.57) $$W_{pot} = \frac{1}{2} Dx \cdot x = \frac{1}{2} Dx^2,$$

welche dann als potentielle Energie in der gespannten Feder gespeichert ist.

Kinetische Energie (Bewegungsenergie)

Aus den Fallgesetzen (S. 25) kennen wir die Geschwindigkeit v, die ein Körper erhält, wenn er die Höhe h durchfallen hat, $v = \sqrt{2gh}$. Wenn wir

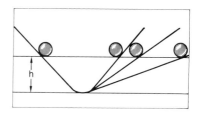

Abb. 46 Demonstration der Energieerhaltung

nun die Bewegung des Körpers in diesem Augenblick durch eine geeignete Vorrichtung reibungsfrei umkehren (Abb. 46), so daß er mit dieser Anfangsgeschwindigkeit v wieder nach oben steigt, so wird er wieder genau die Höhe h erreichen, bevor er zur Ruhe kommt. Der Körper hat also durch die Fallbeschleunigung die Fähigkeit erworben, die Hubarbeit mgh zu verrichten. Die Beschleunigungsarbeit ist also als Energie in dem bewegten Körper gespeichert und man nennt sie die *kinetische Energie* oder *Bewegungsenergie* E_{kin}. Drückt man die Fallhöhe h durch die Geschwindigkeit v aus (Gleichung 2.16), so erhält man für E_{kin}:

$$E_{kin} = W = m \cdot g \cdot h = m \cdot g \cdot v^2/2g$$

(2.58) $\quad E_{kin} = \frac{1}{2} mv^2 \quad$ Kinetische Energie oder Bewegungsenergie

---

Übung 14: Wie groß ist die kinetische Energie eines Autos der Masse m = 1000 kg bei einer Geschwindigkeit von 36 km/h?
36 km/h sind 10 m/s und man erhält:
$E_{kin} = \frac{1}{2} mv^2 = \frac{1}{2} 1000 \text{ kg } (10 \text{ m/s})^2$
$E_{kin} = 50\,000 \text{ m}^2\text{kg/s}^2 = 5 \cdot 10^4 \text{ J}$

Energiesatz

In der Abb. 46 ist eine schematische Vorrichtung gezeigt, welche die gewünschte reibungsfreie Geschwindigkeitsumkehr bewerkstelligen soll. Unter der Annahme, daß keinerlei Reibungsverluste auftreten, würde die Kugel immerfort zwischen den beiden Rändern der Höhe h hin und her pendeln, also ständig ihre potentielle Energie in kinetische umwandeln und umgekehrt. Auf der Höhe h besitzt die Kugel nur die potentielle Energie $E_{pot} = m \cdot g \cdot h$ und keine kinetische. In der Talmulde bei h = 0 ist es gerade umgekehrt, dort besitzt sie nur die kinetische Energie $E_{kin} = \frac{1}{2} mv^2$ und keine potentielle. Wie wir gesehen haben, sind beide Energien gleich groß, sie unterscheiden sich lediglich in ihrer Form, welche sie ständig austauschen. Bei einer beliebigen Zwischenstelle, etwa bei der Höhe h/2, ist gerade die Hälfte der potentiellen Energie E_o in kinetische übergegangen, wie wir uns leicht ausrechnen können ist jedoch die Summe aus beiden wieder gleich der Ausgangsenergie E_o. Wir haben hier ein einfaches Beispiel für den, für die gesamte Physik überaus wichtigen Erfahrungssatz:

Die Gesamtsumme der Energie bleibt in einem abgeschlossenen System immer konstant.

(2.59) $\qquad E_{kin} + E_{pot} = E_o = \text{const.}\qquad$ Energiesatz

Energie kann also weder vernichtet werden, noch kann sie von selbst entstehen, sie kann lediglich von einer Form in die andere übergehen.

(Der Begriff „abgeschlossenes System" meint ein System, bei welchem keinerlei Energieaustausch mit der Umgebung stattfinden kann [s. S. 112].)

Leistung

Bei der Bergbesteigung auf verschiedenen Wegen hatten wir gesehen, daß die aufzuwendende Hubarbeit in allen Fällen die gleiche ist. Dennoch stellen wir fest, daß wir beim direkten Aufstieg wesentlich mehr erschöpft sind. Der Grund hierfür ist einfach darin zu suchen, daß wir für den Aufstieg eine kleinere Zeit benötigt haben, die gleiche Arbeit wie beim bequemen Wanderweg in kürzerer Zeit verrichtet haben. Wir haben also mehr geleistet.

Als Leistung P definiert man somit den Quotienten:

(2.60) $\qquad P = W/t \qquad$ DEF
$\qquad\qquad$ Leistung = Arbeit/Zeit

SI-Einheit: $[P] = [W]/[t] = J/s$

Diese neue Einheit hat den Namen von JAMES WATT erhalten:

(2.61) $\qquad 1\ J/s = 1\ \text{Watt} = 1\ W \qquad$ DEF

Eine veraltete Leistungseinheit ist die „Pferdestärke" PS. Dennoch werden noch häufig Leistungsangaben bei Kraftfahrzeugen in PS gemacht. Man versteht darunter die Leistung, die man erbringt, wenn

---

Übung 15: Bei den Niagara-Fällen stürzen pro Sekunde ca. 15 000 m³ Wasser 50 m tief. Welche Leistung kann ein Kraftwerk erbringen, wenn es 30% der freiwerdenden Energie umsetzt?
Die Masse von 15 000 m³ Wasser beträgt bei einer Dichte von 1000 kg/m³ $15 \cdot 10^6$ kg. Damit ist die freiwerdende pot. Energie $E_{pot} = 15 \cdot 10^6$ kg $\cdot\ 9{,}81\ m/s^2 \cdot 50\ m = 7{,}35 \cdot 10^9$ J. Die Wasserleistung ist somit, da diese Energie in einer Sekunde frei wird, $P = 7{,}35 \cdot 10^9$ Watt (dem entsprechen in der alten Einheit 10 Millionen PS). Davon werden 30% genutzt, ein solches Kraftwerk hat also die Leistung
$P = 7{,}35 \cdot 10^9\ W \cdot 0{,}3 = 2{,}2$ Millionen kW

man die Masse von 75 kg innerhalb von 1 s um 1 m anhebt (g = 9,81 m/s²). Demnach gilt

(2.62) 1 PS = 75 kg · 9,81 m/s² · 1 m/1 s   DEF
1 PS = 735 Watt

2.4.2. Kraftstoß, Impuls

Neben der kinetischen Energie gibt es noch eine weitere wichtige Größe, die von der Geschwindigkeit und Masse eines bewegten Körpers abhängt, den sogenannten *Impuls*.

Impulssatz

Der Impuls ist, wie die Energie, eine Erhaltungsgröße, d. h.:

In einem abgeschlossenen System ist die Summe der Impulse konstant

(2.63) $\sum_i m_i \vec{v_i} = $ const   Impulssatz

Dieser Satz von der Erhaltung des Impulses läßt sich einfach demonstrieren, wenn wir zwei bewegliche Massen m_1 und m_2 mit einer gespannten (zusammengedrückten) Feder verbinden, und die Feder plötzlich freigeben (Abb. 47). Die sich entspannende Feder erteilt den

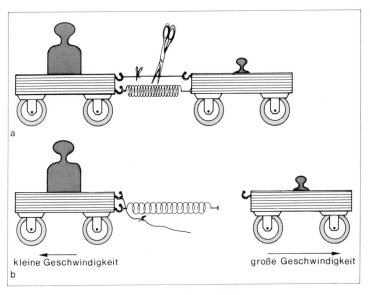

Abb. 47 Impulserhaltung beim elastischen Stoß
a) in Ruhe Gesamtimpuls Null, b) Summe der Bewegungsimpulse Null

beiden Massen (nach dem 3. Newtonschen Axiom) entgegengesetzt gleiche Kräfte. Die Massen erhalten nach Ablauf der Krafteinwirkung die Geschwindigkeiten $\vec{v_1}$ und $\vec{v_2}$, die ebenfalls einander entgegengesetzt gerichtet sind. Die Impulse der Massen sind $m_1\vec{v_1}$ und $m_2\vec{v_2}$ mit den Richtungen der Geschwindigkeiten. Zu Beginn des Versuches war alles in Ruhe, der Gesamtimpuls also Null, folglich muß dies auch jetzt noch der Fall sein:

(2.64) $$m_1\vec{v_1} + m_2\vec{v_2} = 0$$

Dies trifft genau dann zu, wenn sich die beiden Geschwindigkeiten gerade umgekehrt wie die Massen verhalten, also $v_1/v_2 = m_2/m_1$, was das Experiment auch bestätigt.

Das einfache Experiment kann auch als Modellversuch zur Demonstration des Düsenantriebs verstanden werden, der Impulssatz ist somit im Grunde nur eine andere Formulierung des 3. Newtonschen Axioms Actio = Reactio.

3. Mechanik der Flüssigkeiten und Gase

3.1. Elemente der mechanischen Atomistik

Die Frage nach der Grenze der Teilbarkeit materieller Substanzen hat schon bei den Philosophen des Altertums zu der Auffassung geführt, daß es ein kleinstes, nicht mehr teilbares Strukturelement geben müsse, das *Atom* (atomos = unteilbar). Die Existenz dieser atomistischen Struktur der Materie ist heute durch viele atomphysikalische Untersuchungen bewiesen. Der Begriff der Unteilbarkeit dieses Atoms beschränkt sich jedoch auf die chemischen Methoden. Physikalisch muß auch dem Atom selbst eine innere Struktur zugeschrieben werden, deren Auflösung jedoch den chemischen Charakter des Atoms verändert.

Unter einem chemischen Element versteht man einen Stoff, der ausschließlich Atome gleicher chemischer Eigenschaften enthält. Gleiche oder auch verschiedene Atome können sich zu einem Atomverband zusammenfügen, den sogenannten *Molekülen*, im allgemeinen mit völlig anderen chemischen Eigenschaften. Sie sind dann die kleinsten, aus Atomen zusammengesetzten Teilchen einer reinen Verbindung mit gleichen chemischen Eigenschaften.

Wenn man von der Menge eines bestimmten Stoffes spricht, so meinen wir die Masse. Die atomistische Struktur der Materie führt uns dann logischerweise zu der Frage, wieviel der kleinsten Teilchen denn in einer bestimmten Masse zu finden seien. Dies ist gleichbedeutend mit der Frage nach den Massen von Atomen und Molekülen. Wir kommen dabei in einen Bereich der Physik, in welchem uns das Anschauungsvermögen restlos verläßt. Wir können uns z. B. anschaulich nicht vorstellen, daß ein Fingerhut voll Luft ca. 10^{19} Moleküle enthält – der millardste Teil dieser Größe ist immer noch mehr als die Zahl aller Menschen auf der Erde!

Die Massen der Atome und Moleküle verschiedener Substanzen sind alle voneinander verschieden. Die kleinste Masse besitzt dabei das Wasserstoffatom mit

(3.1.) $\qquad m_H = 1{,}6738 \cdot 10^{-27}$ kg $\qquad$ Masse des H-Atoms

Die direkte Messung solch winziger Massen ist natürlich unmöglich. Wohl aber hat man schon sehr früh erkannt, daß die Verhältnisse der Massen verschiedener Atome durch die Bildung chemischer Verbindungen ermittelt werden können, die sogenannten *relativen Atommassen* A_r. Man bezog die Massen aller Atome auf die des H-Atoms als dem Atom mit der kleinsten Masse, dessen relative Atommasse war somit gleich $A_r = 1$. Die relativen Atommassen der anderen Elemente haben sich als nahezu ganzzahlige Vielfache dieser kleinsten Atommasse herausgestellt, das Schwefelatom z. B. mit der 32fachen Atommasse. Heute bezieht man sich auf $1/12$ der Masse des Kohlenstoffnuklids ^{12}C (s. S. 207) und nennt diese Größe die *atomare Masseneinheit u*.

(3.2) $\quad u = 1{,}66053 \cdot 10^{-27}$ kg $\quad$ atomare Masseneinheit

Die Masse des gewählten Kohlenstoffnuklids ist also genau das 12fache dieser Einheit.

Tabelle 10 Einige relative Atommassen

Wasserstoff	1,008
Kohlenstoff ^{12}C per DEF	12,000
Schwefel	32,064
Chlor	35,453
Blei	207,200

Anmerkung: Die Abweichungen der relativen Atommassen in der Tabelle von den erwähnten ganzzahligen Vielfachen der atomaren Masseneinheit beruht auf der Tatsache, daß jedes Element in der Natur mit verschiedenen *Massenzahlen* vorkommt (Abschnitt Atomphysik S. 207). Hier ist der Mittelwert der verschiedenen relativen Atommassen des Elements angegeben!

Die Massen der durch die Vereinigung verschiedener Atome entstehenden Moleküle werden ebenfalls auf diese atomare Masseneinheit bezogen. Man erhält so die *relativen Molekülmassen* M_r als Summe der relativen Atommassen der das Molekül bildenden Atome.

Wenn die Massen der Atome oder Moleküle zweier Substanzen in einem bestimmten Verhältnis zueinander stehen, so gilt dies natürlich genauso für eine beliebige gleiche Anzahl dieser Teilchen, d. h. die Masse einer Anzahl von Teilchen einer Substanz S_1 verhält sich zur Masse der gleichen Anzahl von Teilchen einer Substanz S_2 wie deren relativen Atom- bzw. Molekülmassen. Die relativen Atommassen von Blei, Schwefel und Wasserstoff z. B. verhalten sich wie $207:32:1$, damit haben 207 g Blei genauso viele Atome wie 32 g Schwefel oder 1 g Wasserstoff.

Die relativen Molekülmassen einer Substanz in Gramm bezeichnet man als ein *Mol* dieser Substanz, wobei, wie soeben dargelegt, jedes Mol einer beliebigen Substanz die gleiche Anzahl von Teilchen besitzt. Bei einatomigen Molekülen ist 1 Mol die relative Atommasse in Gramm.

Der Begriff der *Stoffmenge* ist als weitere Basisgröße in das SI eingefügt worden. Als Einheit der Stoffmenge wurde das Mol gewählt (Symbol mol) als die Stoffmenge einer Substanz, die aus ebenso vielen

Molekülen oder Atomen besteht, wie Atome in genau 12 g des reinen Kohlenstoffnuklids ^{12}C enthalten sind. Diese Anzahl von Teilchen pro mol nennt man die *Avogadrokonstante* N_A:

(3.3) $\quad N_A = 6{,}022 \cdot 10^{23} \text{ mol}^{-1}$
$\quad\quad\quad 1 \text{ mol} = 6{,}022 \cdot 10^{23}$ Teilchen

Die Masse pro mol einer Substanz nennt man die *molare* Masse M_m der Substanz. Um aus der Masse eines bestimmten Stoffes die Stoffmenge zu berechnen, muß man sie also einfach durch die molare Masse dividieren:

(3.4) $\quad\quad\quad n = m/M_m \quad\quad\quad$ Stoffmenge
$\quad\quad$ Stoffmenge = Masse/molare Masse

Da die Anzahl der Teilchen pro mol durch die Avogadrokonstante gegeben ist, erhält man die Anzahl der Teilchen der Stoffmenge n einfach als das Produkt

(3.5) $\quad\quad\quad N = n \cdot N_A \quad\quad$ Teilchenzahl

---

Übung 16: Wieviele Moleküle befinden sich in 4,78 kg Bleisulfid?
Die relative Molekülmasse von PbS erhält man als Summe der relativen Atommassen:
$M_r = A_{r(Pb)} + A_{r(S)} = 207 + 32 = 239$
Die molare Masse von PbS ist somit
$M_{m(PbS)} = 239$ g/mol $= 0{,}239$ kg/mol. Nach (3.4) erhält man also für die Stoffmenge
$n = m/M_m = 4{,}78$ kg$/0{,}239$ kg/mol $= 20$ mol.
Die Teilchenzahl N ist also nach (3.5):
$N = n \cdot N_A = 20 \text{ mol} \cdot 6{,}022 \cdot 10^{23} \text{ mol}^{-1}$
$N = 1{,}204 \cdot 10^{25}$

Aggregatzustände, Molekularkräfte

Bekanntlich gibt es neben den im 2. Kapitel behandelten festen Körpern auch Stoffe in flüssigen und gasförmigen Zuständen. Diese Zustände sind nicht für bestimmte Stoffe charakteristisch, sondern derselbe Stoff kann in jedem der drei genannten Zustände vorkommen (z. B. Eis, Wasser, Wasserdampf). Allgemein bezeichnet man sie als die verschiedenen *Aggregatzustände* der Stoffe. Zur Charakterisierung dieser Aggregatzustände dienen die verschiedenen Verhaltensweisen in bezug auf Veränderungen von Volumen oder Gestalt der Körper.
a) Im festen Zustand hat jeder Körper eine bestimmte Gestalt und ein bestimmtes Volumen, deren Veränderung nur unter großem Kraftaufwand möglich ist.

Feste Körper besitzen Volum- und Gestaltselastizität!

b) Im flüssigen Zustand ist zwar der Widerstand gegen Volumveränderung ebenfalls sehr groß, die Gestalt läßt sich jedoch praktisch ohne Kraftaufwand verändern, die Flüssigkeiten passen sich der Form ihres Behälters an.

| Flüssigkeiten besitzen Volum- jedoch keine Gestaltselastizität!

c) Gase hingegen füllen jeden angebotenen Raum beliebiger Gestalt vollständig aus.

| Gase besitzen weder Volum- noch Gestaltselastizität!

Die verschiedenen Aggregatzustände werden von den Kräften zwischen den Molekülen der Materie bedingt. Je nach der Größe dieser Kräfte haben wir es mit festen, flüssigen oder gasförmigen Substanzen zu tun.

Bei den festen und flüssigen Stoffen befinden sich die Moleküle in wohl definierten Abständen voneinander. Jeder Vergrößerung oder Verkleinerung dieser Entfernungen widersetzen sich die Körper (Volumelastizität). Die Molekularkräfte wirken also in kleinerem Abstand als dem „normalen" abstoßend, in größerem anziehend. Man kann sie sich daher als eine Überlagerung aus einer abstoßenden und einer anziehenden Kraft vorstellen, die sich im „normalen" Abstand der Moleküle gerade kompensieren. Sie wirken allerdings nur innerhalb sehr geringer Entfernungen und nehmen mit zunehmender Entfernung sehr rasch ab (die abstoßende Komponente noch schneller als die anziehende), so daß sie außerhalb einer bestimmten *Wirkungssphäre* praktisch unwirksam sind (Abb. 48). Diese kann als ein kugelförmiges Raumgebiet um den Molekülmittelpunkt verstanden werden, innerhalb welchem die Kraftkomponenten mit ihrer Überlagerung wirksam bleiben (Abb. 49).

Die Molekularkräfte wirken nicht nur zwischen gleichartigen Molekülen *(Kohäsion)*, sondern auch zwischen den Molekülen verschiedener Körper *(Adhäsion)*. Beispiele für die Adhäsion sind das Haften von Bleistiftstrichen auf Papier, alles Leimen, Kitten, Kleben, Bemalen usw.

Im allgemeinen sind die Kohäsionskräfte stärker als die Adhäsionskräfte (vor allem bei festen Körpern), wichtige Ausnahmen machen jedoch einige Flüssigkeiten (z. B. Wasser) im Kontakt mit festen Körpern. Solche Flüssigkeiten, bei welchen die Adhäsionskräfte zu den Molekülen eines festen Körpers größer sind als die Kohäsionskräfte der Flüssigkeitsmoleküle untereinander *benetzen* den festen Körper und heißen daher *benetzende* Flüssigkeiten.

Diese Benetzung hat eine wichtige praktische Konsequenz. Man kann oft beobachten, daß eine Flüssigkeit an einer Gefäßwand „emporkriecht". Dies ist die Wirkung der Adhäsionskräfte zwischen Wand- und Flüssigkeitsmolekülen. Die durch die Kohäsionskräfte mitgezoge-

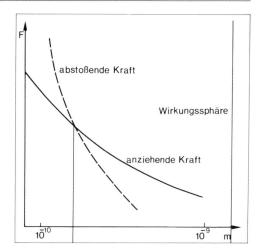

Abb. 48 Zusammenwirken der abstoßenden und anziehenden Kraftkomponenten

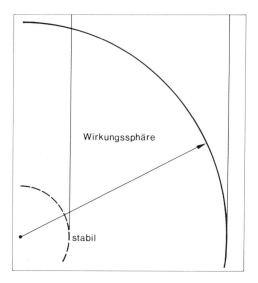

Abb. 49 Wirkungssphäre der Molekül-Kräfte

nen Flüssigkeitsteilchen wirken durch ihr Gewicht diesem Bestreben entgegen und setzen ihm letztlich eine Grenze, wenn ihre Gewichtskraft der Adhäsionskraft das Gleichgewicht hält (Abb. 50a). Umgekehrt werden bei nicht benetzenden Flüssigkeiten (z. B. Quecksilber an Glas) die Oberflächenmoleküle stärker in das Flüssigkeitsinnere

62 3. Mechanik der Flüssigkeiten und Gase

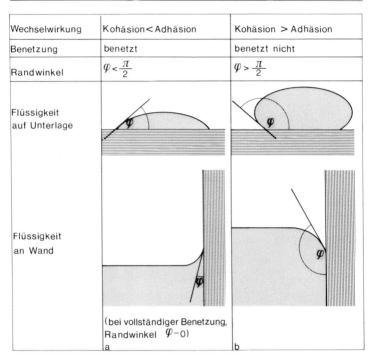

Wechselwirkung	Kohäsion < Adhäsion	Kohäsion > Adhäsion
Benetzung	benetzt	benetzt nicht
Randwinkel	$\varphi < \frac{\pi}{2}$	$\varphi > \frac{\pi}{2}$
Flüssigkeit auf Unterlage		
Flüssigkeit an Wand	(bei vollständiger Benetzung, Randwinkel $\varphi = 0$)	

Abb. 50 Flüssigkeit a) auf fester Unterlage und b) angrenzend an eine Wand

hineingezogen, bis die Druckdifferenz das Übergewicht der Kohäsionskräfte ausgleicht (Abb. 50b). Im benetzenden Fall überwiegen also die Adhäsionskräfte (Kohäsion < Adhäsion), bei Nichtbenetzung ist es umgekehrt (Kohäsion > Adhäsion).

Kapillarität

Besonders drastisch macht sich die Erscheinung in engen Rohren, sog. *Kapillaren* bemerkbar. Taucht man ein Kapillarrohr in Wasser, so steigt die Wasseroberfläche empor, während beim Eintauchen in Quecksilber dessen Oberfläche nach unten gedrückt wird (Abb. 51a). Sowohl der Anstieg *(Kapillaraszension)* als auch das Sinken *(Kapillardepression)* der Oberfläche ist um so stärker, je enger die Kapillare ist (Abb. 51b). Die Höhe h ist umgekehrt proportional zum Rohrradius r:
h ~ 1/r

Diese Kapillarwirkung spielt in der Natur eine große Rolle, z. B. bei dem Aufsteigen von Pflanzensäften in hohen Pflanzen und beim Blut-

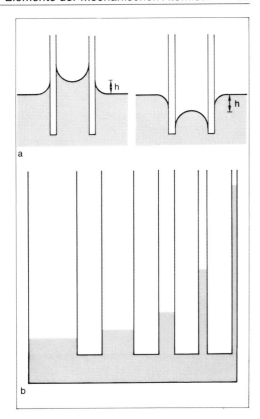

Abb. 51
Kapillarwirkung
a) Kapillaraszension, Kapillardepression
b) Abhängigkeit vom Rohrradius

kreislauf. Ein wichtiges Beispiel für das Nichtbenetzen ist das Gefieder von Schwimmvögeln (Abb. 52), was durch die geringen Adhäsionskräfte zwischen Fett und Wasser bedingt ist.

Oberflächenspannung

Besonderns auffällig werden die Wirkungen der Kohäsionskräfte bei den Erscheinungen der *Oberflächenspannung*. Wir alle kennen das faszinierende „Reiten" von Insekten auf der Oberfläche von Seen und Tümpeln. Auch wenn wir einen geeigneten, im Grunde nicht schwimmfähigen Körper (z. B. Rasierklinge) vorsichtig auf eine ruhige Wasseroberfläche legen, stellen wir fest, daß dieser wie von einer Haut auf der Oberfläche getragen wird. Die Erklärung dieses Phänomens gibt uns folgende Überlegung (Abb. 53): Im Innern einer Flüssigkeit wirken die Kräfte auf ein Flüssigkeitsteilchen von allen Seiten gleicher-

64   3. Mechanik der Flüssigkeiten und Gase

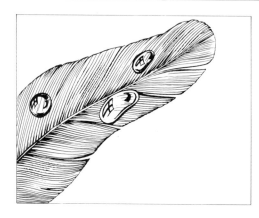

Abb. 52 Das Gefieder von Schwimmvögeln läßt Wasser nicht benetzen

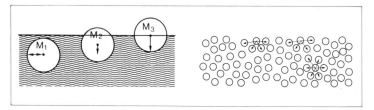

Abb. 53 Wirkung der Kohäsionskräfte an der Oberfläche einer Flüssigkeit

maßen und kompensieren sich somit (M_1). An der Oberfläche jedoch fehlen den Teilchen auf der Außenseite die Kompensationspartner, es ergibt sich eine resultierende Kraftkomponente in das Innere der Flüssigkeit (M_2 u. M_3). Das Eintauchen eines Körpers bedeutet eine Einbuchtung und damit eine Vergrößerung der Flüssigkeitsoberfläche. Hierzu müssen zusätzlich Teilchen aus dem Flüssigkeitsinnern an die Oberfläche gebracht werden, wozu gegen diese Kraftkomponente Arbeit verrichtet werden muß. Man nennt den Quotienten aus aufzubringender Arbeit und bewirkter Flächenvergrößerung die *Oberflächenspannung* der Flüssigkeit oder spezifische Oberflächenenergie.

(3.6) $\sigma = \dfrac{W}{A}$ DEF

Oberflächenspannung = Arbeit/Flächenvergrößerung

Die Einheit der Oberflächenspannung ist damit:

(3.7) $[\sigma] = [W]/[A] = J/m^2 = N/m$

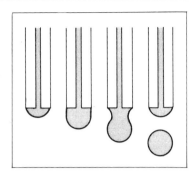

Abb. 54 Tropfenzähler (Stalagmometer)

Ein sich selbst überlassenes System versucht immer ein energetisches Minimum anzunehmen (Gleichgewichtsbedingung). Für den Fall der Flüssigkeitsoberfläche bedeutet dies eine möglichst kleine Oberfläche.

Eine Flüssigkeitsoberfläche ist bestrebt, eine Form anzunehmen, bei welcher die Fläche so klein wie möglich ist.

Auch das Austropfen einer Flüssigkeit aus einer Rohröffnung beruht auf der Wirkung der Oberflächenspannung. Man hat den Eindruck, als ob die Flüssigkeit am Rohrende in einem Gummibeutel hinge, der ständig größer wird, und bei einer bestimmten Größe abreißt. Dieser Grenzfall ist eindeutig durch Form und Querschnitt des Rohrendes, der Dichte der Flüssigkeit und deren Oberflächenspannung bestimmt. Die Größe und damit die Masse der sich bildenden Tropfen ist daher bei fester Vorgabe dieser Werte immer gleich und man kann die Tropfenzahl als Maß einer Dosierung verwenden. Dies findet bei dem *Stalagmometer* Anwendung (stalagma = Tropfen, griech.), welches in der Medizin als zuverlässige Dosierhilfe bekannt ist (Abb. 54).

3.2. Hydrostatik

Prinzip der gleichmäßigen Druckverteilung

Denkt man sich eine Flüssigkeit in einem Raum eingeschlossen, der an zwei Öffnungen bewegliche Stempel besitzt (Abb. 55), so kann man das wesentliche Prinzip der Hydrostatik leicht verstehen, wenn man zunächst von der Wirkung der Schwerkraft völlig absieht. Flüssigkeiten „wehren sich" gegen Volumänderungen (Volumelastizität), nehmen jedoch jede beliebige Gestalt widerstandslos an (keine Gestaltselastizität). Wirkt daher auf den Stempel S_1 die Kraft F_1, so kann dieser nur dann um die Strecke s_1 nach innen verschoben werden, wenn sich gleichzeitig der Stempel S_2 um eine Strecke s_2 nach außen bewegt, damit das eingeschlossene Volumen unverändert bleibt.

66   3. Mechanik der Flüssigkeiten und Gase

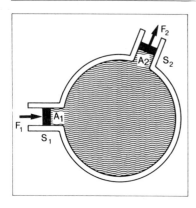

Abb. 55   Druckverteilung in schwereloser Flüssigkeit

Bezeichnet man die Stempelquerschnitte mit A_1 und A_2, so ist das bewegte Volumen

(3.8) $\qquad V = A_1 \cdot s_1 = A_2 \cdot s_2$

Bei der Verschiebung wird Arbeit verrichtet, die nach dem Energiesatz auf beiden Seiten gleich sein muß,

(3.9) $\qquad W = F_1 \cdot s_1 = F_2 \cdot s_2$

Die Division dieser Arbeit durch das Volumen liefert

(3.10) $\qquad W/V = F_1/A_1 = F_2/A_2$

Das Verhältnis einer Normalkraft zur wirksamen Fläche ist jedoch als Druck bezeichnet worden (S. 48), es ist also der Stempeldruck auf beiden Seiten gleich:

(3.11) $\qquad p_1 = F_1/A_1 = F_2/A_2 = p_2$

Das hieraus resultierende Prinzip hat PASCAL 1659 formuliert:

> Der Druck verteilt sich in Flüssigkeiten nach allen Seiten mit gleicher Stärke.

Durch das Auspressen einer Flüssigkeit aus einem Glaskolben mit mehreren gleichgroßen Öffnungen kann dies durch die gleichen Ausströmgeschwindigkeiten (Abb. 56) demonstriert werden.

Man macht sich dies bei der *Hydraulik* zunutze, wie sie z. B. zum Heben und Senken eines Behandlungstisches verwendet wird (hydraulische Presse). Das Prinzip geht aus Abb. 57 hervor und wird durch Gleichung (3.12) quantitativ beschrieben. Da der Stempeldruck auf beiden Seiten gleich ist, verhalten sich die Kräfte wie die Querschnittsflächen A_1 und A_2:

(3.12) $\qquad F_1/F_2 = A_1/A_2$

Um also eine Kraftverstärkung zu erhalten, muß man lediglich die

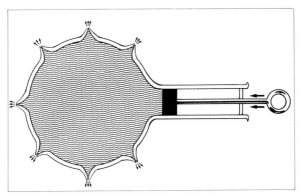

Abb. 56 Demonstration der gleichmäßigen Druckausbreitung

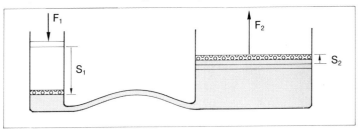

Abb. 57 Prinzip der hydraulischen Presse

zweite Querschnittsfläche A_2 genügend groß machen. Für die Kraft F_2 erhält man dann

(3.13) $\qquad F_2 = F_1 \cdot \dfrac{A_2}{A_1}$

> **Übung 17:** Ein Therapietisch wird hydraulisch angehoben. Zusammen mit dem Patienten ist eine Masse von m = 300 kg zu heben. Nach dem Schema der Abb. 57 befände sich der Tisch auf dem Stempel S_2, der Stempel S_1 wird mit dem Fuß betätigt. Die Stempelradien seien r_1 = 2 cm, r_2 = 20 cm. Welche Kraft F_1 muß man mit dem Fuß aufbringen? Die Querschnittsflächen verhalten sich wie die Stempelradien zum Quadrat, A_1/A_2 gleich r_1^2/r_2^2, und damit erhält man für F_1
>
> $F_1 = F_2 \cdot \dfrac{A_1}{A_2} = F_2 \cdot r_1^2/r_2^2 \cdot F_2$ ist das Gewicht von 300 kg, also
>
> $F_2 = 300 \text{ kg} \cdot 9{,}81 \dfrac{m_2}{s}$
>
> $F_1 = 300 \text{ kg} \cdot 9{,}81 \dfrac{m_2}{s} \cdot \dfrac{4}{400} = 29{,}43 \text{ N}.$

Schweredruck (hydrostatischer Druck)

Unter dem Einfluß der Schwerkraft entsteht in einem Punkt P im Innern einer ruhenden Flüssigkeit der Dichte ϱ ein Druck, den man als *Schweredruck* bezeichnet. Er ist direkt an der Oberfläche gleich Null und nimmt mit zunehmender Meßtiefe linear zu. Die Zunahme entsteht durch die Gewichtskraft der über P befindlichen Flüssigkeitssäule (Abb. 58). Das Volumen der Flüssigkeitssäule über P in der Tiefe h mit der Querschnittsfläche A ist $V = Ah$ und ihr Gewicht damit $F_G = V \cdot \varrho \cdot g = A \cdot h \cdot \varrho \cdot g$. Dieses Gewicht wirkt senkrecht auf die Fläche A und damit ist der Druck:

(3.14) $\qquad p = F_G/A = A \cdot h \cdot \varrho \cdot g/A = h \cdot \varrho \cdot g$

In einer Flüssigkeit ist der Schweredruck p in allen Punkten einer Horizontalebene nach allen Richtungen gleich (Pascalsches Prinzip) und nur von der Dichte und der Höhe h der darüber befindlichen Flüssigkeit abhängig.

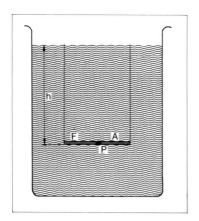

Abb. 58 Abhängigkeit des Schweredrucks von der Flüssigkeitstiefe

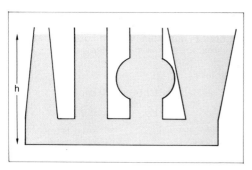

Abb. 59 Hydrostatisches Paradoxon

Dieser Druck ist im übrigen unabhängig von der Flüssigkeitsmenge und der Form des Gefäßes. Deshalb ist in Gefäßen mit gleicher Bodenfläche die Kraft auf den Boden bei gleicher Flüssigkeitshöhe gleich groß (Abb. 59) (hydrostatisches Paradoxon).

Archimedisches Prinzip

Der hydrostatische Druck ist die Ursache eines, von uns allen schon häufig beobachteten Phänomens: Bringen wir z. B. im Schwimmbad einen Ball unter die Wasseroberfläche und lassen ihn dann plötzlich los, so wird er mit großer Beschleunigung an die Oberfläche zurückkehren. Er erfährt also innerhalb des Wassers eine nach oben gerichtete Kraft, die größer ist als sein Gewicht.

Auf jeden beliebigen Körper wirkt innerhalb einer Flüssigkeit eine solche Kraft, die man die Auftriebskraft nennt. Sie wirkt dem Gewicht des Körpers entgegen und kann größer (wie im Falle des Balles), gleich oder kleiner als dieses sein.

Die Ursache für diesen Auftrieb ist die hydrostatische Druckdifferenz in verschiedenen Flüssigkeitstiefen. In Abb. 60 ist dies am Beispiel eines Quaders mit der Seitenfläche A erkenntlich: Da nach (3.14) der Druck nur von der Eintauchtiefe h und der Flüssigkeitsdichte ϱ abhängt, ist die Druckdifferenz zwischen den Tiefen h_1 und h_2

(3.15) $\quad p = p_1 - p_2 = \varrho \cdot g \cdot (h_1 - h_2)$

Die Seitendrucke heben sich in jeder Tiefe paarweise auf und haben somit keine Wirkung. Der Druckdifferenz entspricht eine Kraft F_a auf die Grundfläche A des Quaders.

(3.16) $\quad F_a = p \cdot A = \varrho \cdot g \, (h_1 - h_2) \cdot A$

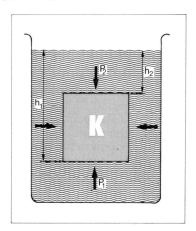

Abb. 60 Ableitung des Archimedischen Prinzips

3. Mechanik der Flüssigkeiten und Gase

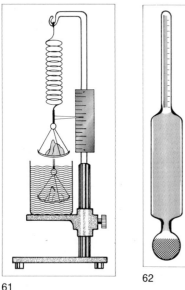

Abb. 61 Jollysche Waage zur Dichtebestimmung fester Stoffe

Abb. 62 Aräometer

Der Ausdruck $(h_1 - h_2) \cdot A$ ist gerade das Volumen V des Quaders und damit auch der Flüssigkeit, die er verdrängt, die Kraft $F_a = \varrho\, gV$ also genau das Gewicht der verdrängten Flüssigkeit. Dies ist die berühmte „archimedische Erkenntnis" (ca. 250 v. Chr.):

Die Auftriebskraft, die ein Körper in einer Flüssigkeit erfährt, ist gleich dem Gewicht der Flüssigkeitsmenge, welche er verdrängt.

(3.17) $\quad F_a = \varrho_{FL} \cdot g \cdot V = m_{FL} \cdot g \quad$ Auftriebskraft

Mit dem Freudenruf des ARCHIMEDES, den dieser nach der Entdeckung dieser Gesetzmäßigkeit ausgestoßen haben soll, wird heute immer noch die gelungene Lösung eines schwierigen Problems ausgedrückt: „Heureka" = ich hab's gefunden. Die Freude über seine Entdeckung rührte jedoch nicht nur von seiner ideellen Liebe zur Naturwissenschaft her, vielmehr gelang ihm damit die Erfüllung eines wichtigen staatlichen Auftrages. Er sollte HIERO, König von Syrakus, eine Methode angeben, nach welcher man den Reinheitsgrad von Gold ermitteln kann, was letztlich auf die Dichtebestimmung eines Körpers hinausläuft. Das Auftriebsprinzip macht dies auf einfache Weise möglich und wird auch heute noch bei der sog. *Jollyschen Waage* angewendet (Abb. 61).

Dieses Prinzip ist lediglich eine zweifache Wägung: Ein Körper mit dem Volumen V und der Dichte ϱ_k hat das Gewicht $F_G = \varrho_k \cdot g \cdot V$.

Taucht man ihn in eine Flüssigkeit der Dichte ϱ_{FL}, so erleidet er den scheinbaren Gewichtsverlust $\Delta F_G = \varrho_{FL} g \cdot V$, die Auftriebskraft. Das Verhältnis von Gewicht F_G frei Luft und Auftriebskraft ΔF_G ist also gerade das Verhältnis der Dichten ϱ_k/ϱ_{FL} und man hat somit bei bekannter Dichte ϱ_{FL} der Flüssigkeit (am besten H_2O) die Dichte ϱ_k des Körpers ermittelt.

Schwimmen, Schweben

Erfährt ein Körper beim Eintauchen in eine Flüssigkeit einen größeren Auftrieb als er wiegt, so steigt er, wie im Beispiel des Balles, an die Oberfläche. Ist es umgekehrt, so sinkt er zu Boden. Der Grenzfall ist die Gleichheit zwischen Gewicht und Auftrieb. Befindet sich dabei das gesamte Volumen des Körpers in der Flüssigkeit, so gibt es weder eine resultierende Kraftkomponente nach oben, noch nach unten. Man sagt dann: Der Körper *schwebt*. Befindet sich bei diesem Grenzfall jedoch noch ein Teil des Körpervolumens über der Oberfläche, so nennt man diesen Gleichgewichtszustand das *Schwimmen* des Körpers.

Ein Körper schwimmt an der Oberfläche einer Flüssigkeit, wenn der Teil seines Volumens, der in die Flüssigkeit eintaucht, genau die Masse an Flüssigkeit verdrängt, die gleich seiner Gesamtmasse ist.

Dichtebestimmung von Flüssigkeiten

Mit Hilfe von schwimmenden Körpern lassen sich sehr einfach die Dichten von Flüssigkeiten bestimmen. Ein Beispiel hierfür ist das *Aräometer* (Senkspindel, Abb. 62). Man mißt hierbei im Prinzip das Volumen des Geräteteiles, welches beim Schwimmen in die Flüssigkeit eintaucht. Der hohle Schwimmkörper erhält durch Beschwerung im unteren Teil eine senkrechte Schwimmlage und man kann die Dichte ϱ anhand der Eintauchtiefe an einer Skala direkt ablesen.

Ein sehr präzises Meßinstrument zur Ermittlung der Dichte von Flüssigkeiten ist die Mohrsche Waage (Abb. 63). Man macht sich hier die

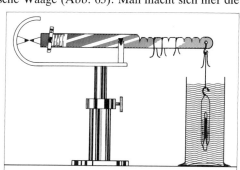

Abb. 63 Mohrsche Waage zur Dichtebestimmung von Flüssigkeiten

in Gleichung (3.17) quantitativ formulierte Tatsache zu Nutze, daß sich die Auftriebskräfte ein und desselben Körpers in verschiedenen Flüssigkeiten wie deren Dichten verhalten. Durch den Vergleich des Gewichtes eines Körpers innerhalb der zu messenden Flüssigkeit und dem Gewicht desselben Körpers innerhalb einer bekannten Vergleichsflüssigkeit (z. B. Wasser), kann man direkt die Dichte einer beliebigen Flüssigkeit bestimmen.

3.3. Aerostatik

Im Gegensatz zu Flüssigkeiten besitzen Gase eine sehr große Kompressibilität, sie sind also leicht zusammendrückbar. In einem Autoreifen ist normalerweise die doppelte bis dreifache Menge Luft enthalten, als dem Reifenvolumen bei normalem Luftdruck entsprechen würde. Es besteht ein einfacher Zusammenhang zwischen dem Druck und dem Volumen einer abgeschlossenen Gasmenge, der durch folgende Anordnung gezeigt werden kann: In einem vertikalen Standzylinder ist ein Glasstempel passend eingeschliffen (Abb. 64), so daß dieser zwar beweglich ist, den Zylinder aber dennoch luftdicht abschließt. Das eingeschlossene Volumen kann an einer Teilung abgelesen werden. Durch Belastung des Stempels mit verschiedenen Gewichten kann der Druck variiert werden.

Es zeigt sich, daß eine zunehmende Belastung (Druckerhöhung) zu einer Volumverminderung führt und umgekehrt. Hält man hierbei die

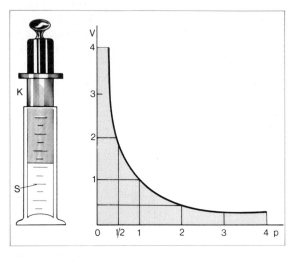

Abb. 64 Das Boyle-Mariottesche Gesetz

Temperatur konstant, so gehorcht der Zusammenhang dem **Boyle-Mariotteschen Gesetz:** Das Produkt aus Druck p und Volumen V einer abgeschlossenen Gasmenge ist bei gleicher Temperatur konstant.

(3.18) $\quad$ p · V = const.

Das Gesetz von BOYLE-MARIOTTE gilt streng genommen nur für sog. *ideale* Gase. Bei solchen vernachlässigt man sowohl die Volumina der Gasmoleküle als auch die Molekularkräfte. In der Natur haben wir es zwar immer mit *realen* Gasen zu tun, deren Verhalten kommt jedoch dem der idealen Gase sehr nahe. Besonders für Wasserstoff und Helium sind die Abweichungen vom Boyle-Mariotteschen Gesetz sehr gering.

Da die Masse m des Gases natürlich immer gleich bleibt, ändert sich mit dem Volumen die Dichte in umgekehrtem Sinne, so daß man häufig schreibt:

(3.18a) $\quad p \cdot V = p \cdot \dfrac{m}{\varrho} = $ const. $\quad$ oder

$p \sim \varrho$

Druck und Dichte eines Gases sind zueinander proportional.

Dies ist ein wesentlicher Unterschied zu den Flüssigkeiten. Der Schweredruck bei Flüssigkeiten war proportional zur Tiefe (3.14) wegen der konstanten Dichte. Bei Gasen steigt mit dem Druck auch die Dichte und dies führt letztlich zu einer exponentiellen Zunahme mit der Tiefe. Diese Tatsache beschreibt beim Luftdruck die *Barometrische Höhenformel*

(3.19) $\quad p = p_0 e^{-\text{const.} \cdot h}$

p_0 ist dabei der Luftdruck in Meereshöhe h = 0. Das Minuszeichen drückt aus, daß der Luftdruck mit zunehmender Höhe abnimmt (über Exponentialfunktion siehe Anhang S. 252). Für eine angenäherte Rechnung kann man sich merken:

In der Nähe der Erdoberfläche entspricht eine Erhebung um 8 m einer Drucksenkung um 1 mbar.

Druckmessung

Zur Messung des Luftdrucks dienen *Barometer*. Bei Flüssigkeitsbarometern nützt man den Schweredruck von Flüssigkeiten aus, der einem äußeren Druck das Gleichgewicht hält. Der rechte Schenkel eines U-Rohres (Abb. 65) ist evakuiert und geschlossen, der linke ist offen. Die Flüssigkeit wird im evakuierten Rohr soweit ansteigen, bis der Schweredruck $\varrho \cdot g \cdot h$ gleich dem Außendruck am offenen Schenkel ist, also gleich dem zu messenden Luftdruck p. Damit diese Barometer nicht unnötig große Ausmaße haben, verwendet man Flüssigkeiten mit möglichst großer Dichte ϱ, wie z. B. Quecksilber (ϱ_{Hg} = 13595 kg/m³).

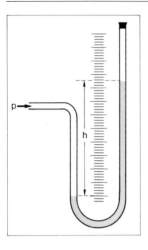

Abb. 65 U-Rohr-Manometer

Übung 18: Wie hoch muß eine Wassersäule stehen um den Druck von 1 bar auszugleichen?
Es muß dann gelten: $\varrho \cdot g \cdot h = 1 \text{ bar} = 10^5 \text{ N/m}^2$.
Für $\varrho_{H_2O} = 1000 \text{ kg/m}^3$ erhält man die Höhe h:
$$h = 10^5 \text{ N/m}^2 / \varrho_{H_2O} \cdot g \; \frac{10^5}{10^3 \cdot 9{,}81} \text{ m} = 10{,}20 \text{ m}.$$
Für eine Quecksilbersäule ist die Höhe entsprechend geringer:
$$h_{Hg} = h_{H_2O} \cdot \varrho_{H_2O}/\varrho_{Hg} = 10{,}20 \cdot \frac{1000}{13595} \text{ m}$$
$$= 0{,}75 \text{ m}$$

Nach Übung 18 entspricht 1 bar also genau 750 mm Hg = 750 Torr! (Wie schon erwähnt ist die Einheit Torr veraltet und seit 31. 12. 77 nicht mehr erlaubt.)

Kommunizierende Röhren

Wenn im Beispiel des U-Rohr-Manometers der evakuierte Schenkel ebenfalls geöffnet wird, so hat man ein Beispiel für ein verbundenes (kommunizierendes) Rohrsystem (Abb. 66). Wegen des gleichen Außendruckes muß auch der Schweredruck in allen Rohren eines solchen Systems in gleicher Höhe übereinstimmen, der Flüssigkeitsstand damit in allen Rohren gleich sein. Auch hier gilt dies, wegen des hydrostatischen Paradoxons, für jede beliebige Gestalt der Rohre.

Im Labor nutzen wir den Luftdruck aus, wenn wir mit einem *Stechheber* oder einer *Pipette* Flüssigkeit aus einem Behälter *herausheben*, indem wir die Pipette in die Flüssigkeit eintauchen, die obere Öffnung

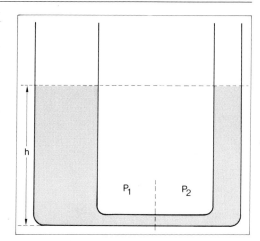

Abb. 66 Kommunizierende Röhren

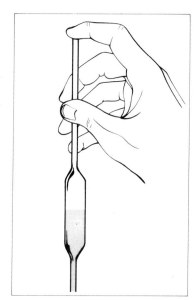

Abb. 67 Saugpipette

mit dem Finger verschließen und die Pipette herausziehen (Abb. 67). Nur ein sehr geringer Teil der Flüssigkeit läuft aus der Öffnung aus, da der Äußere Luftdruck dem Druck der Flüssigkeitssäule das Gleichgewicht hält.

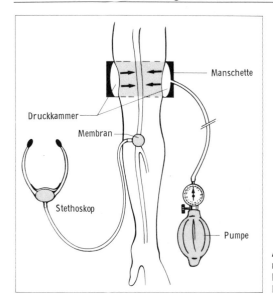

Abb. 68 Blutdruckmessung (unblutige Messung nach Riva-Rocci)

Blutdruckmessung

Bei der indirekten, unblutigen Messung des Blutdruckes erzeugt man mit Hilfe einer Handluftpumpe (Gummiball mit Ventilen) in einer um den Oberarm gelegten Luftkissenmanschette (Abb. 68) einen Druck, den man solange steigert, bis das Blutgefäß abgeklemmt ist. Das verschwinden der pulsierenden Blutströmung kann durch befühlen des Pulses oder Abhorchen der Ellenbeuge beobachtet werden.

3.4. Lösungen

Der Begriff *Lösung* hat in der Physik eine weit umfassendere Bedeutung als im täglichen Leben, wo man darunter ausschließlich die Lösung einer festen Substanz (z. B. Salz) in einer Flüssigkeit versteht. Eine allgemeine Lösung ist eine *Phase,* die mehr als eine *Komponente* enthält. Als Phase bezeichnet man dabei ein homogenes System in einem bestimmten Aggregatzustand (fest, flüssig, gasförmig) und als Komponenten die chemisch verschiedenen Bausteine (Atome, Moleküle) des Systems. In dieser allgemeinen Bedeutung können also sowohl die Lösungsmittel, als auch die gelösten Stoffe in allen drei Aggregatzuständen vorkommen.

Als echte Lösungen bezeichnet man jedoch häufig nur solche Phasen, bei welchen eine Komponente im großen Überschuß vorhanden ist und die übrigen Komponenten bei der gleichen Temperatur in einem anderen Aggregatzustand vorliegen. Wenn der gelöste Stoff und das Lösungsmittel bei der betreffenden Temperatur denselben Aggregatzustand haben, so nennt man sie einfach *Gemische*. Einige Beispiele für Flüssigkeitsgemische: Wasser und Alkohol, Chloroform und Schwefelkohlenstoff, Wasser und Äther. Lösungen von hochmolekularen Substanzen nennt man nach ihrem Hauptvertreter, dem Leim, kolloidale Lösungen (griech. kolla = Leim).

Wenn jedoch keine molekulare Zerteilung des gelösten Stoffes eintritt (z. B. Graphitpulver in Wasser), so erhält man eine *Aufschlemmung* oder *Suspension*. Die Kohäsionskräfte der gleichartigen Moleküle sind dann zu groß, um aufgelöst zu werden. Durch kräftiges Schütteln einer Öl-Wasser-Mischung erhält man z. B. eine solche Suspension, die man in diesem Falle eine *Emulsion* nennt. Bei echten Lösungen hingegen tritt immer eine molekulare Zerteilung des gelösten Stoffes ein.

Merke jedoch: Kolloidale Lösungen sind echte Lösungen, keine Suspensionen!

Natürlich kann ein Lösungsmittel nicht unbegrenzt eine lösbare Substanz aufnehmen. Wenn die Grenze erreicht ist, spricht man von *gesättigten Lösungen*. Der *Sättigungsgrad* hängt von den Kohäsions- und Adhäsionskräften der lösungsbildenden Substanzen ab und ist daher für alle Lösungen verschieden.

Diffusion und Osmose

Wie wir wissen, unterscheiden sich flüssige und gasförmige Substanzen von den festen dadurch, daß die einzelnen Teilchen nicht an eine bestimmte Gleichgewichtslage gebunden sind, sondern sich frei gegeneinander bewegen können (keine Gestaltselastizität). Diese Bewegungen von Flüssigkeits- und Gasmolekülen in einer makroskopisch ruhenden Substanz nennt man nach ihrem Entdecker, dem Botaniker R. Brown (1827), die *Brownsche Molekularbewegung*. Er beobachtete unter dem Mikroskop die kleinen Teilchen eines Farbstoffes, der in einem Wassertropfen gelöst ist. Sie befinden sich keineswegs in Ruhe, vielmehr führen sie durch die häufigen regellosen Stöße gegen andere Teilchen eine lebhafte Zick-Zack-Bewegung aus (Abb. 69), bei welcher die Geschwindigkeit um so größer ist, je kleiner die Teilchen sind. In Tab. 11 sind die mittleren Geschwindigkeiten der Moleküle verschiedener Gase bei einer Temperatur von 20 °C zusammengestellt.

Tabelle 11 Mittlere Geschwindigkeiten bei 20 °C

H_2 : 1912 m/s
O_2 : 478 m/s
J_2 : 170 m/s

78 3. Mechanik der Flüssigkeiten und Gase

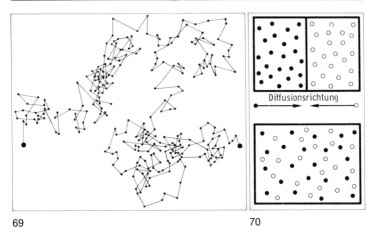

Abb. 69 Brownsche Molekularbewegung eines Teilchens in einem Wassertropfen

Abb. 70 Diffusion von Gasmolekülen nach Entfernung der Trennwand

Den durch diese Brownsche Molekularbewegung verbundene Ortswechsel von Molekülen und Atomen nennt man *Diffusion*. Schichtet man z. B. vorsichtig Wasser und eine Kupfersulfatlösung übereinander, so wird man nach einiger Zeit eine vollständige Durchmischung der beiden Substanzen feststellen. In der Wärmelehre werden wir erfahren, daß die Geschwindigkeit dieser Teilchenbewegung sehr stark temperaturabhängig ist und somit auch die Diffusion. Die selbständige Durchmischung erwärmter Substanzen geht schneller vor sich.

Man kann den Diffusionsvorgang auch als Konzentrationsausgleich interpretieren: Betrachten wir einen Behälter, der durch eine Trennwand der Fläche A in zwei Teilräume aufgeteilt ist (Abb. 70). In den Räumen mögen sich zwei verschiedene Gase unter dem gleichen Druck p befinden. Entfernt man die Trennwand, so werden beide Gase versuchen, den ihnen jetzt angebotenen Raum vollständig auszufüllen.

Sie verhalten sich dabei so, als ob das jeweils andere Gas nicht vorhanden wäre (Daltonsches Prinzip). Wir können uns daher auf die Beobachtung des Verhaltens einer dieser Gaskomponenten beschränken.

Der *Partialdruck* des Gases, welches sich auf der linken Seite unter dem Druck p befindet, ist zu Beginn auf der rechten Seite gleich Null. Nach dem Boyle-Mariotteschen Gesetz ist der Druck der Gasdichte und damit der Teilchenzahl pro Volumen proportional, so daß wir

Lösungen 79

auch sagen können: Zu Beginn ist die Teilchenzahl des Gases auf der linken Seite n und auf der rechten Seite gleich Null. Nach Entfernung der Trennwand werden sich die Teilchen nach rechts bewegen, um den neu angebotenen Raum ebenfalls auszufüllen. Man nennt bei dieser Bewegung die Zahl der in der Zeit t durch den Querschitt A fließenden Teilchen N den *Teilchenstrom* I:

(3.20) $I = N/t$ Teilchenstrom

Dieser Teilchenstrom wird in dem Maße abnehmen, in dem die Teilchenzahl auf der rechten Seite zunimmt. Er kommt ganz zum erliegen, wenn die Teilchenkonzentration auf beiden Seiten gleich ist. Der gesamte Vorgang ist in dem *1. Fickschen Gesetz* formuliert (A. E. FICK, 1855):

Bei der Diffusion durch den Querschnitt A ist der Teilchenstrom I proportional der Fläche A und dem Unterschied der Teilchendichten (Konzentrationsgefälle $\Delta n/\Delta x$) des Gases in Strömungsrichtung:

(3.21) $I \sim A \cdot \Delta n/\Delta x$

Das Konzentrationsgefälle $\Delta n/\Delta x$ meint den Unterschied der Teilchenzahl pro Volumeinheit Δn zwischen zwei Punkten im Abstand Δx in Richtung des Teilchenstromes. Ist das Konzentrationsgefälle abgebaut, befindet sich das System in einem dynamischen Gleichgewicht, d. h. die Diffusion von links nach rechts ist genau so groß wie die von rechts nach links (Hindiffusion = Rückdiffusion).

Wenn man sich in dem vorangegangenen Beispiel den Behälter aus zwei vertikalen Zylindern zusammengesetzt denkt, die durch eine poröse Wand getrennt sind (die Wand enthält winzige Löcher, durch welche die Moleküle der Gase hindurch treten können), so wird auch hier ein Konzentrationsausgleich stattfinden (Abb. 71). Die Geschwindigkeit der Brownschen Molekularbewegung ist jedoch für die kleineren Moleküle größer und somit werden diese schneller durch die Wand diffundieren. Dies hat dann zunächst eine Drucksteigerung im linken

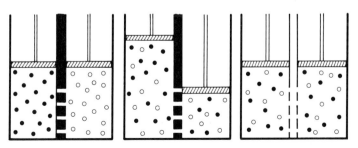

Abb. 71   Druckverhältnisse bei der Gasdiffusion

und einen Abfall im rechten Zylinder zur Folge. Nach vollständig abgelaufener Diffusion wird sich auf beiden Seiten wieder der gleiche Druck einstellen.

Wählt man die Größe der winzigen Löcher in der porösen Wand so, daß nur die kleinere Molekülart hindurchdiffundieren kann, so wird es nicht zu einem Druckausgleich kommen können. Diese einseitige Diffusion durch eine solch halbdurchlässige (*semipermeable*) Wand nennt man *Osmose*. Es stellt sich dabei in dem linken Zylinder eine Druckzunahme ein, die gleich dem Partialdruck der kleineren Molekülart ist. Diese, durch die Osmose bedingte Druckzunahme nennt man den *osmotischen Druck*. Betrachtet man das Gasgemisch als die Lösung der kleineren Molekülart in der größeren, so kann man sagen:

Der osmotische Druck ist der Partialdruck der Moleküle des gelösten Stoffes.

Die Osmose spielt für flüssige Lösungen eine bedeutende Rolle. Befindet sich eine semipermeable Membran, die nur die Moleküle des Lösungsmittels (H_2O) hindurchläßt, zwischen einer Lösung (NaCl-Lösung) und dem Lösungsmittel, so kann nur diese durch die Membran diffundieren (Abb. 72). In dem membranumschlossenen Raum wird sich daher ebenfalls eine Druckerhöhung, eben der osmotische Druck, einstellen. Die Diffusion des Lösungsmittels erfolgt so lange, bis ein äußerer Druck (z. B. Schweredruck) dem osmotischen Druck das Gleichgewicht hält. Es gilt somit:

Der osmotische Druck einer Lösung ist gleich dem Partialdruck, den der gelöste Stoff ausüben würde, wenn seine Moleküle als Gas in dem gleichen Raum vorhanden wären, den die Lösung einnimmt.

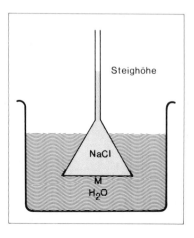

Abb. 72 Osmotischer Druck in einer NaCl-Lösung

Mit der allgemeinen Gasgleichung für ideale Gase, die wir in der Wärmelehre kennenlernen werden ((4.17), S. 99), erhält man für den osmotischen Druck das Van t'Hoffsche Gesetz:

> Der osmotische Druck ist nur von der Stoffmengenkonzentration n/V und der absoluten Temperatur abhängig, $p_{osm} = \frac{n}{V} \cdot RT$ (R ist die allgemeine Gaskonstante).

Lösungen gleicher Konzentration haben somit auch gleichen osmotischen Druck! Solche Lösungen nennt man *isotonisch*.

Lösungen mit größerem osmotischen Druck als die umgebende Flüssigkeit nennt man *hypertonisch*, die mit kleinerem osmotischen Druck dagegen *hypotonisch*. Da sie einen Konzentrationsausgleich anstreben, gilt die Regel:

> Hypotonische Lösungen geben Wasser ab, hypertonische Lösungen nehmen Wasser auf!

Eine 1%ige Zuckerlösung z. B. hat einen osmotischen Druck von etwa 650 mbar, bei einer 6%igen mißt man einen solchen von rund 4 bar.

Für das Leben der Pflanzen und Tiere ist die Osmose von entscheidender Bedeutung, denn sie macht den Austausch der Säfte zwischen den rings geschlossenen Zellen und Blutgefäßen erst möglich. Das Aufquellen von Bohnen in Wasser z. B. beruht auf dem Eindringen von Wasser durch die Zellwände wegen des osmotischen Druckes.

Dieser Zustand wird als *Turgor* oder *Turgeszenz* bezeichnet. Er tritt immer auf, wenn Zellen in hypotonische Lösungen gebracht werden. Umgekehrt geben Zellen in hypertonischen Lösungen Wasser ab, es kommt zu einer Zellschrumpfung, der *Plasmolyse*.

Die roten Blutkörperchen (Erythrozyten) reagieren in bezug auf die Osmose wie Pflanzenzellen. In hypotonischer Lösung können sie bis zum Platzen aufquellen, so daß der Blutfarbstoff austritt (Hämolyse). In hypertonischer Lösung dagegen geben sie Wasser ab und schrumpfen. Bei intravenösen Injektionen dürfen daher nur isotonische Lösungen verwendet werden (physiologische Kochsalzlösung ist 0,9- bis 1%ig).

3.5. Hydrodynamik

Auch bei der Bewegung von Flüssigkeiten kann man zur Beschreibung der wichtigsten Gesetzmäßigkeiten auf die Berücksichtigung der Molekularkräfte verzichten (*ideale Flüssigkeiten*). Eine solche Flüssigkeit ströme mit der Geschwindigkeit v_1 durch ein Rohr mit dem Querschnitt A_1 (Abb. 73). Wird das Rohr auf den Querschnitt A_2 verengt, so muß wegen der Inkompressibilität der Flüssigkeit in beiden Rohrteilen in der gleichen Zeit t das gleiche Flüssigkeitsvolumen V durch

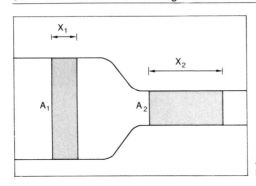

Abb. 73 Ableitung der Kontinuitätsgleichung

den Rohrquerschnitt treten. Wird auf der einen Seite das Volumen $A_1 x_1$ verschoben, so entspricht dies auf der anderen Seite dem Volumen $A_2 x_2$, also $A_1 x_1/t = A_2 x_2/t$. Nun sind x_1/t und x_2/t gerade die Strömungsgeschwindigkeiten v_1 und v_2 in den beiden Rohrquerschnitten A_1 und A_2 und man erhält so die *Kontinuitätsgleichung*

(3.22) $\qquad A_1 \cdot v_1 = A_2 \cdot v_2 \qquad$ Kontinuitätsgleichung

Die Strömungsgeschwindigkeiten einer idealen Flüssigkeit verhalten sich umgekehrt wie die Rohrquerschnitte.

(3.23) $\qquad v_1/v_2 = A_2/A_1$

An den Engstellen einer Rohrleitung wird also die Flüssigkeit schneller fließen.

Bei Flüssen und Bächen läßt sich diese Erscheinung besonders schön beobachten, und die Engstellen werden daher in der Binnenschiffahrt auch Stromschnellen genannt. Die meisten Orte, in deren Namen die Silbe „Lauf" vorkommt (Lauffen, Laufenburg usw.) liegen an gegenwärtigen oder ehemaligen Stromschnellen.

Das in der Zeiteinheit Δt durch den Rohrquerschnitt fließende Flüssigkeitsvolumen ΔV nennt man die *Stromstärke*

(3.24) $\qquad I = \Delta V/\Delta t \qquad$ Stromstärke $\qquad$ DEF

Die Kontinuitätsgleichung ist gleichbedeutend mit der Konstanz der Stromstärke I über die gesamte Rohrlänge.

Der Zunahme an Geschwindigkeit an den Engstellen entspricht zwangsläufig eine Zunahme an kinetischer Energie. Es muß also an der Flüssigkeit Arbeit verrichtet werden, das Flüssigkeitsvolumen V muß beschleunigt werden. Die einzigen Kräfte, die auf das Flüssigkeitsvolumen einwirken können, stammen vom Druck der umgebenden Flüssigkeit. Der Druck muß also hinter dem beschleunigten Volumen größer sein als vor ihm, sonst gäbe es keine resultierende Kraft, welche die Beschleunigung hervorrufen könnte.

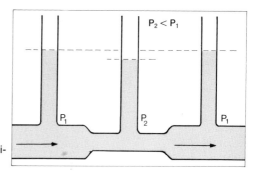

Abb. 74 Hydrodynamisches Paradoxon

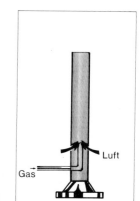

Abb. 75 Bunsenbrenner

Diese, von DANIEL BERNOULLI (1700–1782) quantitativ formulierte Erkenntis lautet in Worten:

In einer geschlossenen Rohrströmung ist der statische Druck überall proportional zur Querschnittsfläche!

Dieser Druck kann wegen der gleichmäßigen Richtungsverteilung durch die Steighöhe in einem senkrecht angesetzten Glasrohr gemessen werden und man kann so leicht das, als *hydrodynamisches Paradoxon* bekannte Phänomen demonstrieren (Abb. 74).

Dieser *Bernoulli-Effekt* erfährt eine Vielzahl wichtiger praktischer Anwendungen. Bei dem *Bunsenbrenner* (Abb. 75) und der *Wasserstrahlpumpe* (Abb. 76), die wir im Labor verwenden, führt der verengte Düsenquerschnitt zu einer Abnahme des statischen Drucks, wodurch die Luft aus den Seitenöffnungen in das Gerät angesaugt wird.

84　3. Mechanik der Flüssigkeiten und Gase

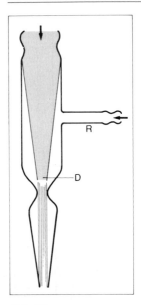

Abb. 76
Wasserstrahlpumpe

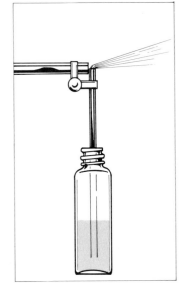

Abb. 77　Zerstäuber

Beim *Zerstäuber* (Abb. 77) bewirkt der äußere Luftdruck das Aufsteigen der Flüssigkeit in dem Zerstäuberrohr.

Innere Reibung (Viskosität)

Der in Abb. 74 dargestellte Druckverlauf gilt streng genommen nur für die idealen Flüssigkeiten. Berücksichtigt man jedoch die immer vorhandenen Molekularkräfte, so treten diese bei der Bewegung der Flüssigkeitsmoleküle als Reibungskräfte in Erscheinung. Als Maß für diese „innere Reibung" verwendet man den Begriff der *Zähigkeit* oder *Viskosität* der Flüssigkeit. Bei Wasser ist diese Zähigkeit gering, wir können leicht Kaffee aus einer Kanne in eine Tasse gießen. Beim Leeren eines Honigglases haben wir jedoch einige Schwierigkeiten.

Zur quantitativen Formulierung des Viskositätsbegriffes betrachten wir eine Flüssigkeit zwischen zwei parallelen Platten der Fläche A im Abstand l zueinander, deren obere beweglich, die untere fest ist (Abb. 78). Denken wir uns die Flüssigkeit in einzelne Schichten (Lamellen) aufgeteilt, so haften infolge der Adhäsion die jeweils äußeren Flüssigkeitsschichten an den Platten. Bei der Bewegung der oberen Platte mit der Geschwindigkeit v_o bewegt sich daher die an ihr haftende

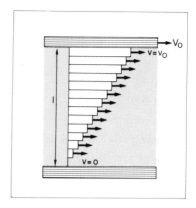

Abb. 78 Definition der Viskosität

Flüssigkeit mit, die an der unteren Platte haftende Lamelle dagegen bleibt mit der Platte in Ruhe. Die Änderung der Geschwindigkeit der einzelnen Lamellen von oben nach unten erfolgt gleichmäßig, jede Flüssigkeitsschicht versucht die über ihr liegende in ihrer Bewegung zu hemmen. Dadurch ergibt sich ein konstantes Geschwindigkeitsgefälle $\Delta v/\Delta/x$.

Die zur Aufrechterhaltung einer gleichmäßigen Bewegung der oberen Platte notwendige Kraft hängt von den Kohäsionskräften zwischen den Flüssigkeitsschichten ab. Sie ist um so größer, je größer die Geschwindigkeit v und die Plattenfläche A_o und je kleiner der Plattenabstand l ist:

$$F_r \sim v; \quad F_r \sim A_o; \quad F_r \sim 1/l$$

Insgesamt erhält man damit die Proportionalität $F_r \sim A_o \cdot v/l$ und durch Einführung des Proportionalitätsfaktors η das Newtonsche Reibungsgesetz:

(3.25) $\qquad F_r = \eta \cdot A_o \cdot v/l \qquad$ Newtonsches Reibungsgesetz

Der Faktor η wird von den Kohäsionskräften der Flüssigkeitsmoleküle bestimmt und man nennt ihn die Zähigkeit oder Viskosität. Der reziproke Wert $\frac{1}{\eta}$ wird *Fluidität* genannt.

(3.26a) $\qquad \eta = F_r \cdot l/A_o \cdot v \qquad$ Viskosität $\qquad$ DEF

Die Einheit der Viskosität ist die Pascalsekunde:

(3.26b) $\qquad [\eta] = [F_r] [l]/[A_o] [v] = Nm/m^2 m/s = Ns/m^2 = Pa \cdot s$

Eine alte Einheit der Viskosität ist der zehnte Teil der Pascalsekunde, das Poise: 1 Poise = 10^{-1}: Pa · s.

In Tab. 12 sind einige Beispiele zusammengestellt, die auch die starke Temperaturabhängigkeit der Viskosität deutlich machen.

Tabelle 12 Beispiele einiger Viskositäten

Flüssigkeit	Temperatur	Viskosität
Wasser	0 °C	1,79 mPa · s
Wasser	20 °C	1,00 mPa · s
Wasser	98 °C	0,31 mPa · s
Benzol	20 °C	0,65 mPa · s
Quecksilber	20 °C	1,55 mPa · s
Glycerin	20 °C	1480 mPa · s

Strömung von Flüssigkeiten in Rohren

Die in (3.24) definierte Stromstärke I einer Rohrströmung hängt bei einer *realen Flüssigkeit* natürlich von deren Viskosität ab; sie wird um so größer sein, je größer die Fluidität ist, also $I \sim \frac{1}{\eta}$. Darüber hinaus wird sie von der Druckdifferenz Δp zwischen Rohranfang und Rohrende bestimmt sowie von der Rohrlänge l und der Querschnittsfläche A. Der eigentliche Strömungsmechanismus kann sehr kompliziert sein. Bei geringen Strömungsgeschwindigkeiten und regelmäßigen Rohrwandungen kann man das sich ausbildende parabelförmige Geschwindigkeitsprofil (Abb. 79a) durch das Lamellenmodell der Abb. 78 verstehen: Bei dem Transport eines Flüssigkeitsvolumens durch den Rohrquerschnitt werden die äußeren, ringförmig gedachten Lamellen an der Rohrwand haften. Mit zunehmender Entfernung von der Wand nimmt die Geschwindigkeit der Schichten zu bis zu einem Maximum in der Rohrachse. Für eine solche „laminare Strömung" (auch viskose Strömung) gilt das Gesetz von HAGEN (deutscher Ingenieur, 1839) und POISEUILLE (französischer Arzt, 1840):

(3.27) $I = A^2 \cdot \Delta p / 8\pi\eta l$ Hagen-Poiseuillesches Gesetz

Bei höheren Strömungsgeschwindigkeiten und unregelmäßigen Rohrwandformen treten jedoch wirbelartige Turbulenzen auf und das Geschwindigkeitsprofil läßt sich nicht mehr so einfach ableiten. Solche Strömungen nennt man „turbulente Strömungen" (Abb. 79b).

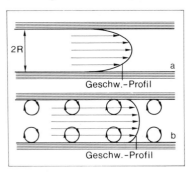

Abb. 79 a) Laminare Strömung, b) turbulente Strömung

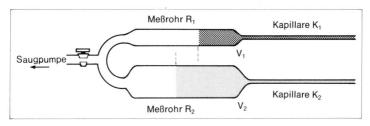

Abb. 80 Kapillarviskosimeter

Das Hagen-Poiseuillesche Gesetz und die verschiedenen Arten einer Rohrströmung haben in der Medizin große Bedeutung. Die Strömungsgeschwindigkeit beim Blutkreislauf erreicht bei der herznahen Aorta Werte um 200 km/h. Bei den unregelmäßigen Formen hinter den Herzklappen führt dies zu einer turbulenten Strömung. Auch bei Venenentzündungen treten an den rauhen Stellen Wirbel auf, welche die Gefahr einer Tromboseentstehung erhöhen. Ansonsten fließt das Blut in den Adern laminar und gehorcht so dem Hagen-Poiseuilleschen Gesetz. Die Strömungsgeschwindigkeit wird somit bei einer Verengung der Gefäße (Arteriosklerose) stark reduziert ($I \sim A^2$).

Zur Messung der Viskosität bietet sich die Untersuchung der Stromstärke in einem zylindrischen Rohr an. Es muß dabei darauf geachtet werden, daß die Bedingungen für eine laminare Strömung erfüllt sind, um die Gültigkeit des Hagen-Poiseuilleschen Gesetzes zu gewährleisten. Das Prinzip eines einfachen Viskosimeters ist in Abb. 80 skizziert: Saugt man die zu untersuchende Flüssigkeit durch eine Kapillare K_1 in das Meßrohr R_1, so ist das nach der festen Meßzeit t ablesbare Volumen V_1 proportional zu $\frac{1}{\eta}$. Bei bekannten Werten für Druckdifferenz, Kapillarlänge und Querschnitt ließ sich damit die Viskosität η errechnen. Wesentlich einfacher kann man jedoch das Flüssigkeitsvolumen V_1 mit dem Volumen V_2 einer Flüssigkeit bekannter Viskosität (z. B. Wasser) vergleichen, welches unter sonst gleichen Bedingungen durch die Kapillare K_2 in das Meßrohr R_2 gesaugt wird (gleiche Druckdifferenz, gleiche Kapillarradien und Kapillarlängen). Bei gleicher Meßzeit verhalten sich dann die Meßvolumina umgekehrt wie die Viskositäten:

(3.28) $\qquad V_1/V_2 = \eta_2/\eta_1$
$\qquad\qquad \eta_1 = \eta_2 \cdot V_2/V_1$

Sedimentation

Bewegt man einen festen Körper in einer Flüssigkeit, so wird er je nach deren Zähigkeit eine bremsende Reibungskraft erfahren. Die

88 3. Mechanik der Flüssigkeiten und Gase

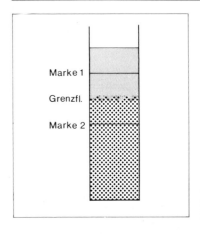

Abb. 81 Bestimmung der Sinkzeit der klaren Flüssigkeitsgrenze bei der Blutsenkung

Untersuchungen haben ergeben, daß diese Reibungskraft F_r um so größer ist, je größer der Körper, die Viskosität η der Flüssigkeit und die Geschwindigkeit v ist. Für eine Kugel vom Radius r gilt die *Stokessche Formel:*

(3.29) $\qquad F_r = 6 \cdot \pi \cdot \eta \cdot r \cdot v \qquad$ Stokessche Formel

Nach dem Prinzip des Archimedes erfährt ein Körper beim Eintauchen in eine Flüssigkeit eine Auftriebskraft F_a. Ist diese kleiner als das Gewicht F_G des Körpers, sinkt der Körper zu Boden, er *sedimentiert*. Dabei nimmt die Sinkgeschwindigkeit zunächst zu, da der Körper von der resultierenden Kraftkomponente $F_G - F_a$ beschleunigt wird.

Nach der Stokesschen Formel steigt damit die Reibungskraft F_r ebenfalls an, welche wie F_a dem Gewicht entgegengerichtet ist. Die beschleunigte Bewegung wird so lange anhalten, bis die Reibungskraft F_r die beschleunigende Komponente kompensiert und sich somit eine gleichförmige Sinkgeschwindigkeit einstellt. Diese Sedimentationsgeschwindigkeit läßt sich durch Zentrifugieren steigern, wobei man Beschleunigungskräfte mit mehr als dem 100000fachen des Körpergewichtes erreichen kann.

Die „Blutsenkung" (BSG oder BKS) ist die Messung der Sedimentationsgeschwindigkeit der Blutkörperchen (Abb. 81). Das durch Zusatz einer Natriumcitrat-Lösung ungerinnbar gemachte Venenblut wird in eine Kapillare aufgesogen und die Senkung der Grenze zum klaren Plasma stündlich abgelesen. Eine Erhöhung der BSG bedeutet, daß der Körper sich in einem Abwehrkampf befindet.

4. Wärmelehre

Die Natur hat uns als einen der sechs Sinne die Fähigkeit verliehen, bei Berührung von Materie diese als „kalt" oder „warm" zu empfinden. Diese Fähigkeit bezeichnen wir allgemein als Wärme- oder Temperatursinn. Die Temperatur ist dabei der Begriff für den Grad der „Warmheit", den wir dem Körper zuordnen. Dieser Gefühlssinn ist jedoch nur innerhalb gewisser Grenzen zuverlässig und auch dort nur grob qualitativ. Wir sind nicht in der Lage, zwischen sehr hohen und sehr tiefen Temperaturen zu unterscheiden. Bei der intensiven Berührung mit Trockeneis (festes CO_2 bei $-78,5$ °C) z. B. haben wir die gleiche Schmerzempfindung wie bei kochendem Wasser.

In der Physik wollen wir jedoch die Temperaturen objektiv messen. Dies gelingt uns nur durch die Untersuchung der Eigenschaften von Materie, die sich mit der Temperatur ändern. Hierzu gehören z. B. das Volumen einer Flüssigkeit, die Länge eines Stabes, der Druck eines Gases oder die Aggregatzustände der Materie.

4.1. Phänomenologische Wärmelehre

Das Untersuchungsgebiet, welches sich mit den Phänomenen der temperaturabhängigen Eigenschaften von Materie beschäftigt, nennen wir phänomenologische Wärmelehre. Sie macht keine Annahmen über die Natur der Wärme, sie beschäftigt sich lediglich mit den Zustandsänderungen der Materie mit der Temperatur.

4.1.1. Temperatur, Messung der Temperatur

Der neue physikalische Begriff *Temperatur* (Symbol t) benötigt zur Messung natürlich eine Einheit. Uns allen ist im Alltag der „Grad Celsius" (°C) geläufig, eine von dem schwedischen Astronomen ANDERS CELSIUS (1742) vorgeschlagene Einheit, wobei der Schmelzpunkt des Eises als Nullpunkt (0 °) und der Siedepunkt des Wassers (jeweils bei Normaldruck) als 100 °C festgesetzt wurde. Zwischen diesen beiden *Fix-* oder *Fundamentalpunkten* wurde die Skala linear geteilt.

Obwohl die Celsiusskala nicht in das SI übernommen wurde, wird sie wegen ihrer weiten Verbreitung und des einfachen Zusammenhangs zur SI-Einheit, auf deren Festlegung wir im folgenden kommen werden, als gültige Temperaturskala angesehen. Daneben sind noch die von RÉAUMUR (1730) und FAHRENHEIT (1794) vorgeschlagenen Skalen

4. Wärmelehre

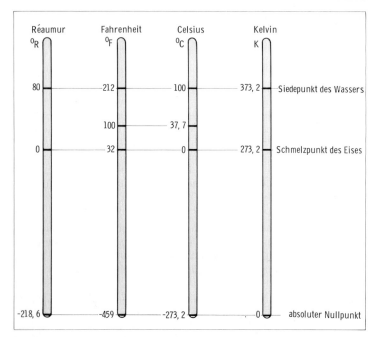

Abb. 82 Vergleich der verschiedenen Temperaturskalen

in manchen Ländern in Verwendung. Die Réaumurskala unterscheidet sich dabei lediglich bei der Festlegung des Wassersiedepunktes zu 80 °R. Fahrenheit bezeichnete die Temperatur einer Kältemischung aus Salmiak und Eis mit 0°F und die normale Körpertemperatur des Menschen mit 100°F. Abb. 82 zeigt einen Vergleich dieser Temperaturskalen mit der von LORD KELVIN eingeführten *absoluten Temperatur,* die von dem Gedanken einer kleinst möglichen Temperatur mit 0 K ausgeht. Ohne an dieser Stelle näher auf diese Überlegungen einzugehen, soll hier festgehalten werden, daß diese tiefste Temperatur bei −273 °C liegt und dieser Punkt als der *absolute Nullpunkt* (exakt −273,15 °C) bezeichnet wird.

Die von diesem Nullpunkt aus gezählte Temperatur nennt man daher die absolute Temperatur T (zur Unterscheidung von der Celsiustemperatur t verwendet man das Symbol T) gemessen in Kelvin (Symbol K), wobei die Intervalle mit denen der Celsiusskala identisch sind. Der Nullpunkt der Celsiusskala 0°C ist also gleich 273 Kelvin oder

(4.1) $\qquad T = t + 273\ K$

Temperatur in Kelvin = Temperatur in Celsius + 273 K

Wegen der gleichen Intervallschritte entspricht einem Temperaturunterschied $\Delta T = T_2 - T_1$ in der Kelvinskala ein gleich großer in der Celsiusskala:

(4.2) $\quad \Delta T = T_2 - T_1 = t_2 - t_1 = \Delta t$

Bei der Gleichung 4.1 kann daher für die Celsiustemperatur t die Einheit Kelvin benutzt werden.

> **Übung 19:** Welchen Wert hat der Siedepunkt des Wassers (bei Normaldruck) in der Kelvinskala?
> Der Siedepunkt beträgt in der Celsiusskala $t_S = 100\,°C$. Aus 4.1. folgt dann $T_S = t_S + 273\,K$
> $T_S = 100\,°C + 273\,K = 100\,K + 273\,K = 373\,K$

4.1.2. Wärmeausdehnung

Ein leicht zu beobachtendes Phänomen ist die Wärmeausdehnung von Körpern. Beinahe alle festen Körper und Flüssigkeiten dehnen sich bei Erwärmung aus. Da die Masse der Körper unveränderlich ist, nimmt dabei die Dichte $\varrho = m/V$ im selben Maße ab. Erwärmt man z. B. eine Metallkugel, die in kaltem Zustand gerade durch eine (temperaturunabhängige) Öffnung fällt (Abb. 83), so wird sie aufgrund ihrer Wärmeausdehnung in der Öffnung liegen bleiben. Erst wenn sie sich nach einiger Zeit wieder auf die Ausgangstemperatur abgekühlt hat, wird sie durch den Ring fallen.

Temperaturmessung, Thermometer

Die Wärmeausdehnung von Materie kann zu einer einfachen Temperaturmessung verwendet werden. Die hierfür in Frage kommenden Geräte nennt man Thermometer. Die am häufigsten verwendeten Temperaturmesser sind die Flüssigkeitsthermometer, bei welchen sich eine geeignete Flüssigkeit in einem Glasbehälter befindet, der in eine Kapillare ausläuft (Abb. 84). Die Steighöhe der Flüssigkeit in der Kapillare ist dann ein Maß für das Volumen der Flüssigkeit und damit für deren Temperatur.

In guter Näherung ist die Volumenzunahme vieler Flüssigkeiten der Temperaturzunahme proportional, was zu einer linearen Einteilung an der Kapillare führt. Die verwendeten Flüssigkeiten dürfen in dem zu messenden Temperaturbereich weder sieden noch erstarren. Je nach Anwendungsgebiet sind daher verschiedene Flüssigkeiten notwendig.

Beim *Fieberthermometer* (Abb. 85) wird Quecksilber als Thermoflüssigkeit verwendet. Die sehr dünne Kapillare liefert einen Meßbereich von 35–42 °C in Zehntelgradschritten. Eine Besonderheit ist hier eine

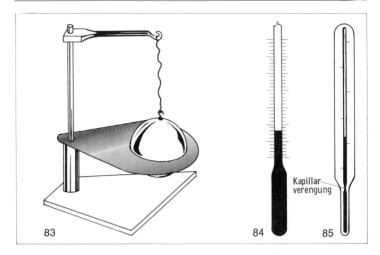

Abb. 83 Ausdehnung einer Metallkugel bei Erwärmung

Abb. 84 Flüssigkeitsthermometer

Abb. 85 Fieberthermometer

Kapillarverengung knapp über dem Quecksilberreservoir, welche nach Abkühlung des Thermometers ein Abreißen des Quecksilberfadens bewirkt, so daß dieser bei der erreichten Maximaltemperatur stehen bleibt.

Prinzipiell sind natürlich alle temperaturabhängigen Materialeigenschaften zur Temperaturmessung nutzbar. Verwendung finden vor allem noch die *Thermoelemente,* bei welchen der Einfluß der Temperatur auf die sogenannte *Kontaktspannung* ausgenutzt wird, und die Widerstandsthermometer, bei welchen die Temperaturabhängigkeit des *elektrischen Widerstandes* zur Messung dient. Wir werden darauf in den Abschnitten 5.1.5. und 5.3.4. näher eingehen.

Thermische Längenausdehnung

Die lineare Längenausdehnung kann mit dem in Abb. 86 dargestellten Apparat gemessen werden. Man spannt ein Metallrohr, durch welches Wasserdampf geleitet werden kann, auf zwei Lagerblöcken leicht verschiebbar zwischen eine Feststellschraube SR und einen Hebel H, dessen längerer Hebelarm an einem Zeiger Z anliegt. Eine geringe Ausdehnung des Rohres bewirkt dann wegen der doppelten Hebelübertragung einen starken Zeigerausschlag. Das Durchleiten von Wasser-

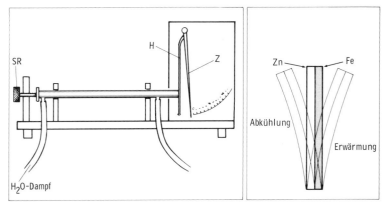

Abb. 86 Apparat zur Messung der thermischen Ausdehnung

Abb. 87 Krümmung eines Bimetallstreifens bei Erwärmung und Abkühlung

dampf bringt das Metallrohr auf die definierte Temperatur von 100 °C, und der Unterschied zur Zeigerstellung bei Zimmertemperatur ist dann ein Maß für die Längenzunahme.

Die Messungen ergeben, daß die Längenzunahme Δl sowohl der Ausgangslänge l_o des Rohres als auch der Temperaturdifferenz ΔT nahezu proportional ist, womit wir die Beziehung erhalten

(4.3) $\qquad \Delta l = \alpha \cdot l_o \cdot \Delta T$

Die neue Länge l beträgt dann

(4.4) $\qquad l = l_o + \Delta l = l_o + \alpha \cdot l_o \cdot \Delta T = l_o (1 + \alpha \cdot \Delta T)$

Den Proportionalitätsfaktor α nennt man den linearen thermischen Ausdehnungskoeffizienten, der für jedes Material einen spezifischen Wert besitzt. Man erhält:

(4.5) $\qquad \alpha = \dfrac{\Delta l}{l_o} \cdot \dfrac{1}{\Delta T} \qquad$ Längenausdehnungskoeffizient

Die geringe Abhängigkeit des Wertes α von der Temperatur kann in der Regel vernachlässigt werden. α gibt die relative Längenänderung des Materials pro 1K an. Für die Dimension von α erhält man aus (4.5):

(4.6) $\qquad [\alpha] = \dfrac{[\Delta l]}{[l_o]} \cdot \dfrac{1}{[T]} = \dfrac{m}{m} \cdot \dfrac{1}{K} = K^{-1}$

Die Ausdehnungskoeffizienten für eine Auswahl einiger fester Stoffe (bei 20 °C) sind in Tab. 13 angegeben.

4. Wärmelehre

Tabelle 13 Lineare Ausdehnungskoeffizienten für eine Auswahl einiger fester Stoffe in $10^{-6} K^{-1}$

Kochsalz	40	Fensterglas	9,0
Zink	27,4	Platin	9,0
Aluminium	23,9	Pyrexglas	3,2
Eisen	12,3	Quarzglas	0,5

> **Übung 20:** Ein Eisenstab der Länge $l_o = 1,5$ m wird von 20 °C auf 100 °C erwärmt. Wie groß ist die relative Längenzunahme Δl und wie lang ist der Stab danach?
> Die Temperaturdifferenz beträgt $\Delta T = 80$ K.
> Mit 4.3 findet man dann für $\Delta l = \alpha \, l_o \cdot \Delta T$
> $\Delta l = 12 \cdot 10^{-6} K^{-1} \cdot 1,5 \text{ m} \cdot 80 \text{ K} = 1,44 \cdot 10^{-3} \text{m} = 1,44$ mm
> Die neue Stablänge ist also 1501,44 mm.

Thermische Volumausdehnung

Natürlich dehnt sich ein Körper bei Erwärmung nicht nur in seiner Längsrichtung aus, sondern nach allen drei Raumrichtungen. Für die Volumenausdehnung erhält man dann:

(4.7) $\qquad V_t = V_o (1 + \alpha \Delta T)^3 \approx V_o (1 + 3\alpha \Delta T)$

Den dreifachen Wert des linearen Ausdehnungskoeffizienten bezeichnet man als den kubischen Ausdehnungskoeffizienten:

(4.8) $\qquad \gamma = 3 \cdot \alpha \qquad$ kubischer Ausdehungskoeffizient
(4.9) $\qquad V_t = V_o (1 + \gamma \cdot \Delta T)$

Bei der thermischen Ausdehnung können sehr große Kräfte auftreten. Um z. B. den Eisenstab der Übung 20 durch eine mechanische Zugkraft um den selben Wert zu verlängern, müßte diese etwa 20000 N betragen, was dem Gewicht von zwei Tonnen entspricht.

Umgekehrt entsteht beim Abkühlen des Stabes die selbe Kontraktionskraft, was man mit dem sog. Bolzensprenger sehr schön demonstrieren kann (Abb. 88): Man spannt einen gußeisernen Stab S in ein kräftiges, ebenfalls gußeisernes Gestell aus zwei Lagerblöcken, indem man in den Aussparungen der Blöcke einen bis fast zur Rotglut erhitzten schmiedeeisernen Vierkant C mit einer Schraubenspindel F fest verankert. Beim Erkalten entwickelt der Vierkant eine so starke Zugkraft, daß die an der Innenseite scharfkantige Öse Ö den gußeisernen Stab in der Mitte durchbricht.

Die unterschiedlichen Werte der Ausdehungskoeffizienten verschiedener Metalle erlauben eine, für die Regelungs- und Meßtechnik sehr wichtige Anwendung. Wenn man zwei verschiedene Metallstreifen mit

Phänomenologische Wärmelehre 95

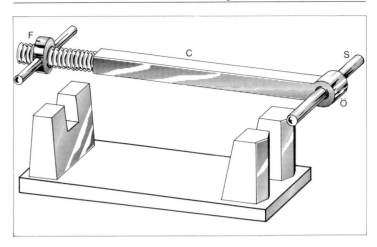

Abb. 88 „Bolzensprenger"

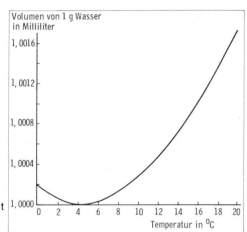

Abb. 89 Volumen von 1 g H$_2$O in Abhängigkeit von der Temperatur (Dichteanomalie)

den gleichen Abmessungen aufeinander lötet, so muß sich ein solcher *Bimetallstreifen* wegen der unterschiedlichen Ausdehnung der Metalle krümmen (Abb. 87).

Man kann auf diese Weise temperaturabhängig elektrische Kontakte öffnen und schließen oder die Krümmung selbst als Maß für die Temperatur verwenden (Bimetallthermometer).

Auch der kubische Ausdehnungskoeffizient ist wie der lineare nicht völlig temperaturunabhängig, doch kann dies ebenfalls in der Regel vernachlässigt werden. Eine wichtige Ausnahme macht hierbei jedoch das Wasser. Dessen kubischer Ausdehnungskoeffizient ist unterhalb von 4 °C (genau 3,98 °C) negativ, d. h. das Volumen nimmt bei Erwärmung von 0 °C ausgehend zunächst ab, danach jedoch zu. Wasser hat bei 4 °C sein Dichtemaximum (Abb. 89)! Diese *Dichteanomalie von Wasser* hat für das Überwintern der Wassertiere eine große Bedeutung, da sie ein zu starkes Abkühlen oder gar Gefrieren der untersten Wasserschichten verhindert.

Ausdehnung von Gasen

Das Volumen V eines Gases ist nach dem Boyle-Mariotteschen Gesetz (3.18) abhängig vom Druck p. Um die thermische Ausdehnung eines Gases zu untersuchen, muß daher der Druck p konstant gehalten werden. Man findet für das Volumen V_t bei der Temperatur t in °C

(4.10) $V_t = V_o (1 + \gamma t)$ Gesetz von Gay-Lussac

wenn V_o das Volumen bei 0 °C bedeutet. Der Ausdehnungskoeffizient γ ist für alle Gase nahezu gleich und wesentlich größer als für feste und flüssige Stoffe, er liegt etwa bei

(4.11) $\gamma = 1/273 \ K^{-1}$

Bei Erwärmung um 1 K vergrößert sich das Gasvolumen um den 273sten Teil seines Ausgangsvolumens (Abb. 90).

Umgekehrt könnte man aus dem Gay-Lussacschen Gesetz schließen, daß bei der Temperatur von t = −273 °C das Gasvolumen verschwindet, was natürlich nur für ideale Gase richtig wäre. Dennoch hat man

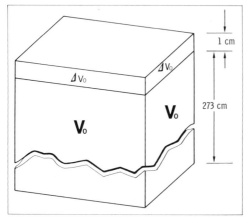

Abb. 90 Volumenausdehnung eines Gases bei Erwärmung um 1 K

generell aus dieser Erkenntnis geschlossen, daß es keine tiefere Temperatur als -273 °C geben könne. Tiefergehende physikalische Überlegungen (thermodynamische Temperatur von LORD KELVIN) zeigen, daß die untere Temperaturgrenze tatsächlich bei $-273{,}15$ °C liegt, das Ergebnis des für reale Gase unzulässigen Schlusses also dennoch den Tatsachen entspricht. Damit ist der Ausdehnungskoeffizient γ der reziproke Wert der Nullpunkttemperatur $T_o = 273$ K,

(4.12) $\qquad \gamma = 1/T_o$

Ersetzt man im Gesetz von Gay-Lussac die Celsiustemperatur t durch $t = T - T_o$ (nach 4.1), so erhält man mit 4.12 die einfache Form

(4.13) $\qquad V_T = V_o \cdot \left(1 + \dfrac{1}{T_o} \cdot (T - T_o)\right) = V_o \cdot T/T_o,$

wobei V_o nach wie vor das Volumen bei 0 °C = 273 K bedeutet.

4.1.3. Zustandsbeschreibung der Gase

Ideale Gase

Der Zustand eines idealen Gases wird durch die Gesetze von Boyle-Mariotte und Gay-Lussac eindeutig bestimmt:

$\qquad p \cdot V = \text{const.} \qquad$ Boyle-Mariotte $\qquad T = \text{const.}$
$\qquad V/T = V_o/T_o \qquad$ Gay-Lussac $\qquad\quad p = \text{const.}$

Die Größen Druck p, Volumen V und Temperatur T nennt man daher die *Zustandsgrößen* des Gases.

Die Zusammenfassung dieser beiden Gesetze führt zu der *allgemeinen Zustandsgleichung* der Gase:

(4.14) $\qquad p \cdot V/T = p_o \cdot V_o/T_o \qquad$ allgemeine Zustandsgl.

Wegen der Idealisierung (Verschwinden des Volumens bei $T = 0$ K) gilt diese Beziehung streng nur für ideale Gase, weshalb sie auch *ideale Gasgleichung* genannt wird.

Hält man bei Zustandsänderungen jeweils eine der drei Zustandsgrößen konstant, so erhält man die folgenden Möglichkeiten (Ausgangszustand p_1, V_1, T_1, Endzustand p_2, V_2, T_2)

isotherme Zustandsänderung: $\quad T = \text{const.}, T_1 = T_2$
$\qquad\quad$ *Isotherme*: $\quad V_2/V_1 = p_1/p_2$

isobare Zustandsänderung: $\quad p = \text{const.}, p_1 = p_2$
$\qquad\quad$ *Isobare*: $\quad V_2/V_1 = T_2/T_1$

isochore Zustandsänderung: $\quad V = \text{const.}, V_1 = V_2$
$\qquad\quad$ *Isochore*: $\quad p_2/p_1 = T_2/T_1$

Die gemeinsame Darstellung dieser Zustandsänderungen in einem Druck-Volumen-Diagramm (p-V-Diagramm) zeigt Abb. 91.

98 4. Wärmelehre

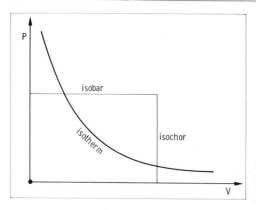

Abb. 91 Isotherme, isobare und isochore Zustandsänderung im p-V-Diagramm

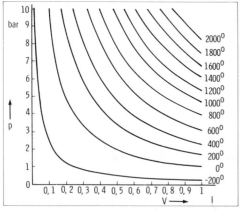

Abb. 92 Isothermen eines idealen Gases bei verschiedenen Temperaturen

In Abb. 92 sind die *Isothermen* eines idealen Gases bei verschiedenen Temperaturen dargestellt.

Allgemeine Gaskonstante

Die allgemeine Zustandsgleichung (4.14) besagt, daß für eine fest vorgegebene Menge eines Gases der Ausdruck $p \cdot V/T$ einen konstanten Wert besitzt. Es liegt daher nahe, diesen Wert für die Einheit der Stoffmenge, das Mol, anzugeben. Für ein Mol eines Gases nennt man diesen Ausdruck dann die *Allgemeine Gaskonstante R*. Zur Berechnung von R muß man das Volumen eines Moles bei bekannten Druck- und Temperaturbedingungen kennen. Unter den sogenannten Normbedingungen mit $T_o = 273{,}15$ K und $p_o = 1{,}01325$ bar beträgt es

(4.15) $\qquad V_{o,mol} = 22{,}41 \text{ dm}^3/\text{mol}$

Für die Allgemeine Gaskonstante R erhält man damit

(4.16)
$$R = p_o \cdot V_{o,mol}/T_o = 1{,}01325 \text{ bar} \cdot 22{,}41 \frac{dm^3}{mol}/273{,}15 \text{ K}$$

$$R = 101325 \text{ N/m}^2 \cdot 22{,}41 \cdot 10^{-3} \frac{m^3}{mol}/273{,}15 \text{ K} = 8{,}31 \text{ J/Kmol}$$

Für eine beliebige Stoffmenge n mol lautet somit die Gasgleichung:

(4.17) $p \cdot V/T = n \cdot R$ oder $p \cdot V = n \cdot R \cdot T$

> **Übung 21:** Welchen Raum nehmen 8,8 kg CO_2 (ideal gedacht) bei einem Druck von 100 atm (101,325 bar) und einer Temperatur von 20 °C (293 K) ein?
> Die relative Molekülmasse von CO_2 ist 44. Damit ist die molare Masse $M_m = 44$ g/mol $= 0{,}044$ kg/mol. Die Stoffmenge n beträgt dann (nach (3.4))
> $n = m/M_m = 8{,}8$ kg/$0{,}044$ kg/mol $= 200$ mol.
> Für das Volumen findet man dann aus (4.17):
> $V = n \cdot R \cdot T/p = 200$ mol $\cdot 8{,}31$ Jmol^{-1}K$^{-1} \cdot 293{,}15$ K/$101{,}325$ bar
> $V = 0{,}0481$ m$^3 = 48{,}1$ dm^3

4.2. Der Wärmebegriff

4.2.1. Wärmemenge

Allein schon die Tatsache, daß wir Körper erwärmen können, zeigt uns, daß sie bei verschiedener Temperatur in enger Berührung einen Temperaturausgleich anstreben. Eine Flamme z. B. besteht aus einer Vielzahl glühend heißer Teilchen, welche ihre Wärme durch Berührung an einen anderen Körper abgeben. Bei der Kochplatte am Elektroherd verhält es sich entsprechend. Dabei geht die Wärme immer von dem Körper höherer Temperatur auf den anderen Körper über. Diese Eigenschaft des Wärmeübergangs verknüpfen wir automatisch mit einer Mengeneigenschaft der Wärme, indem wir fragen: Welche Wärmemenge müssen wir einem Körper zuführen, damit er sich um eine bestimmte Temperaturdifferenz ΔT erwärmt?

Ohne zu wissen, was letztlich diese Wärme eigentlich ist, hat man folgende Gesetzmäßigkeiten gefunden: Die Wärmemenge Q, die ein Körper bei einer bestimmten Temperatur enthält, nennt man den *Wärmeinhalt* des Körpers. Q ist der Masse m des Körpers und der absoluten Temperatur T streng proportional:

(4.18) $Q = c \cdot m \cdot T$ Wärmemenge   DEF

Der Faktor c ist dabei eine materialspezifische Konstante, die sogenannte *spezifische Wärmekapazität* des Körpers. Der Begriff „Kapazität" bedeutet die „Speicherfähigkeit" des Materials. Bei der Erwärmung eines Körpers der Masse m von der Temperatur T_1 auf T_2 erhöht sich der Wärmeinhalt Q entsprechend von $Q_1 = c \cdot m \cdot T_1$ auf $Q_2 = c \cdot m \cdot T_2$, die zuzuführende Wärmemenge ΔQ ist damit die Differenz $Q_2 - Q_1$:

(4.19) $\quad \Delta Q = Q_2 - Q_1 = c \cdot m \cdot T_2 - c \cdot m \cdot T_1 = c \cdot m \cdot (T_2 - T_1)$
$\quad \Delta Q = c \cdot m \cdot \Delta T$

Die Beziehung (4.19) ermöglicht die Festlegung einer Einheit für die Wärmemenge: Man wählte hiefür die Erwärmung von 1 g Wasser um 1 K und nannte die notwendige Wärmemenge eine *Kalorie* (cal). Für 1 kg benötigt man dann eine Kilokalorie (kcal).

Eine Kilokalorie (kcal) ist die Wärmemenge, die notwendig ist, um 1 kg Wasser bei 760 Torr (1,01325 bar) von 14,5°C auf 15,5°C zu erwärmen.

Wärme als Energie

Eines der wichtigsten Phänomene für die Entwicklung der Theorie der Wärme ist die Möglichkeit, Materie durch mechanische Arbeit zu erwärmen. Schon die Steinzeitmenschen wußten, daß man durch Reibung die Temperatur der geriebenen Substanzen erhöhen kann. Bei der Führung des Sicherheitsseiles beim Bergsteigen (Abb. 93) oder zur

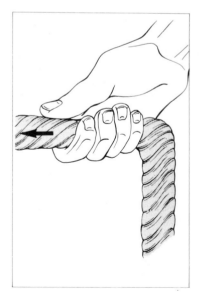

Abb. 93 Führung eines Sicherheits- oder Lastenseils

Senkung von Lasten können wir uns bei allzugroßer Seilgeschwindigkeit leicht die Hände verbrennen. Bei der thermischen Ausdehnung sehen wir die Umkehrung, die Verrichtung von Arbeit durch Zuführung von Wärme.

Die Erscheinung legt den Gedanken nahe, daß es sich bei der Wärme um eine weitere Form der Energie handelt. Durch systematische Untersuchungen hat J. P. JOULE um 1850 den Nachweis hierfür erbracht und zwischen der phänomenologisch definierten Einheit cal und der Energieeinheit einen Zusammenhang gefunden, welcher der heutigen exakten Definition sehr nahe kam. Heute gilt:

(4.20) $\quad$ 1 cal = 4,1868 J
$\quad\quad\quad\quad$ 1 kcal = 4,1868 kJ

Damit ist die SI-Einheit der Wärmemenge ebenfalls das Joule und im folgenden werden wir daher grundsätzlich die Wärmemenge in Energieeinheiten ausdrücken.

Allerdings war JOULE nicht der erste, der die Wärme als Energie erkannt hatte. Der Heilbronner Arzt JULIUS ROBERT MAYER hat den Zusammenhang schon 1842 mit einem verblüffenden Gedankenexperiment über die Ausdehnung von idealen Gasen in einwandfreier Weise berechnet.

Als Einheit der spezifischen Wärmekapazität ergibt sich dann aus (4.18):

(4.21) $\quad [c] = [Q]/[m] \cdot [T] = J/kg \cdot K$

Per Definition ist somit c für Wasser $c_{H_2O} = 4,1868\ kJ/kg \cdot K$. Die spezifische Wärmekapazität ist im übrigen (vor allem bei tiefen Temperaturen) nicht temperaturunabhängig, in Tab. 14 ist sie daher für einige Stoffe bei der Temperatur von 25 °C (298 K) angegeben. Auf den Begriff der Wärmekapazität werden wir in Abschnitt 4.3 noch näher eingehen (S. 105).

Tabelle 14 $\quad$ Spezifische Wärmekapazitäten (kJ/kg · K)

Wasser	4,178	Kohlenstoff	0,712
Äthylalkohol	2,470	Eisen	0,448
Benzol	1,737	Silber	0,236
NaCl	0,879	Quecksilber	0,140

Übung 22: Um wieviel Kelvin können wir 1 kg Eisen erwärmen, wenn uns die Wärmemenge zur Verfügung steht, die 1 kg H_2O um 1 K erwärmt?
Per Definition steht die Wärmemenge Q = 4,187 kJ zur Verfügung. Nach (4.19) erhalten wir damit die Temperaturerhöhung $\Delta T = \Delta Q/m \cdot c$
$\Delta T = 4,187\ kJ/1\ kg \cdot 0,45\ kJ \cdot kg^{-1} \cdot K^{-1} = 9,304\ K$

Zur Erwärmung gleicher Massen verschiedener Stoffe um die gleiche Temperaturdifferenz ΔT ist eine um so größere Wärmemenge notwendig, je größer die spezifische Wärmekapazität des Stoffes ist und umgekehrt.

Da die Wärmemenge als Energieform erkannt ist, gilt für sie natürlich auch der Energiesatz. Daher muß bei der Wärmeübertragung von einem Körper auf einen anderen die von dem wärmeren Körper abgegebene Wärmemenge gleich der von dem kälteren Körper aufgenommenen sein.

4.2.2. Wärmetransport

Wärmeleitung

Den Wärmetransport innerhalb eines materiellen Körpers, ohne daß hierbei ein Transport der Stoffpartikel selbst stattfindet, bezeichnet man als Wärmeleitung. Spannt man einen Probekörper K zwischen zwei Platten im Abstand Δx mit den Temperaturen T_1 und T_2 (Abb. 94), so wird ein Wärmetransport von der wärmeren zur kälteren Platte stattfinden. Den Transport der Wärmemenge ΔQ in der Zeiteinheit Δt von einer Platte zur anderen bezeichnet man als Wärmestrom $I = \Delta Q / \Delta t$. Er ist um so größer, je größer die Auflagefläche A des Probe-

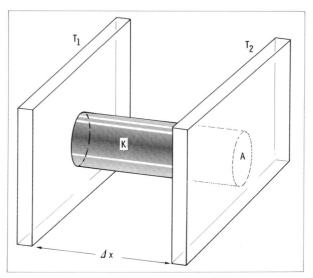

Abb. 94 Erläuterung der Wärmeleitung

körpers ist und je größer der Temperaturunterschied ΔT pro Plattenabstand Δx (das Temperaturgefälle ΔT/Δx) ist:

(4.22) $$I = \Delta Q/\Delta t = -\lambda \cdot A \cdot \frac{\Delta T}{\Delta x}$$

Das negative Vorzeichen trägt der Tatsache Rechnung, daß der Wärmestrom immer in Richtung abnehmender Temperatur fließt. Den Proportionalitätsfaktor λ nennt man die Wärmeleitfähigkeit des Probekörpers.

Die verschiedenen Stoffe haben unterschiedliche Wärmeleitfähigkeiten; gute Wärmeleiter sind die Metalle, schlechte sind die Gase.

Wärmeströmung

Im Unterschied zur Wärmeleitung wird bei der *Wärmeströmung* die Wärme von den Stoffpartikeln selbst transportiert. Sie ist bei Flüssigkeiten und Gasen beobachtbar. Ein gutes Beispiel für diese sog. *Konvektion* ist das Modell einer Warmwasserheizung (Abb. 95). Erwärmt man das abgeschlossene Rohrsystem am unteren Ende, so erniedrigt sich auf Grund der Wärmeausdehnung der Flüssigkeit deren Dichte und sie steigt nach oben. An einem verzweigten Rohrsystem (Heizlamellen) kann dann ein Wärmeaustausch mit der umgebenden Luft stattfinden. Wegen der Kontinuität einer Rohrströmung wird dabei die gesamte Flüssigkeit in Bewegung versetzt und ständig kältere Flüssigkeit zur Heizstelle transportiert.

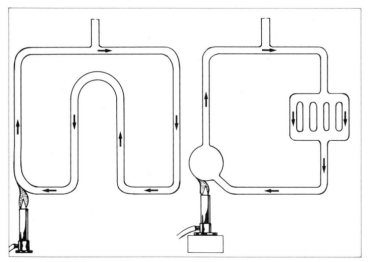

Abb. 95 Modell einer Warmwasserheizung

Wärmestrahlung

Es gibt auch eine Möglichkeit der Wärmeübertragung, die ohne stoffliche Träger oder direkten Oberflächenkontakt abläuft, also auch im Vakuum, die sog. *Wärmestrahlung.*

Jeder Köper sendet allein auf Grund seines Wärmeinhaltes Q eine Strahlung aus, die wir später in den allgemeinen Bereich der elektromagnetischen Strahlung einreihen werden (Infrarotstrahlen), die als weiterer Beweis für die Äquivalenz von Energie und Wärme gelten kann. Die Intensität dieser Strahlung hängt dabei stark von der Farbe und Beschaffenheit der Körperoberfläche ab. KIRCHHOFF fand heraus, daß ein Körper um so stärker Energie abstrahlt, je stärker er seinerseits Strahlungsenergie absorbieren kann. Eine Körperoberfläche erscheint uns deshalb als schwarz, weil sie das einfallende Licht nicht reflektiert sondern absorbiert. Infolgedessen ist ein schwarzer Körper auch ein starker Wärmestrahler (s. S. 246). Die Suche nach einem vollständig schwarzen Körper führte KIRCHHOFF zu dem Hohlraum, der alle Wellenlängen der Temperaturstrahlung vollständig absorbiert. Bei ihm ist also kein Einfluß der Oberfläche mehr vorhanden und für ihn gilt das *Stefan Bolzmannsche Gesetz:*

(4.23) $$\Phi \sim T^4$$

Strahlungsintensität ist proportional zur 4. Potenz der abs. Temperatur.

4.3. Molekularkinetische Theorie der Wärme

Wärme als Bewegungsenergie

Die Erkenntnis, daß die Wärme eine Energieform ist, führt zwangsweise zu der Frage: In welcher Eigenschaft der Materie steckt diese Energie? Nun wissen wir, daß die Moleküle oder Atome der Gase und Flüssigkeiten auch bei scheinbarer Ruhe der Substanzen ständig in regelloser Bewegung sind (Brownsche Molekularbewegung). Wir haben bei der Behandlung der Diffusion und Osmose darauf hingewiesen (S. 78), daß die Geschwindigkeit dieser Molekularbewegung stark temperaturabhängig ist, und zwar wird sie mit steigender Temperatur größer. Dies hat R. CLAUSIUS und J. Cl. MAXWELL zu der Hypothese veranlaßt, daß die Wärme identisch ist mit der kinetischen Energie der Moleküle.

Da in der Folge die darauf aufbauende „Molekularkinetische Wärmetheorie" sämtliche beobachtbaren Phänomene (Zustandsgleichung, Wärmeausdehnung, Wärmeleitung usw.) quantitativ exakt bestätigt, kann die Theorie heute als endgültig gesichert angesehen werden.

Molekularkinetische Theorie der Wärme

Durch die Wärmezufuhr erhöht sich die kinetische Energie der Moleküle der Materie. Dies geschieht natürlich nicht für jedes Teilchen in dem selben Maße, vielmehr verteilt sich die Energiezunahme statistisch auf die ungeordnete Bewegung aller Moleküle. Im Mittel erhalten wir jedoch eine gewisse „mittlere Energie" pro Molekül und diese bestimmt damit die Temperatur T der Substanz.

Die Temperatur T ist ein Maß für die mittlere kinetische Energie der Bausteine der Materie.

Die Temperaturabhängigkeit der Diffusionsgeschwindigkeit findet somit eine einfache Erklärung.

Phasenübergänge

Die Charakterisierung der verschiedenen Aggregatzustände einer Substanz erfolgte schon im Abschnitt der mechanischen Atomistik (S. 59). Sie werden, wie wir dort gesehen haben, von der Wirkung der molekularen Kräfte bestimmt. Da diese jedoch nur eine sehr begrenzte Reichweite haben, hängt ihre Wirkung natürlich sehr stark von der Bewegung der Moleküle ab und damit von der Temperatur. Je höher die Temperatur, je größer also die mittlere Energie der Moleküle und damit deren Geschwindigkeit ist, um so geringer ist die Wirkung der Molekularkräfte. Wir werden also bei der Erwärmung einer Substanz bei bestimmten Temperaturen Phasenübergänge infolge der Energiezufuhr erwarten.

Erwärmung = Energiezufuhr

Am einfachsten können wir diese Übergänge am Wasser (als Definitionssubstanz für die Celsiustemperatur) verfolgen: Man führt einem Stück Eis der Masse m = 1 kg durch eine geeignete Vorrichtung (z. B. eine elektrische Heizung) bei konstantem äußerem Druck kontinuierlich Wärme zu und mißt die Änderung der Temperatur in Abhängigkeit von der Zeit. Weil in gleichen Zeiten auch immer gleiche Wärmemengen ΔQ übertragen werden, kann man dies auch als die Abhängigkeit der Temperatur T von der zugeführten Wärmemenge ΔQ betrachten (Abb. 96).

Hat der Eiswürfel zu Beginn die Temperatur $T_o = -30\,°C = 243\,K$, so erhalten wir zunächst den zu erwartenden linearen Anstieg der Temperatur nach der Beziehung (4.19),

$$\Delta Q = m \cdot c_{Eis} \cdot \Delta T$$

c_{Eis} ist dabei die spezifische Wärmekapazität des Eises. Sobald jedoch die Temperatur von $0\,°C = 273\,K$ erreicht wird, bleibt die Temperatur trotz ständiger Wärmezufuhr konstant.

Gleichzeitig sehen wir, wie das Eis schmilzt, physikalisch also der Phasenübergang vom festen in den flüssigen Zustand stattfindet. Erst

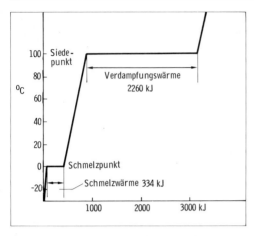

Abb. 96 Temperaturverlauf bei der Erwärmung von 1 kg Wasser bei Normaldruck (760 Torr)

wenn das gesamte Eis geschmolzen ist, können wir bei weiterer Wärmezufuhr im Wasser wieder eine lineare Temperaturzunahme nach (4.19) feststellen. Jetzt ist in der Beziehung die spezifische Wärmekapazität c_{H_2O} des Wassers einzusetzen, also

$$\Delta Q = m \cdot c_{H_2O} \cdot \Delta T$$

Die unterschiedlichen Neigungen des linearen Anstieges bei Wasser und Eis zeigen, daß sich die spezifischen Wärmekapazitäten der Phasen voneinander unterscheiden ($c_{Eis} \neq c_{H_2O}$).

Die konstante Temperatur beim Phasenübergang zeigt, daß die gesamte zugeführte Wärmeenergie erforderlich ist, um die Moleküle in den freien beweglichen Zustand zu bringen, den wir flüssig nennen. Diese Wärmeenergie nennt man die *Schmelzwärme*. Der Temperaturpunkt des Phasenübergangs fest-flüssig wird als *Schmelzpunkt* bezeichnet. Der umgekehrte Vorgang findet bei Abkühlung unter Energieabgabe statt, der Temperaturpunkt heißt dann *Gefrier-* oder *Erstarrungspunkt*.

Ein weiterer Phasenwechsel tritt dann nach Erreichen der *Siedetemperatur* von 100 °C = 373 K ein. Auch hier ist wieder eine ganz bestimmte Umwandlungsenergie nötig, um die Moleküle völlig frei beweglich zu machen, in diesem Fall die *Verdampfungswärme*. Der Fixpunkt des Phasenübergangs flüssig-gasförmig ist der *Siedepunkt*.

Für den Temperaturanstieg in der gasförmigen Phase gilt wieder (4.19), diesmal mit der spezifischen Wärmekapazität für Dampf. Der umgekehrte Vorgang, die *Kondensation*, läuft wieder unter Energieabgabe ab, der sog. *Kondensationswärme*, und der Fixpunkt heißt dann *Kondensationspunkt*.

Molekularkinetische Theorie der Wärme   107

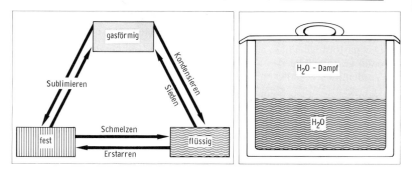

Abb. 97   Schematische Darstellung der Phasenübergänge

Abb. 98   Gleichgewicht zwischen Wasser und Wasserdampf

Die jeweiligen Umwandlungsenergien sind für jeden Stoff charakteristisch und sie sind entweder auf die Masse bezogen – *spezifische Umwandlungswärme J/kg* – oder auf die Stoffmenge – *molare Umwandlungswärme J/mol*.

Für Wasser entnehmen wir aus dem Diagramm für die Schmelzwärme 333,7 kJ/kg (80 kcal/kg) und für die Verdampfungswärme 2260 kJ/kg (540 kcal/kg).

Die möglichen Übergänge sind in dem Schema (Abb. 97) zusammengestellt. Der direkte Übergang vom festen in den gasförmigen Zustand und umgekehrt, der unter ganz bestimmten Bedingungen möglich ist (s. Zustandsdiagramm S. 110), nennt man *Sublimation*.

Dampfdruck, Schmelzdruck

Die Moleküle einer Flüssigkeit haben auf Grund ihrer Bewegungsenergie grundsätzlich das Bestreben, aus der Oberfläche hinaus zu diffundieren. In einem abgeschlossenen Gefäß sammeln sich daher über der Flüssigkeitsoberfläche solange Flüssigkeitsmoleküle als gasförmige Phase, bis deren Druck dem Diffusionsbestreben das Gleichgewicht hält (analog zum osmotischen Druck). Es verdampfen dann genau so viele Moleküle aus der Flüssigkeit wie gleichzeitig wieder kondensieren. Den Druck der gasförmigen Phase im Gleichgewichtszustand nennt man *Sättigungsdampfdruck*, die Phase selbst heißt „gesättigter Dampf" (Abb. 98).

Das Bestreben der Flüssigkeit, das Gleichgewicht mit seiner gasförmigen Phase zu erreichen, nennen wir bekanntlich *Verdunstung*. Dieses Gleichgewicht kann sich natürlich nur in einem abgeschlossenen Gefäß ausbilden, aus welchem der gebildete Dampf nicht entweichen kann. Daher verdunstet jede Flüssigkeit in einem offenen Gefäß vollständig.

Die gasförmige Phase einer Substanz, deren Temperatur unterhalb oder in der Nähe des Siedepunktes liegt, nennen wir *Dampf*. Das Verdampfen bei solchen Temperaturen heißt *Verdunsten*.

Natürlich ist auch beim Verdunsten Wärmeenergie für den Phasenübergang erforderlich, welche die Flüssigkeit sich selbst oder ihrer Umgebung entzieht. Wir spüren dies, wenn wir z. B. Alkohol oder Äther auf unsere Haut bringen. Dies ist auch der Sinn des „Schwitzens": der Schweiß entzieht beim Verdunsten dem Körper Wärme und kühlt ihn dadurch ab. Aus dem gleichen Grund kann man sich durch feuchte Wäsche oder nasse Kleidung durch diese *Verdunstungskälte* leicht erkälten.

Der Sättigungsdampfdruck hängt für alle Stoffe sehr stark von der Temperatur ab, da mit ihr ja die Bewegungsenergie der Moleküle ansteigt (größere Geschwindigkeit) und damit auch deren Bestreben, aus der flüssigen Phase hinauszudiffundieren. Erreicht er den gleichen Druck, unter dem auch die Flüssigkeit steht (im allgemeinen der äußere Luftdruck), so beginnt das Sieden der Flüssigkeit.

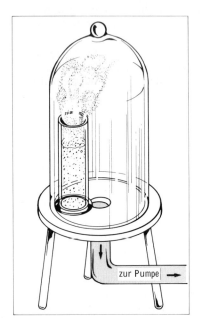

Abb. 99 Sieden von Wasser bei 20 °C durch Evakuierung

Molekularkinetische Theorie der Wärme

> Eine Flüssigkeit siedet, wenn ihr Dampdruck gleich dem äußeren Druck ist, unter welchem die Flüssigkeit steht.

Beispiel 6: Bringt man einen Wasserbehälter unter einen Rezipienten (Abb. 99) und evakuiert diesen unter den Dampfdruck bei Zimmertemperatur (25 mbar), so beginnt das Wasser schon bei dieser Temperatur zu sieden.

> Die Siedetemperatur einer Flüssigkeit ist um so geringer, je geringer der über ihr lastende Druck ist.

Tab. 15 zeigt die Sättigungsdampfdrucke von Wasser bei verschiedenen Temperaturen.

Beispiel 7: Für kleinere operative Eingriffe in der Chirurgie wird der geringe Siedepunkt gewisser Flüssigkeiten bei Normaldruck ausgenützt, um das Gewebe gegen Schmerzen unempfindlich zu machen (Lokalanästhesie). Besprüht man die Operationsstelle z. B. mit Äthylchlorid (Siedepunkt 13.1 °C), so entzieht dies beim Verdampfen dem Gewebe so viel Wärme, daß örtlich Hauttemperaturen bis zu −36 °C auftreten können (vereisen).

Tabelle 15 Sättigungsdampfdrucke von H_2O

°C	mbar	Torr	°C	mbar	Torr	°C	mbar	Torr
100	1013	760	50	123	92,3	0	6,10	4,58
90	701	526	40	73,7	55,3	−10	2,59	1,94
80	473	355	30	42,4	31,8	−20	1,03	0,773
70	312	234	20	23,3	17,5	−30	0,37	0,278
60	199	149	10	12,3	9,23	−40	0,124	0,093

Wie schon erwähnt, ist auch der direkte Übergang vom festen in den gasförmigen Zustand möglich (Sublimation), so daß wir auch bei festen Stoffen einen entsprechenden Dampfdruck verzeichnen. In der Tab. 15 ist dieser daher auch für negative Temperaturen (Eis) eingetragen.

Wegen der erkennbaren Art der Abhängigkeit haben wir bei der graphischen Darstellung (Abb. 100) den Druck logarithmisch in willkürlichen Einheiten aufgetragen. Der dem Dampfdruck entsprechende Druck des Phasengleichgewichtes fest-flüssig heißt Schmelzdruck.

Die zugehörige Kurve nennt man Schmelzdruckkurve. Auch für diesen Phasenübergang gilt:

> Eine feste Substanz schmilzt, wenn ihr Schmelzdruck gleich dem äußeren Druck ist, unter dem die Substanz steht. Im allgemeinen ist die Schmelztemperatur um so geringer, je geringer der über der Substanz lastende Druck ist (Ausnahme H_2O).

Die Schmelzdruckkurve hat mit der Dampfdruckkurve genau einen gemeinsamen Punkt, den sogenannten *Tripelpunkt* der Substanz.

110 4. Wärmelehre

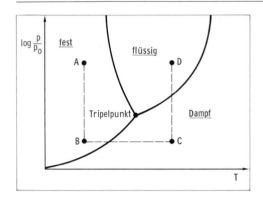

Abb. 100 Zustandsdiagramm von Wasser

> Bei der Kombination der Werte für Druck und Temperatur des Tripelpunktes befinden sich alle drei Phasen einer Substanz im Gleichgewicht.

Das Diagramm (s. Abb. 100) wird allgemein als Phasendiagramm oder Zustandsdiagramm einer Substanz bezeichnet. Aus diesem Beispiel für Wasser kann man einige sehr interessante Erkenntnisse ablesen. Die Kurven selbst geben ja die Wertepaare für Temperatur und Druck an, bei welchen sich die entsprechenden Phasen im Gleichgewicht befinden, also gleichzeitig existieren können. Sie sind damit auch die Wertekombinationen, bei welchen die Phasenübergänge eintreten können. Bei allen anderen Wertepaaren liegt das Wasser immer in einem definierten Zustand vor, also in den Punkten A und B in der festen Phase (Eis), in C gasförmig und in D flüssig. Man kann leicht sehen, daß für Drucke, die unter dem Druck des Tripelpunktes liegen, das Wasser nicht mehr in flüssiger Form existieren kann.

Beispiel 8: Dies hat eine besondere Bedeutung für das sogenannte *Gefriertrocknen,* eine Möglichkeit des Wasserentzuges aus gefrorenen Substanzen. Man erreicht dies, wenn man die Substanz den Bedingungen des Punktes B aussetzt und dann isobar die Temperatur über den Tripelpunkt des Wassers (Punkt C) bringt. Das in der Substanz befindliche Wasser entweicht dann durch Sublimation. Für wärmeempfindliche Stoffe (Impfstoffe, Vitamine, Hormone, Enzyme) ist dieses schonende Verfahren von großer Bedeutung. Das Trockenplasma von Blut wird z. B. auf diese Weise gewonnen.

Gefrierpunktserniedrigung und Siedepunktserhöhung

Die Dampfdruckkurve einer Flüssigkeit wird zu niederen Drucken hin verschoben, wenn man einen festen Stoff in ihr löst. Diese relative

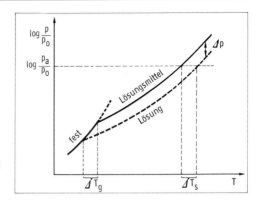

Abb. 101 Verschiebung von Gefrier- und Siedepunkt in einer Lösung

Dampfdruckerniedrigung wird durch das Raoultsche Gesetz beschrieben, nach welchem diese gleich dem Verhältnis der Zahl der gelösten Teilchen n_s des Stoffes zu der Zahl n aller Teilchen der Lösung ist:

(4.24) $\quad \Delta p/p = n_s/n \quad$ Raoultsches Gesetz
(unabhängig von der Art der gel. Substanz)

In dem Diagramm der Abb. 101 sind die Dampfdruckkurven der Lösung und des reinen Lösungsmittels mit der Dampfdruckkurve des reinen Feststoffes eingezeichnet. Da die Dampfdruckkurve der festen Substanz durch das Lösen praktisch nicht verändert wird, findet der Phasenübergang in die flüssige Lösungsphase beim Schnittpunkt mit der Dampfdruckkurve der Lösung statt.

Wie man aus dem Diagramm erkennen kann, erhält man eine Gefrierpunktserniedrigung ΔT_g und eine Siedepunktserhöhung ΔT_s. Die Temperaturverschiebungen sind entsprechend nur abhängig von dem Lösungsmittel und der Zahl der gelösten Teilchen, und zwar sind sie dieser proportional.

(4.25) $\quad \Delta T = K \cdot n_s$

Die Konstante K nennt man kryoskopische Konstante K_G (Kryos = Kälte, griech.) für die Gefrierpunktserniedrigung und ebullioskopische Konstante K_s für die Siedepunktserhöhung.

Für Wasser ist K_G = 1,86 K/mol und K_S = 0,515 K/mol.

Wichtige Anwendungen der Gefierpunktserniedrigungen sind die Salzenteisung von Straßen im Winter oder die Frostschutzmittel in Kühlsystemen (die Kryoskopie des Harns zur Nierenfunktionsprüfung). Umgekehrt führt ein Salzzusatz in Wasser zu höheren Siedetemperaturen und damit zum schnelleren Garen von Speisen!

4.4. Hauptsätze der Wärmelehre

Erster Hauptsatz

In 4.3.2 haben wir die Erwärmung eines „Systems" durch Energiezufuhr erreicht. Unter einem System verstehen wir in der Physik einen bestimmten räumlichen Bereich, der von einer Umgebung durch Grenzflächen getrennt ist, welche sowohl materiell vorhanden als auch nur gedacht sein können. Ein mit Wasser gefüllter Behälter wäre z. B. ein solches System. Wenn es uns nun gelingt, den Behälter von seiner Umgebung so zu isolieren, daß auf keine Weise ein Energietransport aus ihm heraus oder in ihn hinein möglich ist, so nennen wir das System „abgeschlossen". Ein solches abgeschlossenes System ist auch der Wassertopf zusammen mit der Herdplatte, wenn deren Stromzufuhr abgeschaltet ist und der Wasserdampf nicht entweichen kann. Solange dann die Herdplatte noch wärmer ist als das Wasser, findet immer noch eine Energiezufuhr an das Wasser statt, während sich die Herdplatte abkühlt. Der Satz von der Erhaltung der Energie läßt sich dann in die fundamentale Form bringen:

In einem abgeschlossenen System ist die Gesamtenergie konstant.

Wir nennen diese Gesamtenergie eines abgeschlossenen Systems auch „innere Energie" U. Sie charakterisiert den Zustand des Systems und ist daher eine Zustandsgröße. Eine Änderung dieser inneren Energie U um ΔU kann nun sowohl durch Zuführung einer Wärmemenge ΔQ als auch einer mechanischen Arbeit ΔW von außen erfolgen:

(4.26) $\qquad \Delta U = \Delta Q + \Delta W \qquad$ *1. Hauptsatz*

Diese Beziehung wird als *erster Hauptsatz* der Wärmelehre bezeichnet und ist im Grunde nur eine andere Formulierung des allgemeinen Energiesatzes.

Bleibt die innere Energie unverändert mit $\Delta U = 0$, so würde dies bedeuten, daß die gesamte zugeführte Wärmemenge ΔQ in Arbeit ΔW umgewandelt würde, ein Wunschtraum für das Betreiben von Wärmekraftmaschinen. Wie jedoch eine tiefergehende Untersuchung zeigt, muß sich bei der Zuführung einer Wärmemenge ΔQ an ein System dessen innere Energie immer ändern und zwar mindestens um $\Delta U = \Delta Q \cdot T_2/T_1$, wobei T_1 die Temperatur des Behälters bedeutet, aus dem die Wärmemenge ΔQ entnommen wird und T_2 die Temperatur des Behälters, an welchen der nicht umgewandelte Wärmerest wieder abgegeben wird. Nur im – nicht realisierbaren – Grenzfall $T_2 = 0$ würde eine vollständige Umwandlung von Wärme in mechanische Arbeit möglich sein.

Zweiter Hauptsatz

Der tiefere Grund für die nicht vollständige Überführung der Wärme in mechanische Arbeit im Realfall liegt in der Nichtumkehrbarkeit bestimmter Zustandsänderungen wie beispielsweise der Wärmeleitung (von warm nach kalt) und der Diffusion. Ein Maß für diese Ablaufrichtung ist der Quotient aus zugeführter oder abgeführter Wärmemenge ΔQ und der Temperatur, bei welcher dies geschah, der sog. Entropieänderung ΔS:

(4.27) $\qquad \Delta S = \Delta Q/T \qquad$ Entropie S $\qquad$ DEF

Insgesamt ist die Summe der Entropieänderungen eines abgeschlossenen Systems immer größer oder höchstens gleich Null, ein Erfahrungssatz, den man als den *zweiten Hauptsatz der Wärmelehre* bezeichnet:

In einem abgeschlossenen System kann die Entropie nur zunehmen. Dieses Entropieprinzip schaltet von den nach dem Energiesatz möglichen Vorgängen alle diejenigen aus, die mit einer Abnahme der Entropie verbunden sind. Es bestimmt somit die Richtung der Vorgänge.

Beide Hauptsätze der Wärmelehre können in eine wunderschöne Formulierung zusammengefaßt werden:

Die Energie des Weltalls (als größtes abgeschlossenes Systems) ist konstant, seine Entropie strebt einem Maximum zu.

5. Elektrizitätslehre

5.1. Elektrostatik

5.1.1. Elektrizitätsbegriff

Elektrische Ladung

Das Wort „elektrisch" heißt eigentlich „bernsteinhaft", denn der griechische Name von Bernstein ist ἤλεκτρον (elektron). Dies beruht auf der bereits im Altertum (angeblich von Thales von Milet) beobachteten Eigenschaft von an Stoff geriebenem Bernstein, leichte Körper (z. B. kleine Papierschnitzel) anzuziehen. Als man dieses Phänomen auch bei anderen Körpern (Hartgummi, Glas, Paraffin usw.) beobachten konnte, hat man diese Eigenschaft allgemein „bernsteinhaft" oder „elektrisch" genannt.

Tatsächlich besitzen alle Körper diese Eigenschaft, sie ist nur verschieden gut beobachtbar. Bei einer großen Zahl der verschiedenen Substanzen geht dieser durch Reibung erzeugte „elektrische Zustand" durch Berührung mit der Erdoberfläche oder mit anderen Körpern verloren, er wird dabei offenbar „abgeleitet".

Den „elektrischen Zustand" eines Körpers nennt man seine „elektrische Ladung". Es gibt demnach zwei verschiedene Gruppen von Substanzen, solche, welche ihre elektrische Ladung beibehalten und solche, welche sie bei Berührung mit der Erde ableiten. Man bezeichnet daher die Vertreter der zweiten Gruppe als *Leiter* der Ladung, die der anderen Klasse als *Nichtleiter* oder *Isolatoren*.

Zur genaueren Prüfung der elektrischen Eigenschaft eines geriebenen Körpers, welche sich in der Anziehung kleiner Probekörper zeigt, hängen wir einen geriebenen Hartgummistab waagerecht auf (Abb. 102a). Wenn wir das Tuch, mit welchem wir den Stab gerieben haben, einem Stabende nähern, so stellen wir ebenfalls eine Anziehungskraft zwischen Stab und Tuch fest. Ein zweiter, ebenfalls geriebener Hartgummistab dagegen übt auf den ersten eine abstoßende Kraft aus.

Wir haben es offenbar mit zwei verschiedenen Arten des elektrischen Zustandes oder der elektrischen Ladung zu tun. Nähern wir z. B. dem Hartgummistabende einen geriebenen Glasstab, so findet wieder eine starke Anziehung der verschiedenen Stäbe statt. Man bezeichnete daher früher die verschiedenen Zustände als „harzelektrisch" (da sich Hartgummi wie Bernstein verhält) und als „glaselektrisch". Heute nennen wir (willkürlich) den glaselektrischen Zustand die *positive*, den

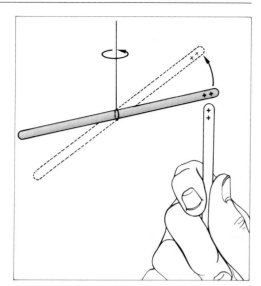

Abb. 102a Demonstration der Anziehungskraft eines geriebenen Hartgummistabes

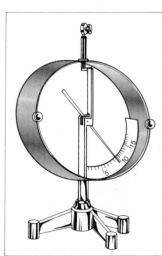

Abb. 102b Elektrometer

harzelektrischen die *negative Ladung* und formulieren die Beobachtung folgendermaßen:

Gleichnamige Ladungen stoßen sich ab, ungleichnamige ziehen sich an.

Die Eigenschaft der Abstoßung gleichnamiger Ladungen wird zum Nachweis des elektrischen Zustandes beim *Elektrometer* (Abb. 102b) ausgenützt. In einem Metallgehäuse ist an einem festen, vertikalen Leiter ein leichter Aluminiumanzeiger in Spitzen gelagert. Berührt man das obere Ende des vertikalen Leiters mit einem geladenen Körper, so wird sich auf Grund der Leitfähigkeit des Metalls die Ladung sowohl auf dem festen Leiter als auch auf dem Aluminiumzeiger verteilen. Die Folge ist eine Abstoßung des beweglichen Zeigers, die sogar eine quantitative Aussage liefert, da der Zeigerausschlag um so größer ist, je öfter man den Berührungsvorgang mit dem (jeweils erneut geladenen) Körper wiederholt.

5.1.2. Das elektrische Feld

Bei der Kraftwirkung von elektrischen Ladungen handelt es sich offenbar, ähnlich wie bei den Gravitationskräften um *Fernkräfte*, d. h. um eine Kraftwirkung ohne direkte Berührung der geladenen Körper. Wir bezeichnen einen räumlichen Bereich, in welchem Körper (ohne Berührung mit anderen Körpern) eine Kraft erfahren, als *Kraftfeld*. Beim freien Fall (S. 25) erfährt jeder Körper eine beschleunigende Kraft, die Gewichtskraft, er befindet sich somit in einem Kraftfeld, welches wir in diesem Fall als Gravitationsfeld bezeichnen (Abb. 103). In der Umgebung einer elektrischen Ladung erfährt eine andere elektrische Ladung ebenfalls eine Kraft und wir bezeichnen dieses Gebiet als *elektrisches Feld* der Ladung (Abb. 104). Wie bei der Gravitationskraft ist auch hier die Kraftwirkung immer zum Zentrum der Ladung gerichtet.

Als Symbol für eine Ladung verwenden wir den Buchstaben q oder Q. Den quantitativen Zusammenhang der Kraftwirkung der elektrischen Ladungen aufeinander hat zuerst CHRISTIAN COULOMB (1785) untersucht. Das Ergebnis zeigt eine verblüffende Parallele zu dem von NEWTON gefundenen Gravitationsgesetz (S. 36, G. (2.32)):

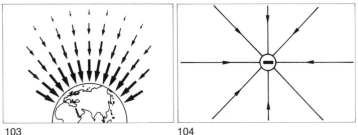

Abb. 103 Gravitationsfeld der Erde
Abb. 104 Elektrisches Feld einer punktförmigen Ladung

Zwei beliebige Ladungen q_1 und q_2, die den Abstand r zueinander haben, üben aufeinander eine Kraft aus, die den beiden Ladungen direkt und dem Quadrat des Abstandes r umgekehrt proportional ist.

(5.1) $$F = \text{Konst.} \times \frac{q_1 \cdot q_2}{r^2} \qquad \text{Coulombsches Gesetz}$$

Die dem SI zugrunde gelegte Definition der Ladung (S. 136) führt zu einer sehr großen Ladungseinheit, dem Coulomb (C):

Danach ist ein Coulomb (1 C) diejenige Ladungsmenge, die auf eine gleich große im Abstand von 1 m die Kraft von 9×10^9 N ausübt! Damit wird aus (5.1):

(5.2) $$F = 9 \times 10^9 \frac{Nm^2}{C^2} \times \frac{q_1 \cdot q_2}{r^2}$$

Die kleinste in der Natur vorkommende elektrische Ladung ist die eines Elektrons mit dem Symbol e (e = elektrische Elementarladung)

(5.3) $$e = 1{,}602 \times 10^{-19} \text{ C}$$

> **Übung 23:** Wieviel Elektronen benötigt man, um die Einheitsladung des SI von q = 1 C zu bilden?
> Für $1{,}602 \times 10^{-19}$ C benötigt man 1 e. Dann braucht man für
> 1 C 1 e/$1{,}602 \times 10^{-19}$ = $6{,}24 \times 10^{18}$ Elektronen!

Die Zahl erinnert uns an die Anzahl von Molekülen, die sich etwa in einem Fingerhut voll Luft befindet (S. 57). Wir begeben uns also hierbei wieder in die unvorstellbar kleinen Dimensionen des Mikrokosmos.

Nach der erwähnten Aufteilung der beobachtbaren elektrischen Zustände in positive und negative Ladungen trägt das Elektron eine *negative* Einheitsladung. Da die Konstante im Coulombschen Gesetz eine positive Zahl ist, liefert dies auch eine Festlegung der Kraftrichtung:

positive Kraft bedeutet Abstoßung, negative Kraft Anziehung!

Da wir ein räumliches Gebiet, in welchem eine elektrische Ladung eine Kraft erfährt, als elektrisches Feld interpretiert haben, ist die Umgebung jeder Ladung ein elektrisches Feld. Jede andere Ladung erfährt dort je nach Abstand, Größe und Vorzeichen eine Kraft.

Für den Begriff der *Feldstärke* E in der Umgebung einer punktförmig gedachten Ladung (Abb. 104) brauchen wir nur die Coulombsche Beziehung (5.1) entsprechend zu interpretieren: In der Umgebung einer solchen Ladung herrscht ein elektrisches Feld der Feldstärke E, welches auf eine andere Ladung q eine Kraft $F = E \cdot q$ ausübt.

(5.4) $$F = E \cdot q \qquad \text{Kraft auf Ladung q im Feld E}$$

Die Feldstärke E ist somit das Verhältnis der Kraft F, die auf eine Ladung q wirkt, und dieser Ladung selbst.

(5.5) $\quad$ E = F/q $\quad$ Feldstärke $\quad$ DEF
Feldstärke = Kraft auf Ladung/Ladung

(Anmerkung: Diese Beziehung gilt wegen der immer vorhandenen räumlichen Ausdehnung jeder Ladungsverteilung exakt nur für eine punktförmig gedachte, unendlich kleine Ladung! Probeladung.)

Diese Feldstärke ist wie die Kraft selbst eine vektorielle Größe und hat die gleiche Richtung wie die Kraft.

Die Einheit der Feldstärke folgt direkt aus (5.5):

(5.6) $\quad$ [E] = [F]/[q] = N/C $\quad$ Newton pro Coulomb

Die Kraftrichtung wird am anschaulichsten durch die sogenannten *Feldlinien* dargestellt. Die Pfeilrichtung ist dabei immer die Kraftrichtung auf eine *positive* Ladung,

d. h. für eine positive Ladung haben Kraft und Feldstärke die gleiche Richtung. Die Größe der Feldstärke wird dabei durch die Dichte der Feldlinien ausgedrückt (qualitativ).

Große Feldliniendichte = große Feldstärke.

Für die Feldstärke E im Abstand r einer punktförmig gedachten Ladung Q im Vakuum erhält man durch Vergleich der definierenden Beziehung (5.5) und (5.2):

(5.7) $\quad E(r) = 9 \cdot 10^9 \, \dfrac{Nm^2}{C^2} \cdot \dfrac{Q}{r^2}$ $\quad$ Feldstärke einer isolierten punktförmigen Ladung

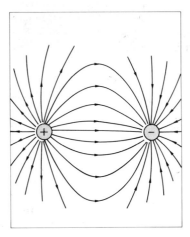

Abb. 105 Feldlinien des elektrischen Feldes zweier gleich großer Ladungen verschiedenen Vorzeichens

Elektrostatik 119

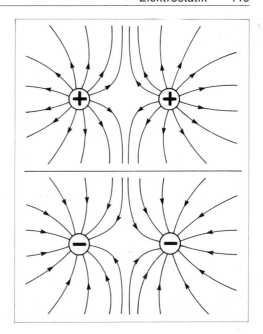

Abb. 106 Feldlinien des elektrischen Feldes zweier gleicher Ladungen

Bringen wir in dieses Feld eine zweite gleich große Ladung umgekehrten Vorzeichens, so werden sich neue Kraftlinien ausbilden, welche in diesem Falle eine „zwiebelförmige Gestalt" annehmen (Abb. 105). Bei gleichnamigen Ladungen ergibt sich die Feldlinienform der Abb. 106. Eine dritte Ladung wird dann in diesen Feldern ebenfalls eine Kraft erfahren, welche die Richtung der Feldlinien besitzt und deren Stärke durch die Feldliniendichte ausgedrückt wird.

5.1.3. Das elektrische Potential, Spannung

Wenn wir in einem elektrischen Feld einer negativen Ladung (Abb. 104) eine positive Ladung entgegen der Kraftlinien bewegen (also von der negativen Ladung weg), so müssen wir gegen die anziehende Kraft eine Arbeit verrichten. In der Mechanik entspricht diesem Vorgang das Anheben einer Masse gegen das Gravitationsfeld auf eine bestimmte Höhe in bezug auf die Erdoberfläche. Dort haben wir die danach in der Masse gespeicherte Arbeit als „potentielle Energie" bezeichnet (S. 51). Entsprechend ist nach dem Verschieben einer Ladung in einem elektrischen Feld die hierfür aufgewandte Arbeit (Kraft mal Weg) als Energie in der Ladung gespeichert und wir nennen

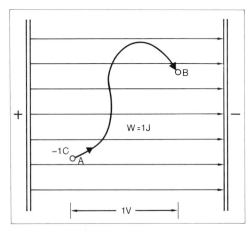

Abb. 107 Zur Definition der elektrischen Spannung

diese das „elektrische Potential". Den Unterschied der elektrischen Potentiale verschiedener Raumpunkte bezeichnet man als *elektrische Spannung* zwischen diesen Raumpunkten.

Um eine elektrische Ladung Q in einem elektrischen Feld von einem Raumpunkt A zu einem anderen Raumpunkt B zu bewegen, muß eine Arbeit W verrichtet werden (bzw. wird eine Energie frei), welche der Potentialdifferenz der beiden Raumpunkte entspricht. Die Potentialdifferenz pro Ladungseinheit nennt man die elektrische Spannung U zwischen den Raumpunkten A und B (Abb. 107). Für sie gilt also:

(5.8) $\qquad U = W/Q \qquad$ el. Spannung $\qquad$ DEF
$\qquad$ Spannung = Arbeit/Ladung

Für die Einheit der Spannung folgt daraus direkt:

(5.9) $\qquad [U] = [W]/[Q] = J/C$

Für diese kohärent abgeleitete Einheit hat man die Bezeichnung Volt (nach dem italienischen Physiker VOLTA, 1745–1827) gewählt:

(5.10) $\qquad 1\,V = 1\,J/1C = 1\,J/C \qquad$ DEF
$\qquad$ 1 Volt = 1 Joule/1 Coulomb

Zwischen zwei Raumpunkten A und B herrscht die Spannung von 1 Volt, wenn bei der Verschiebung der Ladung von 1 Coulomb von A nach B die Arbeit von 1 Joule aufgebracht werden muß oder als Energie frei wird.

5.1.4. Influenz

Die Kraftwirkung von Ladungen führt zu einem weiteren wichtigen Phänomen. Nähern wir einen geriebenen Stab (der also eine Ladung

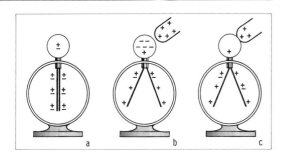

Abb. 108 a–c) Demonstration der Influenz

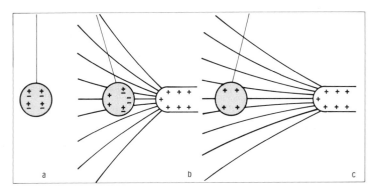

Abb. 109 a–c)   Erklärung der Influenz

trägt) einem ungeladenen Elektroskop (Abb. 108a), so bemerken wir schon vor der Berührung einen Ausschlag des Elektroskops (Abb. 108b). Entfernen wir dann den geladenen Körper wieder, so geht der Ausschlag sofort wieder zurück. Erst wenn wir die Berührung mit dem Elektroskop herstellen (Abb. 108c), bleibt dieses auch nach Entfernung des Stabes geladen. Die Erscheinung, daß ein isolierter Leiter (in unserem Fall das Elektroskop) in der Nähe einer Ladung sich so verhält, als wäre er selbst geladen, nennt man *Influenz*. Die auf dem Leiter auftretenden Ladungen nennt man entsprechend *Influenzladungen*.

Anschaulich kann die Erscheinung dieser Influenz folgendermaßen interpretiert werden: Der ungeladene Leiter trägt zu gleichen Teilen sowohl positive als auch negative Ladungen, wodurch er in der Summe als ungeladen in Erscheinung tritt (Abb. 109a). Bringt man ihn nun in die Nähe einer z. B. positiven Ladung, so werden die negativen Ladungen im Leiter auf die der positiven Ladung zugewandten Seite gezogen, die positiven auf die andere Seite. Es findet also eine

Ladungsverschiebung statt. Ist der ungeladene Leiter eine frei aufgehängte Metallkugel, so wird dieser von einem positiv geladenen Stab durch diese Influenz angezogen (die negativen Ladungen sind den positiven auf dem Stab näher), bis es zur Berührung kommt (Abb. 109b). Dabei werden die negativen Ladungen zum größten Teil aus der Kugel „gesaugt", so daß diese in der Summe ebenfalls positiv geladen erscheint. Dies führt dann zu einer Abstoßung der Kugel von dem positiven Stab (Abb. 109c).

Der Kondensator

Jeder elektrische Leiter hat ein beschränktes Fassungsvermögen für elektrische Ladungen, welches von der Form und Beschaffenheit des Leiters abhängt. Experimente zeigen, daß die aufnehmbare Ladungsmenge Q um so größer ist, je größer die Spannung U ist, unter welcher der Leiter steht. Wir können also Ladung und Spannung durch die Proportionalitätskonstante C verknüpfen und erhalten

(5.11) $\qquad Q = C \cdot U$

Den Faktor C nennt man die *Kapazität* des Leiters.

Nimmt ein Leiter also unter der Spannung U die Ladung Q auf, so ist seine Kapazität

(5.12a) $\qquad C = Q/U$
Kapazität = Ladung/Spannung $\qquad$ DEF

Aus der Definition der Kapazität erhalten wir für deren Einheit:

$$[C] = [Q]/[U] = C/V = Coulomb/Volt$$

Diese Einheit nennt man Farad (nach M. FARADAY).

(5.12b) $\qquad$ 1 Farad = 1 Coulomb/1 Volt $\quad$ 1 F = 1 C/V $\qquad$ DEF

Wegen der sehr großen Einheit für die Ladung ergibt sich auch für die Kapazität eine große Einheit, so daß in der Praxis Kapazitäten im Nano- und Pikofaradbereich Verwendung finden.

Um also einem elektrischen Leiter eine gewisse Spannung U zu geben, benötigt man eine Ladungsmenge Q, die sowohl der Spannung als auch der Kapazität des Leiters proportional ist. Bei vorgegebener Ladungsmenge Q erhält ein Leiter eine um so größere Spannung, je kleiner seine Kapazität ist:

(5.13) $\qquad U = \dfrac{Q}{C}$

Um größere Ladungsmengen ansammeln (kondensieren) zu können ohne zu große Spannungen zu erhalten, benötigt man daher Leiter mit großen Kapazitäten. Das Phänomen der Influenz bietet nun eine einfache Möglichkeit, Leitervorrichtungen mit hohen Kapazitäten, sog.

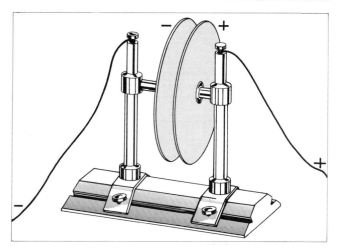

Abb. 110 Plattenkondensator

Kondensatoren, zu bilden, indem man zwei Leiter isoliert gegenüberstellt.

Am besten lassen sich die Zusammenhänge bei zwei plattenförmigen Leitern studieren, welche sich mit ihren Flächen direkt gegenüber stehen (Abb. 110). Gibt man einer der beiden Platten bei großem Plattenabstand die Ladung Q, so wird sich zwischen den Platten eine Spannung U = Q/C einstellen. Wenn man nun die ungeladene Platte der geladenen nähert, so beobachtet man eine Abnahme der Spannung. Der Grund ist das elektrische Feld der Influenzladung auf der ungeladenen Platte, welche das Feld der geladenen Platte um so mehr schwächt, je näher sich die Platten kommen. Da jedoch die Ladung Q hierbei nicht verändert wurde, ist die Spannungsabnahme nach (5.11) nur durch eine Steigerung der Kapazität zu erklären.

Zwei großflächige elektrische Leiter mit den Flächen A bilden eine um so größere Kapazität, je geringer ihr Abstand d ist. Für einen solchen *Plattenkondensator* erhält man als Kapazität:

(5.14) $\qquad C = \varepsilon \cdot \varepsilon_o \dfrac{A}{d}$

ε_o nennt man die Influenzkonstante mit $\varepsilon_o = 8{,}85 \cdot 10^{-12} \dfrac{C}{Vm}$

Die Konstante ε heißt *relative Dielektrizitätskonstante,* welche den Einfluß des Materials zwischen den Kondensatorplatten (Dielektrikum) auf die Kapazität berücksichtigt. Für Vakuum ist definitionsgemäß

$\varepsilon = 1$. Durch verschiedene Isolatoren kann somit die Kapazität wesentlich erhöht werden, wenn deren Dielektrizitätskonstanten große Werte annehmen (z. B. Porzellan mit $\varepsilon = 6{,}0$ oder Paraffinöl mit $\varepsilon = 2{,}3$).

Übung 24: Berechnung der Kapazität eines Plattenkondensators mit kreisförmigen Platten (Radius r = 20 cm) im Abstand d = 5 cm mit Dielektrikum $\varepsilon = 3{,}7$.
Wie müßte der Abstand ohne Dielektrikum sein, um die gleiche Kapazität zu erhalten?
Aus (5.14) erhält man

$$C = \varepsilon \cdot \varepsilon_o \cdot \frac{A}{d} = 3{,}7 \cdot 8{,}85 \cdot 10^{-12} \frac{F}{m} \cdot \frac{\pi \cdot (0{,}2\,m)^2}{0{,}05\,m}$$

$C = 8{,}23 \cdot 10^{-11}$ F = 82,3 pF

Ohne Dielektrikum müßte der Abstand der 3,7te Teil von 5 cm sein, also

$$\frac{5\,cm}{3{,}7} = 1{,}35\,cm$$

Das elektrische Feld eines Plattenkondensators

Legt man an einen Plattenkondensator die Spannung U, so wird er auf Grund seiner Kapazität C eine Ladungsmenge Q aufnehmen, die nach (5.11) dem Produkt aus Spannung und Kapazität entspricht: $Q = C \cdot U$.

Damit bildet sich zwischen den Kondensatorplatten ein elektrisches Feld aus, welches wegen der homogenen Ladungsverteilung auf den Plattenoberflächen seinerseits homogen ist. Zur Bestimmung der Feldstärke E fragen wir nach der Kraft F, welche eine kleine Probeladung q zwischen den Platten erfährt. Zum Transport einer negativen Ladung q von der positiven Platte zur negativen im Abstand d (Abb. 111) muß auf Grund der Definition der Spannung U die Arbeit $W = U \cdot q$ verrichtet werden. Dem entspricht die mechanische Arbeit $F \cdot d$ und wir erhalten somit für die Kraft F

$$F = \frac{W}{d} = \frac{U \cdot q}{d} = \frac{U}{d} \cdot q$$

Mit (5.4) finden wir so für die Feldstärke E des Plattenkondensators an jeder Stelle:

(5.15) $$E = \frac{U}{d}$$

Feldstärke = Spannung/Plattenabstand

Das elektrische Feld eines Plattenkondensators ist homogen in Richtung und Betrag.

Elektrostatik 125

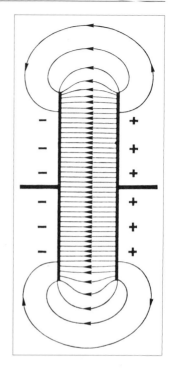

Abb. 111 Zur Ermittlung der Feldstärke E eines Plattenkondensators

Elektrische Energie eines geladenen Kondensator

Die in dem Feld eines Kondensators gespeicherte elektrische Energie entspricht der potentiellen Energie einer gespannten Feder ((2.57), S. 52). Um den Kondensator mit der Ladung $Q = U \cdot C$ aufzuladen, muß Arbeit gegen die linear von Null auf U wachsende Potentialdifferenz verrichtet werden. Dies entspricht dann (analog zu der linear wachsenden Kraft bei der Dehnung einer Feder) der gleichen Arbeit, wie wenn die Ladung Q gegen die konstante Spannung U/2 anlaufen würde, und wir erhalten

(5.16) $\qquad W_{el} = Q \cdot \frac{1}{2} U = C \cdot U \cdot \frac{1}{2} U = \frac{1}{2} C U^2$

Sie ist somit das elektrische Analogon zu der potentiellen Energie einer gespannten Feder.

Die technische Ausführung eines Kondensators hoher Kapazität ist in Abb. 112 dargestellt. Durch isoliert übereinander gewickelte Leiter erhält man sowohl große Leiterflächen als auch kleine Leiterabstände,

126 5. Elektrizitätslehre

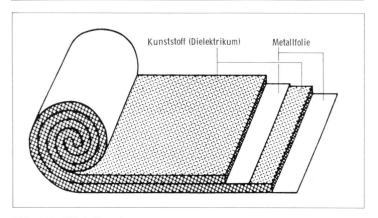

Abb. 112 Wickelkondensator

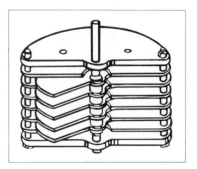

Abb. 113 Drehkondensator

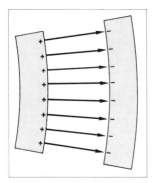

Abb. 114 Inhomogenes Feld zwischen gekrümmten Platten

wobei durch geeignetes Isoliermaterial als Dielektrikum die Kapazität eines solchen *Wickelkondensators* zusätzlich gesteigert werden kann. Beim sogenannten *Drehkondensator* (Abb. 113) erhält man eine variable Kapazität durch zwei halbkreisförmige Plattenpakete, welche ineinander gedreht werden können. Dadurch kann man die sich direkt gegenüberliegenden Leiterflächen und damit die Kapazität kontinuierlich verändern. Sie erreicht ihr Maximum, wenn das drehbare Plattenpaket ganz in das feststehende eingedreht ist.

Spezielle elektrische Felder zwischen Leitern

Die Tatsache, daß bei elektrischen Leitern die Ladungen immer auf der Leiteroberfläche sitzen und die Feldlinien stets senkrecht auf die-

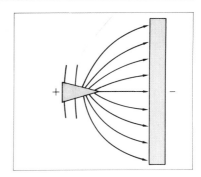

Abb. 115 Feldlinien an einer Metallspitze

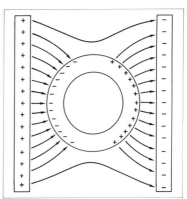

Abb. 116 Feldfreier Raum im Innern eines Metallringes

ser stehen, führt je nach Leiterausbildung zu verschiedenen Feldformen. Im Gegensatz zum ebenen Plattenkondensator erhält man z. B. durch konzentrische Krümmung der Platten (Abb. 114) ein inhomogenes Feld, wobei die Feldstärke in Richtung auf die stärker gekrümmte Platte zunimmt. Besonders dicht drängen sich die Feldlinien bei einer geladenen Metallspitze (Abb. 115).

Faraday-Käfig

Besondere Erwähnung soll noch der feldfreie Raum innerhalb eines hohlen Leiters finden. Bringen wir in das Kondensatorfeld einen metallischen Ring, so wird sich wegen der influenzbedingten Ladungsverschiebung auf dem Ring ein Feldlinienverlauf der Abb. 116 einstellen. Die Feldlinien müssen auf der Ringoberfläche enden und auf ihr senkrecht stehen. Dadurch bleibt der Raum im Ringinneren feldlinienfrei.

Das Innere einer hohlen Leiteranordnung ist immer feldfrei. Solche Anordnungen, die also eine elektrische Abschirmung bewirken, nennt man *Faraday-Käfig*.

Zur Abschirmung empfindlicher elektronischer Meßinstrumente (z. B. bei Spannungsmessungen an Patienten) werden daher häufig Räume verwendet, deren Wände mit Drahtgeflechten ausgestattet sind.

5.1.5. Elektrische Spannungsquellen

Zur Erzeugung einer Potentialdifferenz in einem neutralen Körper ist es notwendig, eine Trennung der Ladungen zu bewirken. Diese kommt automatisch immer dann zustande, wenn sich zwei verschiedene Medien in engem Kontakt miteinander befinden. Man nennt diese Spannung daher auch *Kontaktspannung*.

Auf ihrer Existenz beruht auch das Phänomen der Reibungselektrizität, wobei das Reiben lediglich zu einer Vergrößerung der Kontaktfläche führt. Die wirksam werdenden Kräfte, welche die Ladungstrennung hervorrufen, nennt man die *„elektromotorischen Kräfte" (EMK)*.

Die Kontaktspannungen können bei Nichtleitern einige zehn- oder hunderttausend Volt betragen. Bei Leitern hingegen liegen sie in der Größenordnung zwischen 10 bis 100 Volt.

Galvanische Elemente

Bei gewissen Leitern, den sog. Elektrolyten, kann die Potentialdifferenz durch eine chemische Veränderung erzeugt werden. Durch die Umkehr dieser Veränderungen können dann bestimmte Leiterkombinationen aus Elektrolyten und Metallen als Spannungsquellen dienen. Solche elektrolytischen Zellen nennt man zu Ehren des Bologneser Arztes LUIGI GALVANI *„galvanische Elemente"*.

Das älteste galvanische Element ist das von J. DANIELL 1836 angegebene Kupfer-Zink-Element (Abb. 117). An den Polen einer Leiterkette aus Zn-$ZnSO_4$-$CuSO_4$-Cu kann man eine Spannung von etwa 1 Volt abnehmen.

Ein Bleiakkumulator (Akkumulator = Sammler) besteht aus mehreren, ähnlich aufgebauten Zellen, wobei Bleiplatten als Pole in verdünnte Schwefelsäure eintauchen. Eine solche Bleiakkumulatorzelle liefert eine Spannung von 2,1 Volt.

Bioelektrische Spannungen

Fast alle Lebensvorgänge sind von elektrischen Sannungen begleitet, den sog. *bioelektrischen Spannungen*. Diese können daher zur Funktionsdiagnostik der Organe herangezogen werden. In erster Linie wer-

Elektrostatik 129

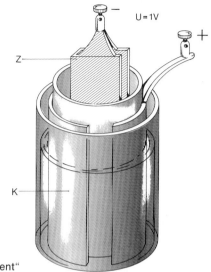

Abb. 117 „Daniellsches Element"

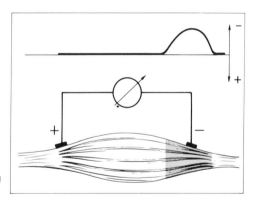

Abb. 118 Bioelektrische Aktionsspannung an einem Muskel

den hierbei die Spannungserscheinungen der Muskeln untersucht, wobei folgender Grundsatz gilt:

Bei Muskeln besteht zwischen einer erregten und nichterregten Stelle eine bioelektrische Aktionsspannung; die erregte Stelle ist dabei gegenüber der unerregten elektrisch negativ (Abb. 118).

Die wichtigste Anwendung ist die Elektrokardiographie (EKG). Wegen der Hohlmuskelgestalt des Herzens pflanzen sich die bioelektrischen Spannungen durch den ganzen Körper fort und können somit an der Außenseite des Körpers (hauptsächlich an den Extremitäten) abgeleitet werden. Es ergibt sich hierbei je nach Lage der Elektroden eine charakteristische *Herzaktionskurve* (s. Abb. 167, S. 173), welche unter verschiedenen Gesichtspunkten (Frequenz, Rhythmus, Zackenform und -größe) ausgewertet werden kann.

In ähnlicher Weise kann man bei der Elektroenzephalographie (EEG) die bioelektrischen Spannungsschwankungen des Zentralnervensystems aufzeichnen, welche sich von der Großhirnrinde ableiten lassen. Bei gezielter Sinnesreizung lassen sich dann spezifische Reaktionen beobachten und interpretieren.

Die bioelektrischen Spannungen werden durch Konzentrationsunterschiede im Gewebe hervorgerufen und sind somit eigentlich *Konzentrationsspannungen*. Diese bilden das elektrische Äquivalent zum Druckgefälle zwischen Lösungen verschiedener Konzentrationen (osmotischer Druck, S. 80). Die Potentialdifferenz ist hierbei durch die unterschiedlichen Diffusionsgeschwindigkeiten von Anionen und Kationen bedingt (z. B. der langsamen SO_4- und der schnellen H^+-Ionen bei unterschiedlichen Schwefelsäurekonzentrationen).

Thermospannung

Eine weitere, für die Meßtechnik wichtige Spannungsquelle bildet die Potentialdifferenz, welche sich zwischen zwei verschiedenen Metallen unterschiedlicher Temperatur bei engem Kontakt ausbildet (*Thermoelement*). Lötet man z. B. zwei Metalldrähte aus Konstantan und Kupfer nach Abb. 119 zusammen, so kann man bei unterschiedlichen Temperaturen der beiden Lötstellen A und B eine *Spannung* zwischen ihnen abnehmen, welche der Temperaturdifferenz proportional ist.

Solche Thermoelemente werden in der Medizin zur Temperaturmessung verwendet, z. B. bei der für die Diagnostik wichtigen Hautthermometrie. Die Hauttemperatur sollte an korrespondierenden Stellen (z. B. rechte und linke Innenhand) möglichst gleich sein, Unterschiede

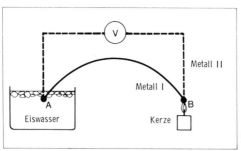

Abb. 119 Prinzip eines Thermoelements

deuten auf Durchblutungsstörungen oder entzündliche Vorgänge hin. Die Temperaturunterschiede können in sehr ernsten Fällen mehr als 4 K betragen.

Schaltungen von Spannungsquellen

Die serienweise Verbindung der positiven Pole aufeinanderfolgender Spannungsquellen mit den jeweils negativen der benachbarten nennt man *Reihen- oder Serienschaltung*. An den Enden einer solchen Reihe kann man dann die Summe aller Einzelspannungen als Gesamtspannung abnehmen (Abb. 120 a). Im Gegensatz hierzu bleibt bei der *Parallelschaltung* (Abb. 120 b) die Spannung gleich, allerdings ist die Leistungsfähigkeit einer solchen Spannungsquelle vervielfacht.

Bis zu 65 V sprechen wir von Kleinspannungen, Niederspannungen gehen bis zu 1000 V und Hoch- oder Höchstspannungen liegen dann im Kilo-, Mega- oder Gigavoltbereich.

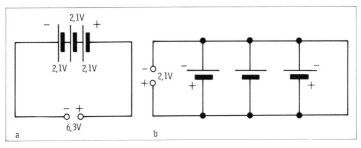

Abb. 120 a) Reihenschaltung von Spannungsquellen, b) Parallelschaltung von Spannungsquellen

5.2. Magnetostatik

5.2.1. Erscheinung des Magnetismus

Neben den elektrischen Kräften und Feldern gibt es noch andere, sehr verwandte Erscheinungen, die sog. *magnetischen Kräfte und Felder*. Angeblich fand man zuerst in der Nähe der Stadt Magnesia in Kleinasien ein Erz, welches auf metallisches Eisen ähnliche Fernkräfte ausübte, wie wir sie von der Elektrostatik her kennen. Man nannte das Erz *Magneteisenstein*, einen Körper aus diesem Erz einen *natürlichen Magneten*. Entsprechend sind die wirksam werdenden Kräfte *magneti-*

132   5. Elektrizitätslehre

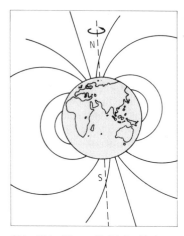

Abb. 121   Magnetfeld der Erde

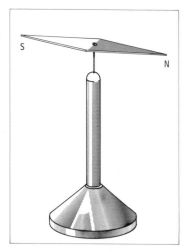

Abb. 122   Magnetnadel

sche Kräfte, und die räumlichen Gebiete, in welchen diese Kräfte wirken, *Magnetfelder.*

Die magnetischen Kräfte lassen sich am besten an sog. *Permanentmagneten* studieren, welche aus Legierungen von Eisen und Nickel hergestellt werden können, indem man sie mit einem natürlichen Magneten in Berührung bringt. Hat der Permanentmagnet die Form eines Stabes (Stabmagnet), so sind die magnetischen Wirkungen an den Stabenden besonders stark. Man nennt diese Stabenden *„magnetische Pole",* weil man schon sehr früh festgestellt hat, daß unsere Erde selbst ein solcher Magnet ist, bei welchem die größten Kraftwirkungen in der Nähe der geographischen Pole feststellbar sind (Abb. 121).

Ein frei drehbar gelagerter Stabmagnet (Abb. 122) stellt sich im Feld des Erdmagneten immer in Nord-Süd-Richtung ein, und man nennt daher den nach *Norden* weisenden Pol des Stabes *Nordpol,* den anderen entsprechend *Südpol.* In Form einer leichten Nadel (Magnetnadel) dient ein solcher Stabmagnet als *Kompaß.* Nähert man den Nordpol eines anderen Stabmagneten einem solchen Kompaß, so stellt sich die Magnetnadel immer so ein, daß ihr Südpol zum Nordpol des Stabmagneten zeigt. Der Nordpol der Magnetnadel hingegen wird vom Nordpol des Stabmagneten abgestoßen. In Analogie zu der Kraftwirkung von elektrischen Ladungen formulieren wir also:

Gleichnamige magnetische Pole stoßen sich gegenseitig ab, ungleichnamige ziehen sich an.

Magnetostatik 133

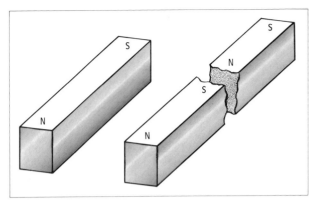

Abb. 123 Die Teilung eines Stabmagneten liefert zwei neue Stabmagneten

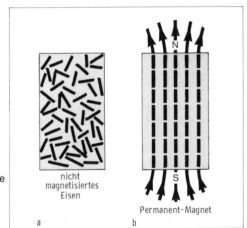

Abb. 124 a) Ungeordnete Elementarmagnete in einem Eisenstab, b) Ausrichtung der Elementarmagnete in einem Magnetfeld

a) nicht magnetisiertes Eisen
b) Permanent-Magnet

Im Gegensatz zur Elektrostatik gibt es jedoch keine „isolierten Magnetpole", wie wir dies bei den elektrischen Ladungen kennen. Zerbricht man einen Stabmagneten in zwei Stücke, so stellen wir fest, daß in jeder Hälfte automatisch der andere Pol entsteht, so daß jedes Stück wieder ein vollständiger Magnet mit zwei Polen ist (Abb. 123). Wir können dieses Spiel beliebig lange fortsetzen, indem wir die neuen Teile erneut zerbrechen, es wird uns nicht gelingen, isolierte Pole zu erhalten.

Magnetische Pole treten immer paarweise auf als sogenannte *Dipole*.

Unsere Vorstellung von einer atomistischen Struktur der Materie führt uns dann zwangsläufig zu der Existenz kleinster Dipole, der sog. *Elementarmagnete*. Da wir die kleinste Struktur der Materie als Atom- oder Molekülstruktur erkannt haben, müssen bei magnetischer Materie entweder die Moleküle selbst oder aber kleinste Molekülverbände elementare Dipole sein. Allerdings kann man makroskopisch die Wirkung dieser magnetischen Dipole nicht erkennen, wenn diese sich in ungeordneter Form in der Materie verteilen (Abb. 124a). Erst durch die „Ausrichtung" einer möglichst großen Anzahl von solchen Elementarmagneten entsteht dann ein makroskopischer Magnet (Abb. 124b). Was also bei der Elektrizität die (dort mögliche) Trennung der Träger der elektrischen Erscheinung (Ladungen) geschieht, erreicht man beim Magnetismus durch eine „Ordnung" der Träger der magnetischen Erscheinung. Bei ersterer ist das Maß der Trennung für die Stärke der Wirkungen verantwortlich, bei der zweiten das Maß der Ordnung.

Bei Weicheisen wird sich eine solche Ordnung durch die Kraftwirkung eines anderen Magneten leicht einstellen, sie bleibt allerdings nach Entfernung des Magneten nicht erhalten. Bei den erwähnten Eisen-Nickel-Legierungen hingegen kann die Ausrichtung in hohem Maße erhalten bleiben und wir haben somit die Permanentmagnete.

5.2.2. Magnetische Felder

Ähnlich wie in der Elektrostatik lassen sich durch verschiedene Anordnungen der Magnetpole unterschiedliche Feldformen erzeugen. Ein normaler Stabmagnet zeigt hierbei einen ähnlichen Feldlinienverlauf (Abb. 125), wie wir ihn von zwei ungleichnamigen Ladungen her

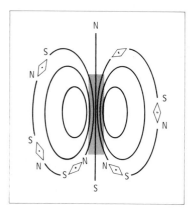

Abb. 125 Feldlinienverlauf eines Stabmagneten

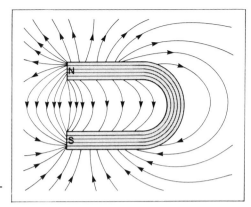

Abb. 126 Feldlinienverlauf eines Hufeisenmagneten

kennen. Als positive Feldlinienrichtung legen wir hierbei den Verlauf vom Nord- zum Südpol fest.

Die magnetischen Feldlinien verlaufen vom Nord- zum Südpol.

Um die (als unmöglich erkannte) Isolierung von Magnetpolen zu simulieren, können wir einen Stabmagneten hufeisenförmig zurechtbiegen und erhalten so einen „*Hufeisenmagneten*", dessen Feldform an den Polen noch mehr dem Feldlinienverlauf des elektrostatischen Dipols entspricht (Abb. 126). Auch bei der Gegenüberstellung zweier ungleichnamiger Magnetpole erhält man ein Feldlinienbild, welches dem bei ungleichnamigen elektrischen Ladungen entspricht.

Die magnetische Feldstärke, auf deren Berechnung wir später zurückkommen, wird auch hier wieder durch die Feldliniendichte symbolisiert, welche an den Polen offenbar die größten Werte aufweist.

5.3. Elektrodynamik

5.3.1. Der elektrische Strom

Der Umgang mit der Elektrizität ist in unserem Alltag zu einer Selbstverständlichkeit geworden. Wir können uns ein Leben ohne den elektrischen Strom kaum vorstellen. Die Elektrizitätswerke bilden hierbei riesige Spannungsquellen, welche unsere Haushalte mit diesem kostbaren Gut versorgen.

Dieser elektrische Strom ist nichts anderes als der Transport der elektrischen Ladungen in elektrischen Leitern. Um die elektrischen Ladungen in den Leitern in Bewegung zu setzen (zu beschleunigen), benötigt man eine Kraft, also eine Potentialdifferenz an den Leiterenden. Legen wir somit eine Spannung an die Enden eines elektri-

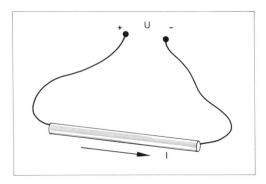

Abb. 127 Eine Potentialdifferenz bewirkt in einem Leiter einen Strom

schen Leiters, werden sich die frei beweglichen Ladungsträger in Richtung der Feldlinien im Leiter bewegen und somit einen *elektrischen Strom* bilden (Abb. 127). Die Stromstärke I ist hierbei ein Maß für die Ladungsmenge ΔQ, welche in einer bestimmten Zeiteinheit Δt durch den Querschnitt des Leiters transportiert wird:

(5.17) $\quad I = \dfrac{\Delta Q}{\Delta t} \quad$ Stromstärke $\quad$ DEF

Als Einheit der Stromstärke finden wir somit

(5.18) $\quad [I] = \dfrac{[Q]}{[t]} = \dfrac{C}{s}$

Nach dem franz. Physiker ANDRÉ MARIE AMPÈRE (1775–1836) wird diese abgeleitete SI-Einheit genannt:

(5.19) $\quad$ 1 Ampère = 1 Coulomb/Sek. $\quad$ 1 A = 1 C/s

Anmerkung: Im SI geht gerade umgekehrt die Einheit der Ladung auf eine elektrodynamische Definition des Ampère als Basiseinheit zurück. Danach ist dann

(5.20) $\quad$ 1 C = 1 A · 1 s $\quad$ DEF

Als konventionale Stromrichtung gilt:

Der Strom fließt stets vom Pluspol einer Spannungsquelle zum Minuspol.

Übung 25: In einem Cu-Draht fließt ein Strom von 10 mA. Wieviel Elektronen bewegen sich dann in einer Sekunde durch den Leiterquerschnitt?

$10 \text{ mA} = \dfrac{10 \text{ mC}}{s} = 10^{-2} \dfrac{C}{s}$

Nach (5.3) ist 1 C = 6,24 · 10^{18} Elektronen. Damit fließen 6,24 · 10^{18} Elektronen pro Sekunde durch den Leiterquerschnitt (siehe Übung 23)!

Stromquellen

Die unter 5.1.4 aufgeführten Spannungsquellen kann man als Stromquellen verwenden, wenn bei ihnen durch das Wirken einer nichtelektrischen Kraft die Ladungstrennung ständig aufrechterhalten werden kann. Die durch eine solche elektromotorische Kraft erzeugte Spannung ist dann die Quellenspannung der Stromquelle. Selbstverständlich kann keine Stromquelle beliebig lange die Potentialdifferenz aufrechterhalten. Durch die Parallelschaltung vieler Stromquellen jedoch (s. S. 147) kann man die lieferbare Ladungsmenge vervielfachen.

5.3.2. Magnetfeld eines stromdurchflossenen Leiters

Eine grundlegend neue Art von Wechselwirkung kann man beobachten, wenn man einen stromdurchflossenen Leiter in die Nähe einer im Erdmagnetfeld ausgerichteten Magnetnadel bringt (Abb. 128). Positioniert man den Leiter im stromlosen Zustand so unter die Magnetnadel, daß diese in Richtung des Stromflusses weist, so kann man nach Einschalten des Stromes eine Kraftwirkung auf die Magnetnadel feststellen: Die Magnetnadel dreht sich aus der Parallelstellung weg. Die Drehrichtung ist dabei abhängig von der Stromrichtung, welche wir durch Umpolung der Spannungsquelle umkehren können.

Auf Grund unserer Konvention, daß wir ein räumliches Gebiet, in welchem andere Körper Kräfte erfahren, als Felder bezeichnen, können wir die Erscheinung wie folgt interpretieren:

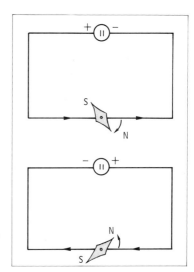

Abb. 128 Magnetnadel in der Nähe eines stromdurchflossenen Leiters

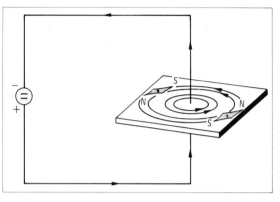

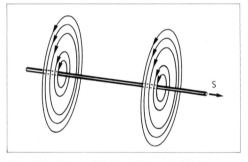

Abb. 129 Konzentrisches Magnetfeld eines stromdurchflossenen Leiters
a) Demonstration mit Magnetnadeln, b) optische Darstellung

Ein stromdurchflossener Leiter ist von einem konzentrischen Magnetfeld umgeben (Abb. 129).

Die Richtung der Feldlinien können wir ebenfalls dem Experiment entnehmen: Die konzentrischen Feldlinien umschließen den stromdurchflossenen Leiter derart, daß sie in Stromrichtung gesehen im Uhrzeigersinn verlaufen (Abb. 130). Am einfachsten kann man sich dies mit der sog. „rechten Hand-Regel" merken:

Weist der Daumen der rechten Hand in Stromrichtung, so umschließt die Hand den Leiter in Richtung der magnetischen Feldlinien (Abb. 131).

Hierdurch bietet sich die unverhoffte Möglichkeit, den Magnetismus durch elektrische Ströme nachzuvollziehen. Biegt man nämlich einen stromdurchflossenen Leiter zu einer Schleife (Abb. 132), so werden die an jeder Leiterstelle konzentrischen Feldlinien im Leiterinneren in eine gemeinsame Richtung weisen, welche wiederum mit der „rechten

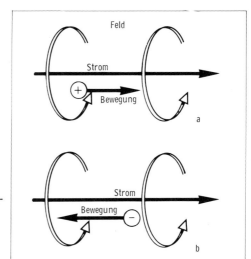

Abb. 130 Feldlinien verlaufen in Stromrichtung gesehen im Uhrzeigersinn
a) positive Ladungsträger, b) negative Ladungsträger

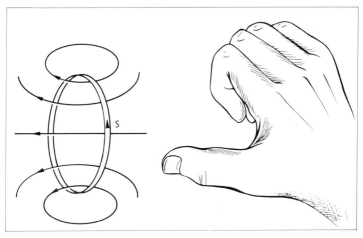

Abb. 131 „Rechte-Hand-Regel"

Hand-Regel" leicht eingeprägt werden kann (s. Abb. 131). Das Feldlinienbild kommt dem eines natürlichen Stabmagneten sehr nahe.

Elektromagnetismus

Wickelt man den Leiter zu einer Spirale mit mehreren Schleifen, so summieren sich die Feldlinien immer mehr zu einem resultierenden

140   5. Elektrizitätslehre

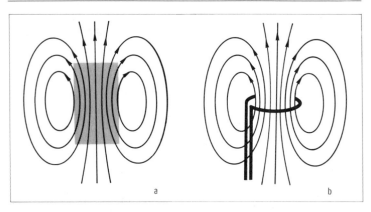

Abb. 132 Die Feldlinien einer stromdurchflossenen Leiterschleife kommen denen eines Stabmagneten sehr nahe
a) Stabmagnet, b) Leiterschleife

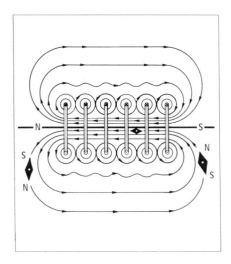

Abb. 133 Feldlinien einer stromdurchflossenen Spule

Verlauf, welcher mit der Feldform eines Stabmagneten völlig übereinstimmt (Abb. 133). Eine solche Leiterwicklung nennt man *Spule*.

Die magnetische Feldstärke im Innern einer solchen Spule (Symbol H) ist proportional zur Stromstärke I und zur Anzahl N der Wicklungen pro Spulenlänge l:

(5.21) $H = I \cdot N/l$ Magnetfeldstärke einer Spule

Bemerkenswert ist hierbei, daß die Magnetfeldstärke H unabhängig von der Querschnittsfläche der Spule ist. Die Anwesenheit eines Stoffes innerhalb der Spule kann die Wirkung des magnetischen Feldes erheblich verstärken oder auch schwächen. Man beschreibt dies durch die sog. *magnetische Flußdichte* B, welche man aus H durch Multiplikation mit einer universellen Konstanten μ_o (*Induktions*-Konstante) und dem Verstärkungsfaktor μ des jeweiligen Materials erhält:

(5.22) $B = \mu_o \cdot \mu \cdot H$ Magnetische Flußdichte   DEF

Die Bezeichnung „Flußdichte" deutet darauf hin, daß es sich um einen *magnetischen Fluß* bezogen auf auf die Querschnittsfläche handelt, welchen man also durch Multiplikation von B mit der Querschnittsfläche A erhält:

(5.23) $\Phi = B \cdot A$ Magnetischer Fluß

Bringt man in das Innere einer solchen Spule einen Weicheisenkern, so werden sich dessen Elementarmagnete in dem *elektromagnetischen Feld* der Spule ausrichten und man erhält so einen *Elektromagneten*! Im Vergleich zu einem Permanentmagneten hat dieser den Vorteil, daß man ihn beliebig ein- und ausschalten kann, da ohne Stromfluß im Weicheisen kein Magnetfeld vorhanden ist.

Anwendungen solcher Elektromagnete begegnen wir täglich in Form von elektrischen Schaltern (Relais). Diese dienen dazu, mit Hilfe eines (meist schwachen) Stromes einen anderen Stromkreis zu schließen oder zu öffnen. Beispiele: elektrischer Türöffner, elektrische Uhr, elektrische Klingel usw.

Die Beschreibung der Kraftwirkung eines stromdurchflossenen Leiters auf eine Magnetnadel kann man nach dem Prinzip des actio = reactio auch umkehren: Ein stromdurchflossener Leiter erfährt in einem magnetischen Feld eine Kraft. Die Richtung und Stärke dieser Kraft wollen wir im Experiment ermitteln:

Bringen wir nach Abb. 134 einen Leiter zwischen die Pole eines starken Hufeisenmagneten, so wirkt nach dem Einschalten des elektrischen Stromes auf den Leiter eine Kraft F in der eingezeichneten Richtung. Die Kraftrichtung kehrt sich nach Umpolung des Stromes um. Wir können uns für die Kraftrichtung die sog. Dreifingerregel merken: Weist der Daumen der rechten Hand in Richtung des positiven Stromflusses (also von + nach −) und wir orientieren den Zeigefinger in Richtung der Magnetfeldlinien (also von Nord nach Süd), so gibt der Mittelfinger (senkrecht zum Zeigefinger) die Richtung der resultierenden Kraft an (Abb. 135).

Auf Grund unserer atomistischen Vorstellung müssen wir diese Wirkung als eine Kraft auf die bewegten Ladungsträger im Leiter interpretieren. Wir können also auch sagen: Eine elektrische Ladung, welche sich mit der Geschwindigkeit v senkrecht zu einem magnetischen Feld

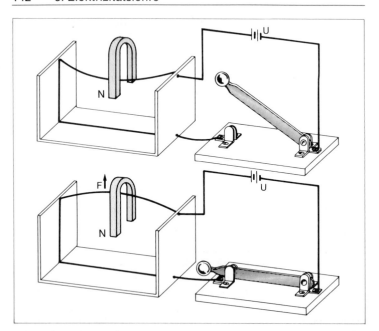

Abb. 134 Kraft auf einen stromdurchflossenen Leiter im Feld eines Hufeisenmagneten

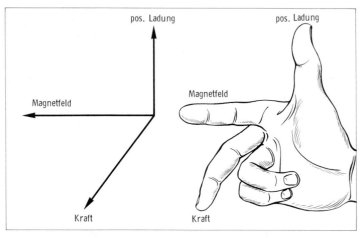

Abb. 135 „Dreifingerregel"

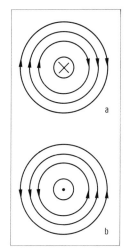

Abb. 136 Kraftwirkung auf eine positive Ladung, welche sich parallel zur Buchebene senkrecht zu einem Magnetfeld bewegt
a) senkrecht in die Buchebene
b) senkrecht aus der Buchebene tretendes Magnetfeld

bewegt, erfährt dort eine Kraft, welche sowohl senkrecht zur Bewegungsrichtung als auch senkrecht zur Magnetfeldrichtung orientiert ist. Diese Kraft nennt man die *Lorentz-Kraft* zu Ehren von HENDRIK ANTOON LORENTZ, der sich besonders mit solchen Problemen beschäftigt hat. Er hat diese Kraft auch quantitativ formuliert (α = Winkel zwischen magnetischer Flußdichte B und der Bewegung)

(5.24) $F = q \cdot v \cdot B \cdot \sin \alpha$ Lorentz-Kraft

Da diese Kraft immer senkrecht zur Bewegungsrichtung der elektrischen Ladung steht, kann sie an dieser keine Arbeit verrichten, wohl aber ihre Bewegungsrichtung beeinflussen. Denken wir uns ein magnetisches Feld, dessen Feldlinien senkrecht in die Buchebene eindringen (Abb. 136 a ⊗ ein Kreuz im Kreis bedeutet *senkrecht in* die Buchebene, b ⊙ ein Punkt im Kreis *senkrecht aus* der Buchebene), so wird eine parallel zur Buchebene bewegte Ladung eine Kraft erfahren, welche immer senkrecht auf der Bewegungsrichtung steht und den Ladungsträger somit auf eine Kreisbahn zwingt.

Elektromotor

Die Kraft auf stromdurchflossene Leiter kann dazu dienen, einen Elektromotor zu betreiben. In Abb. 137 ist das Prinzip eines solchen Motors skizziert: Eine drehbar gelagerte Leiterschleife befindet sich in dem homogenen Feld eines Permanentmagneten. Bei gegebener Stromrichtung bewirken die auftretenden Kräfte an der Leiterschleife ein Drehmoment in einer festen Drehrichtung für eine halbe Umdre-

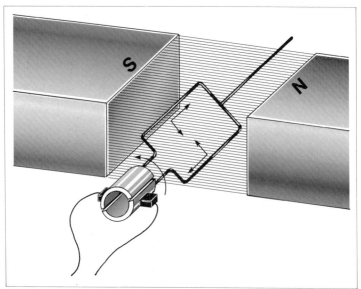

Abb. 137 Prinzip des Elektromotors
Kraftwirkung auf stromdurchflossene Leiter im Feld eines anderen stromdurchflossenen Leiters
Kraftwirkung bei parallelen, stromdurchflossenen Leitern
Definition der Einheit der Stromstärke 1 Ampère

hung. Danach würde sich bei Beibehaltung der Stromrichtung das Drehmoment umkehren. Polt man in dem gleichen Augenblick aber die Stromrichtung um (was durch die skizzierte Schleifkontaktabnahme leicht geschehen kann), so wird der Drehsinn beibehalten und die Leiterschleife wird im Magnetfeld rotieren. Technisch verwendete Elektromotoren haben natürlich mehrere Wicklungen, um einen gleichmäßigen Lauf zu erreichen.

Messung der Stromstärke

Die Kraft auf einem stromdurchflossenen Leiter in einem Magnetfeld dient auch zur quantitativen Messung der Stromstärke mit sog. *Drehspulinstrumenten* (Abb. 138):

Zwischen den Polen eines Hufeisenmagneten befindet sich eine kleine Spule, die von dem zu messenden Strom durchflossen wird. Das Gerät arbeitet ähnlich wie ein Elektromotor. Infolge der an ihren Drahtwindungen angreifenden Kraft dreht sich die Spule so lange, bis die rück-

Elektrodynamik 145

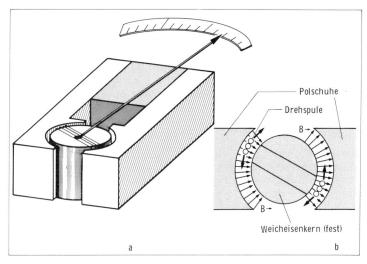

Abb. 138 Drehspulinstrument
a) schematische Darstellung, b) Prinzip

treibende Kraft einer Spiralfeder gleich der an den Windungen angreifenden Kraft ist. Diese nimmt mit der Stärke des die Spule durchfließenden Stromes zu und somit ist auch der Zeigerausschlag der Stromstärke proportional. Bei Umpolung der Stromrichtung schlägt der Zeiger nach der anderen Seite aus. Durch Verwendung von sehr leichten Spulen und schwachen rücktreibenden Federn kann man sehr empfindliche Meßinstrumente bauen (Galvanometer).

Beim *Weicheiseninstrument* nützt man die Tatsache aus, daß ein Weicheisenkern um so stärker in das Innere einer Spule gezogen wird,

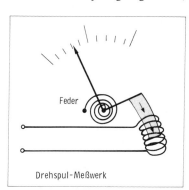

Abb. 139 Weicheiseninstrument

je größer der Stromfluß in ihren Windungen ist (Abb. 139). Hierbei ist der Zeigerausschlag von der Stromrichtung unabhängig, weshalb Weicheiseninstrumente auch zur Messung von Wechselströmen (S. 160) verwendet werden können.

5.3.3. Der Ladungstransport in fester und flüssiger Materie

Elektrischer Widerstand, Leitfähigkeit

Jeder elektrische Leiter setzt dem Ladungstransport einen materialabhängigen Widerstand entgegen oder hat umgekehrt eine materialabhängige Leitfähigkeit. Legt man an die Enden eines homogenen Leiters eine Spannung U, so stellt man fest:

Die durch den Leiter fließende Stromstärke I ist der an seinen Enden anliegenden Spannung U direkt proportional (Abb. 140 a):

(5.25) $\quad I \sim U$

Führt man den Proportionalitätsfaktor G ein, so erhält man

(5.26) $\quad I = G \cdot U,$

wobei der Faktor G von den Eigenschaften des Materials abhängt. Man nennt ihn den *Leitwert* des Materials, weil er bei konstanter Spannung die Größe der Stromstärke bestimmt.

Der Kehrwert von G ist dann der Widerstand R des Leiters und wir erhalten das *Ohmsche Gesetz*:

Bei einem homogenen Leiter ist der Quotient aus Spannung und Stromstärke konstant und man nennt ihn den Widerstand des Leiters.

(5.27) $\quad U/I = R \quad$ DEF

Ohmsches Gesetz (GEORG SIMON OHM, dt. Physiker aus Erlangen, 1789–1854)

Die Einheit des elektrischen Widerstandes erhalten wir direkt aus seiner Definition:

$$[R] = \frac{[U]}{[I]} = \frac{V}{A}$$

Der spezielle Name dieser Einheit ist das Ohm (Symbol Ω). Ein Leiter hat also den Widerstand von 1 Ω, wenn bei einer Spannung von einem Volt der Strom von einem Ampère fließt:

(5.28) $\quad 1 \text{ Ohm} = \dfrac{1 \text{ Volt}}{1 \text{ Ampère}} \qquad 1\Omega = \dfrac{1 \text{ V}}{1 \text{ A}}. \qquad$ DEF

Sorgen mehrere parallel geführte gleichartige Leiter für den Ladungstransport, so steht den Ladungsträgern ein mehrfacher Bewegungs-

Elektrodynamik 147

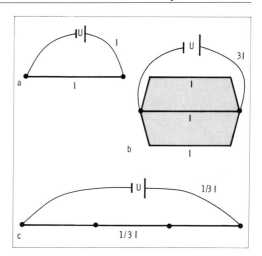

Abb. 140 Erläuterung des Widerstandsbegriffes

raum zur Verfügung und die Stromstärke wird somit vermehrfacht (Abb. 140b).

Umgekehrt ist es, wenn wir mehrere gleichartige Leiter hintereinander schalten (Abb. 140c), da dann ja der mehrfache Weg von den Ladungen zurückgelegt werden muß.

Der Widerstand eines Leiters ist somit seiner Länge l direkt und seinem Querschnitt A umgekehrt proportional. Für ihn gilt also:

(5.29) $$R = \varrho \cdot \frac{l}{A}$$

Der Faktor ϱ ist dabei von den spezifischen Eigenschaften des Materials abhängig und man nennt ihn den *spezifischen Widerstand* des Leiters. In der Tab. 16 sind einige spezifische Widerstände zusammengestellt.

Tabelle 16 Spezifischer Widerstand ϱ in $\Omega \cdot mm^2/m$ bei 20 °C

Material	Al	Pb	Fe	Cu	Ag	Konstantan (Legierung Cu, Ni, Ma)
	0,024	0,188	0,10	0,016	0,015	0,50

Da die spezifischen Widerstände von der Temperatur abhängig sind, eignen sie sich zur Temperaturmessung. Bei Metallen nimmt der Widerstand in der Regel mit der Temperatur zu (*Widerstandsthermometer*).

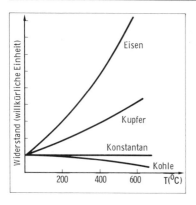

Abb. 141 Änderung des elektrischen Widerstandes mit der Temperatur

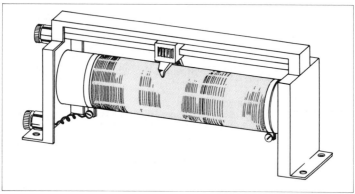

Abb. 142 „Schiebewiderstand"

In der Abb. 141 ist die Änderung des elektrischen Widerstandes verschiedener Leiter mit der Temperatur dargestellt. Einige Metalle zeigen die interessante Erscheinung der *Supraleitfähigkeit,* welche das Absinken des el. Widerstandes auf unmeßbar kleine Werte in der Nähe des abs. Nullpunktes bedeutet. Sie tritt bei einer jeweils für das Material charakteristischen Temperatur sprunghaft ein, welche man die *Sprungtemperatur* T_c der Metalle nennt (Pb: $T_c = 7{,}2$ K, In: $T_c = 3{,}4$ K).

Zur Herstellung technischer Widerstände bestimmter Größen wickelt man einen isolierten Metalldraht auf einen Isolator, z. B. aus Keramik.

Gewickelte Drahtwiderstände werden auch als veränderliche „Schiebewiderstände" angewendet. Dabei befindet sich zwischen den Enden

> **Übung 26:** Wie lang muß ein Konstantandraht ($A = 0{,}1$ mm^2) sein, wenn man aus ihm einen technischen Widerstand von 50 Ω wickeln möchte?
> Welcher Strom fließt durch ihn bei einer Spannung von 10 V?
> Aus (5.36) ergibt sich für die Drahtlänge l
> l = R · A/ϱ = 50 Ω · 0,1 mm^2/0,5 Ω mm^2/m = 10 m
> I = U/R = 10 V/50 Ω = 0,2 A = 200 mA

des Widerstandes (Abb. 142) ein beweglicher Metallbügel, so daß man zwischen ihm und einem der beiden Enden einen beliebigen Widerstand abgreifen kann, dessen Wert zwischen Null und dem Maximalwert des Widerstandes liegt.

Elektrolyte, Elektrolyse

Bei der Behandlung der elektrischen Spannungsquellen (5.1.5, S. 128) haben wir bei den galvanischen Elementen Leiter kennengelernt, welche beim Stromdurchgang eine chemische Veränderung erfahren. Es handelt sich in der Hauptsache um Lösungen von Salzen, Säuren und Laugen oder auch geschmolzene Salze. Nach M. Faraday nennt man solche Leiter *Elektrolyte,* den Vorgang der chemischen Veränderung *Elektrolyse.*

Der Vorgang der Elektrolyse beruht auf der *Dissoziation* der gelösten Moleküle (d. h. die Trennung in geladene Bestandteile), welche dann als Ladungsträger zur Verfügung stehen. Taucht man z. B. in eine

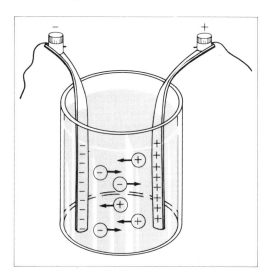

Abb. 143 Prinzip der Elektrolyse

Kupfersulfatlösung nach Abb. 143 zwei Elektroden (die positive Elektrode nennt man *Anode,* die negative *Kathode*), so werden die negativ geladenen Teilchen zur Anode, die positiv geladenen zur Kathode bewegt und es entsteht somit ein Stromfluß. Die geladenen Molekülteile nennt man *Ionen* (griech.: die Wandernden), die zur Anode wandernden *Anionen,* die anderen *Kationen.*

Anionen = negative Ionen, Säurereste und OH-Gruppe der Laugen

Kationen = positive Ionen, Metalle, Wasserstoff und die Ammoniumgruppe

Die Kationen nehmen an der Kathode Elektronen auf (kathodische Reduktion), die Anionen geben an der Anode ihre überschüssigen Elektronen ab (anodische Oxidation). Gehen die entladenen Ionen unmittelbar in die dazugehörigen Atome über, so erhält man auf der Elektrode den entsprechenden Niederschlag. Die nicht frei beständigen entladenen Ionen (z. B. SO_4^-) werden mit Wasser reagieren, indem eine Rückbildung zu Säure (z. B. H_2So_4) erfolgt und somit aus der Lösung Sauerstoff entweicht.

Anwendung:
Handelt es sich bei den Ionen der Elektrolyse um geladene kolloide Teilchen, so spricht man von *Elektrophorese.* Mit ihrer Hilfe lassen sich Makromoleküle trennen, welche gleiche relative Molekülmassen, jedoch verschiedene elektrische Eigenschaften (Wertigkeiten) haben. Die Trennung der Eiweißkörper des Blutserums ist ein wichtiges Beispiel aus der Diagnostik: Die Plasmaeiweißkörper sind in der Regel unterschiedlich geladene Anionen und bewegen sich daher auf einem mit Pufferlösung (z. B. Veronal-Natrium-Puffer) getränkten Filterpapierstreifen verschieden schnell. Behandelt man den Streifen nach einer bestimmten Zeit (10–14 h) mit einer Farblösung, die nur von Eiweiß angenommen wird, so entstehen Elektrophoresestreifen unterschiedlicher Intensität und Breite, aus welchen durch Vergleich mit dem Streifen eines Normalserums auf bestimmte Krankheiten (akute Entzündungen, Nephrose, Leberzirrhose) geschlossen werden kann.

Auch die Elektrolyte gehorchen normalerweise dem Ohmschen Gesetz. Im Gegensatz zu den Metallen nimmt ihre Leitfähigkeit jedoch mit der Temperatur zu, was auf die größere Bewegungsgeschwindigkeit der Ionen zurückzuführen ist.

Halbleiter

Die konsequente Trennung aller Stoffe in Leiter und Nichtleiter erweist sich in der Praxis als unmöglich. Schon bei den Leitern haben wir große Unterschiede der Leitfähigkeiten erkannt. Stoffe, deren elektrische Leitfähigkeit sehr stark von den jeweiligen Umweltbedingungen abhängt, nennt man *Halbleiter.*

Im Gegensatz zu den reinen Leitern haben diese Halbleiter bei Temperaturen in der Nähe des absoluten Nullpunktes praktisch keine Leitfähigkeit, ihr Widerstand nimmt jedoch dann mit zunehmender Temperatur ab. Zu ihnen zählen vor allem die Elemente der *vierten Hauptgruppe* des Periodensystems, z. B. Germanium und Silicium, also vierwertige Elemente. Bei den Metallen sind die Elektronen der äußeren Schale der Atome relativ locker an den Atomrumpf gebunden. Sie können sich daher leicht als *Valenzelektronen* frei innerhalb des Metallgitters bewegen (Leitungselektronen), wodurch die große Leitfähigkeit der Metalle erklärt wird. Ein Halbleiterkristall hingegen besitzt bei tiefen Temperaturen kaum Leitungselektronen, weil jedes seiner Atome von vier Nachbaratomen umgeben ist, mit denen es jeweils ein gemeinsames Elektronenpaar bildet. Erst durch Wärmezufuhr können einige Bindungen der Gitteratome aufbrechen und es können sich freie Elektronen bilden. Gleichzeitig entstehen dort *Elektronenfehlstellen,* sog. Löcher, welche wie positive Ladungen wirken. Wird ein solches Loch durch ein Elektron eines Nachbaratoms aufgefüllt, so entsteht dort ein neues Loch und auf diese Weise können diese Löcher, auch *Defektelektronen* genannt, wie freie Elektronen im Kristall wandern. Diese ungeordnete Bewegung der Ladungsträger wird beim Anlegen einer Spannung gerichtet, wobei Defektelektronen und freie Elektronen in entgegengesetzter Richtung wandern. Durch Beimengung von Fremdatomen in den Halbleiterkristall (Dotierung) kann man dessen Leitfähigkeit erheblich erhöhen. Sind diese Fremdatome fünfwertig, so entsteht Elektronenüberschuß (n-Leiter), im Fall von dreiwertigen Fremdatomen erhält man Defektelektronenüberschuß (p-Leiter).

Für sich allein besitzen solch *dotierte* Halbleiter keine besondere Bedeutung, bringt man jedoch beide zusammen, so entstehen an ihrer Verbindungsstelle *(Grenzschichten)* ladungsträgerarme Zonen durch Diffusion – ähnlich der Gasdiffusion – von Defektelektronen und freien Elektronen in dem jeweiligen anderen Halbleiter, wobei dort *Rekombination* (d. h. Auffüllung der Löcher im p-Leiter durch freie Elektronen des n-Leiters) eintritt (Abb. 144).

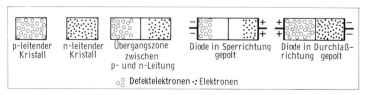

Abb. 144 Elektronen und Defektelektronen an Grenzschichten

Je nach der Richtung der angelegten Spannung ist dann eine solche Grenzschicht entweder durchlässig oder sperrend für den Ladungstransport. Bei *Dioden* (Gleichrichter) und *Transistoren* (Verstärker) haben die Gleichrichtereigenschaften vielseitige praktische Bedeutung. Ein großer Teil der revolutionierenden Entwicklung der Elektronik in den letzten 25 Jahren beruht auf der Anwendung dieser Halbleitertechnik.

5.3.4. Der elektrische Stromkreis stationärer Ströme

Die beliebige Zusammenschaltung von elektrischen Stromquellen und Widerständen, so daß ein elektrischer Strom fließt, bezeichnet man als

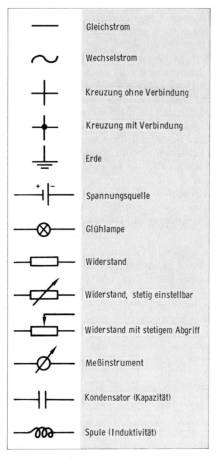

Abb. 145 Symboltabelle der elektrischen Schaltelemente

Elektrodynamik 153

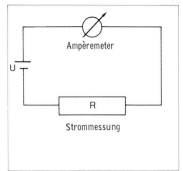
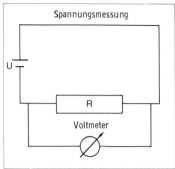

Abb. 146 Strommessung
(Ampèremeterschaltung)

Abb. 147 Spannungsmessung
(Voltmeterschaltung)

geschlossenen Stromkreis. Ist kein Stromfluß möglich, z. B. durch einen geöffneten Schalter oder einen Kondensator im Gleichstromkreis, so nennt man den Stromkreis *offen*.

Allgemein verwenden wir zur schematischen Darstellung der elektrischen Schaltelemente die Symbole der Abb. 145.

Zur Messung der elektrischen Größen Strom und Spannung mußten wir geschlossene Stromkreise bilden. Bei der Strommessung muß dabei das *Ampèremeter* von dem zu messenden Strom durchflossen werden, um die meßbare Kraftwirkung hervorzurufen (Abb. 146). Der Widerstand des Meßinstrumentes muß dabei möglichst klein sein, damit er nicht zusätzlich den Strom begrenzt.

Zur Messung der Spannung (*Voltmeter*) muß das Instrument parallel zum Verbraucher geschaltet sein, um die Spannung direkt an den Enden des Verbrauchers abzunehmen (Abb. 147). Damit ein möglichst kleiner zusätzlicher Strom durch das Voltmeter fließt, muß dessen Widerstand möglichst groß sein.

Spannungsabfall am Widerstand R

Wird ein elektrischer Widerstand R von einem Strom durchflossen, so muß an seinen Enden nach dem Ohmschen Gesetz die Spannung U = I · R anliegen. Wenn man mehrere Widerstände in einem Stromkreis hintereinander schaltet, so fließt durch sie zwangsläufig der gleiche Strom I (Abb. 148). An ihren Enden müssen demnach jeweils die Spannungen $U_1 = R_1 \cdot I$, $U_2 = R_2 \cdot I$ und $U_3 = R_3 \cdot I$ liegen.

Insgesamt bedeutet aber eine Hintereinanderschaltung von Spannungsquellen (s. Abb. 120a, S. 131) eine Summierung der Spannun-

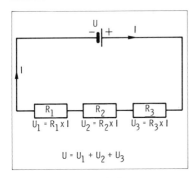

Abb. 148 Serienschaltung von Widerständen

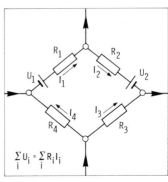

Abb. 149 Leiterschleife zur Kirchhoffschen Maschenregel

gen, also muß insgesamt an der Widerstandskette die Spannung $U = U_1 + U_2 + U_3$ angelegt werden. Man nennt die Einzelspannung an einem Widerstand auch *Spannungsabfall* um anzudeuten, daß z. B. zwischen den Enden der Widerstände R_2 und R_3 nur noch die Spannung $U_2 + U_3$ liegt, von U also bereits die Spannung U_1 abgefallen ist.

Allgemein gilt für eine beliebige Leiterschleife nach Art der Abb. 149 die Kirchoffsche Maschenregel:

In einer geschlossenen Leiterschleife (Masche) ist die Summe der Spannungsabfälle gleich der Summe der Quellenspannungen, oder, wenn man den Spannungsabfällen ein negatives Vorzeichen gibt

(5.30) $\qquad \sum_{i=1}^{n} U_i = 0 \qquad$ Kirchhoffsche Maschenregel

Ein anschauliches Bild vom Begriff des Spannungsabfalles liefert uns der Vergleich mit der Hydrodynamik (Abb. 150 a). In einem Rohrsystem stellt man bei einer realen Flüssigkeit eine Abnahme des hydrostatischen Druckes in Flußrichtung fest (Viskosität S. 84). Dieser hydrostatische Druck ist somit das mechanische Pendant zur elektrischen Spannung. Bei einer Erhöhung des Rohrwiderstandes (Verringerung des Rohrquerschnittes, Abb. 150 b) ist der Druckabfall entsprechend größer.

Wenn durch die Widerstandskette bei der Spannung U der Strom I fließt, so hat diese nach dem Ohmschen Gesetz den Gesamtwiderstand $R_{ges} = U/I$.

Da U gleich der Summe der Einzelspannungen ist, erhalten wir $R_{ges} = U/I = U_1/I + U_2/I + U_3/I = R_1 + R_2 + R_3$. Allgemein gilt:

Elektrodynamik 155

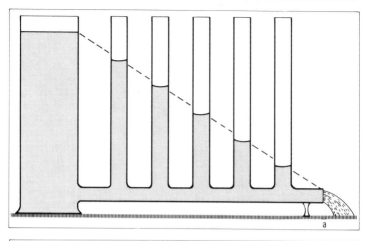

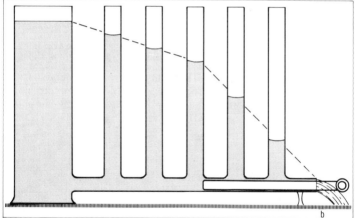

Abb. 150 Hydrodynamisches Analogon zum Spannungsabfall
a) konstanter Querschnitt (Widerstand)
b) verengter Querschnitt (größerer Widerstand)

Bei Hintereinanderschaltung von Widerständen addieren sich die Einzelwiderstände R_i zum Gesamtwiderstand R_{ges}

(5.31) $\qquad R_{ges} = \sum_{i=1}^{u} R_i \qquad$ Reihenschaltung von Widerständen

Sind dagegen die Widerstände parallel geschaltet (Abb. 151), so liegt an allen die gleiche Spannung U an und durch jeden einzelnen fließt

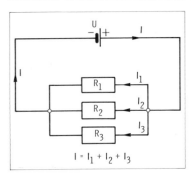

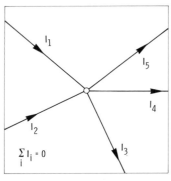

Abb. 151 Parallelschaltung von Widerständen

Abb. 152 Verzweigungspunkt zur Kirchhoffschen Knotenregel

ein getrennter Strom, der Gesamtwiderstand wird also kleiner. Hier gilt allgemein: Bei Parallelschaltung von Widerständen addieren sich die Einzelleitwerte $G_i = 1/R_i$ zum Gesamtleitwert $G_{ges} = 1/R_{ges}$.

(5.32) $\qquad 1/R_{ges} = \sum_{i=1}^{u} 1/R_i \qquad$ Parallelschaltung von Widerständen

In einem Verzweigungspunkt (Knotenpunkt) eines Leitersystems ist die Summe der ankommenden Ströme gleich der Summe der abfließenden Ströme, oder, wenn man die ankommenden positiv, die abfließenden negativ zählt (Abb. 152),

(5.33) $\qquad \sum_{i=1}^{u} I_i = 0 \qquad$ Kirchhoffsche Knotenregel

Spannungsteiler (Potentiometer)

Der Spannungsabfall an Widerständen kann zur Herstellung kleinerer Teilspannungen U_x aus einer gegebenen Spannungsquelle U_0 dienen. Hierfür greift man nach Abb. 153 an einem Widerstand R_0, welcher nach dem Ohmschen Gesetz von dem Strom $I = U_0/R_0$ durchflossen wird, an einer Stelle x die Spannung ab, welche an dem Widerstandsteil R_x längs des Weges x abfällt. Der Schiebewiderstand der Abb. 142 erlaubt z. B. das Abgreifen eines beliebigen Widerstandes zwischen Null und dem Maximalwert und somit beliebiger Spannungen $U_x = I \cdot R_x$ zwischen Null und U_0. Es ist dann

(5.34) $\qquad U_x = U_0 \cdot R_x/R_0$

Solche Spannungsteiler werden auch als sog. *Drehpotentiometer* ausgebildet, bei welchen der abzugreifende Widerstand kreisförmig ausgebildet ist.

Elektrodynamik 157

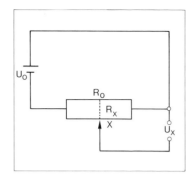

Abb. 153 Prinzip eines Potentiometers

5.3.5. Elektrische Arbeit

Wie wir in 5.1.3. gelernt haben, muß für den Transport einer Ladung Q gegen eine Potentialdifferenz U Arbeit W verrichtet werden, welche direkt aus (5.8) hervorgeht:

(5.35) $W = Q \cdot U$ el. Arbeit = Ladung × Spannung

Da wir den Ladungstransport pro Zeiteinheit in einem Leiter als Strom I = Q/t bezeichnet haben, bedeutet ein Stromfluß immer die Verrichtung von Arbeit. Fließt in einem Leiter der Strom I, so wird in der Zeit t die Ladung Q = I · t transportiert, die elektrische Arbeit ist somit

(5.36) $W = U \cdot Q = U \cdot I \cdot t$

Das Verhältnis aus Arbeit pro Zeiteinheit haben wir als Leistung bezeichnet, P = W/t. Somit haben wir eine einfache Beziehung zwischen der Leistung P eines elektrischen Stromes I bei der Spannung U.

(5.37) $P = W/t = \dfrac{U \cdot I \cdot t}{t} = U \cdot I$

Die Leistung eines elektrischen Stromes ist das Produkt aus Stromstärke und Spannung.

Dieses Produkt hat natürlich die von der Mechanik her bekannte Einheit Watt:

$[P] = [U] \cdot [I] = V \cdot A = V \cdot C/s = J/s = $ Watt

Man drückt die Arbeit des elektrischen Stromes (den Energieverbrauch) daher häufig auch in $W \cdot s$ (Wattsekunden) aus:

1 J = W · s

Für den täglichen Gebrauch ist die Wattsekunde eine viel zu kleine Energieeinheit. Man rechnet daher normalerweise mit der 3,6 Millionen mal größeren Einheit Kilowattstunde (kWh).

1 kWh = 3 600 000 Ws = $3,6 \cdot 10^6$ Ws

Natürlich fragen wir uns, wo eigentlich die Energie des Stromes verbraucht wird. Dies können wir in unseren Haushalten täglich leicht beobachten, wenn wir das Licht, den Fernseher oder den elektrischen Herd einschalten:

Stromdurchflossene Leiter erwärmen sich.

Stellen wir uns den Ladungstransport durch Elektronen vor, so können wir die Wärmeerzeugung durch die Stoßanregung der Metallatome zu Schwingungen vorstellen. Dies erklärt uns auch die in der Regel zu beobachtende Zunahme des elektrischen Widerstandes mit der Temperatur. Diese Stromwärme wird häufig auch *Joulesche Wärme* genannt.

Die elektrische Leistung U·I kann auch direkt aus Stromstärke I und Widerstand R berechnet werden, wenn man die Spannung U als Spannungsabfall am Widerstand angibt:

(5.38) $$P = U \cdot I = I \cdot R \cdot I = I^2 \cdot R$$

Übung 27: Wie groß ist der Energieverbrauch, wenn eine 40 Watt Glühlampe 10 Stunden betrieben wird?
Die Energie ist das Produkt aus Leistung und Zeit, also
$W = P \cdot t = 40\,W \cdot 10\,h = 0{,}04\,kW \cdot 10\,h = 0{,}4\,kWh = 1{,}44 \cdot 10^6\,J$

Übung 28: Wie lange dauert es, um 1 l (1 kg) H_2O auf einer 1-kW-Herdplatte (unter idealen Wärmeübertragungsvoraussetzungen) zum Kochen zu bringen (Anfangstemperatur 14°C)?
Was kostet dies, wenn man für die Kilowattstunde 11 Pfennig bezahlen muß?
Um 1 kg H_2O um 86 K zu erwärmen benötigt man die Energie
$W = 1\,kg \cdot 4{,}186\,\dfrac{kJ}{kgK} \cdot 86\,K = 360\,kJ$
Bei der Leistung von 1 kW stehen also pro Sek. 1 kJ zur Verfügung, man benötigt somit
$t = \dfrac{W}{P} = \dfrac{360\,kJ}{1\,kJ/s} = 360\,s = 6\,min,$
um das Wasser zum Kochen zu bringen.
Der Energieverbrauch beträgt dann
$W = 360\,kJ = 360\,kW\,s = 0{,}1\,kWh.$
Beim Preis von 11 Pfennig pro kWh sind dies dann 1,1 Pfennig.

Die Energie von 0,1 kWh bedeutet gerade, daß ein Gerät mit der Leistung von 0,1 kW = 100 Watt eine Stunde betrieben werden kann. Für 1,1 Pfennig könnte man also einen Liter H_2O zum Kochen bringen oder eine 100 Watt Glühlampe eine Stunde betreiben.

Die Übung 28 zeigt uns, wie teuer die Wärmeerzeugung mit elektrischem Strom im Vergleich zur Beleuchtung ist. Strom sparen kann man also am besten durch möglichst wenig elektrische Wärmeerzeugung.

5.3.6. Induktion

Dem Begriff „Induktion" sind wir schon in dem Abschnitt „Elektromagnetismus" (S. 141) begegnet. Der englische Physiker MICHAEL FARADAY (1781–1867) war davon überzeugt, daß die Natur symmetrisch sei. Wenn also ein elektrischer Strom ein Magnetfeld H und somit einen magnetischen Fluß $\Phi = \mu \cdot \mu_o \cdot A \cdot H = B \cdot A$ erzeugen kann, so muß umgekehrt mit einem magnetischen Fluß auch die Erzeugung eines elektrischen Stromes möglich sein. FARADAY entdeckte schließlich, daß er einen solchen Strom erhalten könnte, wenn der magnetische Fluß Φ nicht konstant blieb. Ändert sich nämlich dieser magnetische Fluß im Inneren einer Leiterschleife, so wird zwischen den Leiterenden (Abb. 154) eine Spannung entstehen. Diesen Vorgang der Spannungserzeugung durch Veränderung eines magnetischen Flusses nennt man *Induktion*. Die „induzierte" Spannung U ist um so größer, je größer die Flußänderung $\Delta\Phi$ ist und je kleiner der Zeitabschnitt Δt ist, in welcher dies geschieht:

(5.39) $\qquad U_{ind} = -\dfrac{\Delta\Phi}{\Delta t} \qquad$ Induktionsspannung

In der Abb. 154 wird die Änderung des magnetischen Flusses durch die Bewegung des Stabes AB hervorgerufen, da sich hierdurch die von gleicher Feldliniendichte durchsetzte Fläche verändert. Das Minuszeichen in der Beziehung (5.39) drückt dabei die von H. F. E. LENZ

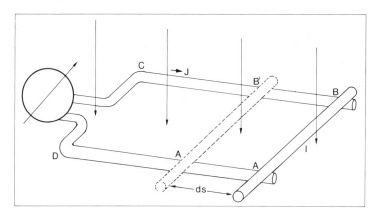

Abb. 154 Prinzip der Induktion

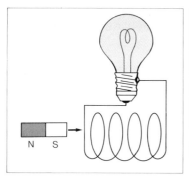
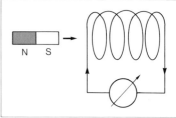

Abb. 156 Demonstration der Induktion mit einem Ampèremeter

Abb. 155 Demonstration der Induktion mit einer Glühlampe

1834 formulierte Beobachtung aus, daß die durch die Veränderung des Flusses induzierte Spannung in der Leiterschleife einen Strom zur Folge hat, dessen Magnetfeld der Änderung des magnetischen Flusses *entgegen* wirkt.

Die Erzeugung induzierter Ströme sowie deren Richtung läßt sich durch die einfachen Versuche der Abb. 155 und 156 leicht demonstrieren.

Schiebt man einen Stabmagneten rasch in eine Spule, so wird in dieser eine Spannung induziert, deren Strom eine Glühlampe zum Leuchten bringt. Der induzierte Strom, der durch den Ausschlag des Ampèremeters der Abb. 156 angezeigt wird, ist dabei immer so gerichtet, daß sein Magnetfeld das Herausziehen oder Hineinschieben des Stabmagneten hemmt. Würde es nämlich umgekehrt die Bewegung des Stabmagneten unterstützen, so würde dieser ja von selbst in die Spule hineingezogen oder herausgezogen, was dem Energiesatz widersprechen würde.

Lenzsche Regel:
Der in einer Spule durch induzierte Spannung erzeugte Strom ist immer so gerichtet, daß das von ihm erzeugte Magnetfeld der Änderung des induzierenden Magnetfeldes entgegenwirkt.

Die induzierte Spannung in einer Spule mit der Windungszahl N ist

(5.40) $$U_{ind} = - N \cdot \frac{\Delta \Phi}{\Delta t}$$

Der elektrische Generator, Wechselstrom

Die in der Praxis verwendeten Spannungsquellen sind meist nicht die, welche wir in Abschnitt 5.1.4. kennengelernt haben. Die Elektrizitäts-

Elektrodynamik 161

werke benutzen vielmehr *Generatoren (Dynamos),* welche nach dem Induktionsprinzip arbeiten. Das Prinzip eines solchen Dynamos ist in Abb. 157a skizziert. Eine drehbar gelagerte Leiterschleife befindet sich in einem homogenen Magnetfeld. Beim Drehen der Leiterschleife ändert sich die von der magnetischen Flußdichte B durchsetzte Fläche A und damit der magnetische Fluß $\Phi = B \cdot A$. Aus der Zusatzskizze 157b entnehmen wir die bei einer beliebigen Stellung der Leiterschleife von der magnetischen Flußdichte B durchsetzte Fläche zu $A = A_o \cdot \cos \alpha$. Drehen wir die Leiterschleife mit konstanter Winkelgeschwindigkeit ω, so ist (analog zu (2.23), S. 29) $\alpha = \omega \cdot t$ und somit $A = A_o \cdot \cos \omega \cdot t$. Der magnetische Fluß ist dann

(5.41) $\Phi = B \cdot A = B \cdot A_o \cdot \cos \omega \cdot t$

Der magnetische Fluß in der Leiterschleife ändert sich also ständig mit der Zeit und wir erhalten (wegen $\Delta \cos \omega t / \Delta t = - \omega \cdot \sin \omega t$)

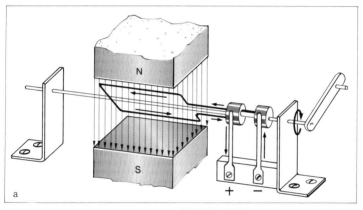

Abb. 157
a) Prinzip eines Dynamos

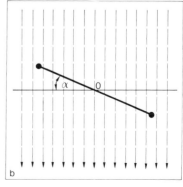

b) Zur Erläuterung des Dynamoprinzips

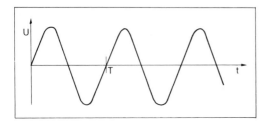

Abb. 158 Graphische Darstellung der Wechselspannung

(5.42) $$U_{ind} = -\frac{\Delta\Phi}{\Delta t} = \omega \cdot B \cdot A_o \cdot \sin \omega \cdot t$$

Die induzierte Spannung ist also proportional zur Winkelgeschwindigkeit ω der Leiterschleife. Läßt man eine Spule mit der Windungszahl N rotieren, so ist die induzierte Spannung

(5.43) $$U_{ind} = -N \cdot \frac{\Delta\Phi}{\Delta t} = N \cdot \omega \cdot B \cdot A_o \cdot \sin \omega \cdot t$$

Ein elektrischer Generator erzeugt also eine sinusförmige *Wechselspannung*, deren graphische Darstellung (Abb. 158) den gleichen Verlauf zeigt wie der einer harmonischen Schwingung (S. 29).

Übung 29: Wie groß ist die maximale Spannung (Scheitelspannung) eines Wechselstromgenerators, bei welchem eine Spule mit N = 1000 Windungen und der Fläche A_o = 100 cm² in einer Sekunde 10 Umdrehungen in einem Magnetfeld der Flußdichte B = 0,2 Vs/m² durchführt?

Die Kreisfrequenz $\omega = 2\pi \cdot \nu$ ist dann $= 6{,}28 \cdot 10 \frac{1}{s}$

Aus (5.41) erhalten wir also

$U_{max} = N \cdot \omega \cdot B \cdot A_o = 1000 \cdot 6{,}28 \cdot 10 \frac{1}{s} \cdot 0{,}2 \text{ Vs/m}^2 \cdot 10^{-2} \text{m}^2$

$U_{max} = 628 \cdot 0{,}2 \text{ V} = 125{,}6 \text{ V}$

Der Transformator

Das Prinzip der Induktion kann zur Transformation von Strömen oder Spannungen von niederen zu hohen Werten oder umgekehrt verwendet werden. Das einem Transformator zugrunde liegende Prinzip ist in Abb. 159 skizziert: Zwei Spulen S_1 (Primärspule, Windungszahl N_1) und S_2 (Sekundärspule, Windungszahl N_2) liegen auf einem gemeinsamen geschlossenen Eisenkern. Ein sinusförmiger Strom in der Primärspule erzeugt einen sich ebenfalls sinusförmig ändernden magneti-

Elektrodynamik 163

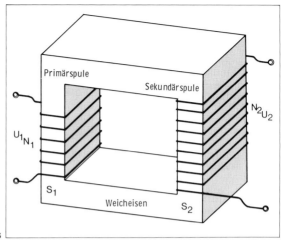

Abb. 159
Prinzip des
Transformators

schen Fluß, welcher den ganzen Eisenkern durchsetzt. Er induziert daher in beiden Spulen eine Spannung

$$U_{ind_1} = -N_1 \cdot \frac{\Delta\Phi}{\Delta t}, \qquad U_{ind_2} = -N_2 \cdot \frac{\Delta\Phi}{\Delta t}$$

und da die Flußänderung $\frac{\Delta\Phi}{\Delta t}$ in beiden Spulen gleich ist, gilt: $U_{ind_1} / U_{ind_2} = N_1 / N_2$.

Die in der Primärspule induzierte Spannung muß von der Primärspannung U_1 überwunden werden ($U_1 = U_{ind_1}$), die in der Sekundärspule

---

Übung 30: Bei einem Röntgentransformator soll aus der Netzspannung $U_1 = 220$ V eine Röhrenspannung $U_2 = 110$ kV erzeugt werden. Wie muß das Verhältnis der Windungszahlen sein? Wie groß ist die Stromstärke in der Primärwicklung, wenn sekundär 10 mA gezogen werden? Welche Leistung wird in beiden Wicklungen erbracht?
Das Verhältnis der Windungszahlen entspricht dem der Spannungen, also

$$\frac{U_2}{U_1} = \frac{110\,000 \text{ V}}{220 \text{ V}} = 500$$

Die Leistung in der Sekundärwicklung muß mit der Primärleistung übereinstimmen:
$P = U_2 \cdot I_2 = 110$ kV $\cdot$ 10 mA $= 1,1$ kW. Damit fließt in der Primärspule der Strom $I_1 = P/U_1 = 1,1$ kW/220 V $= 5$ A

induzierte Spannung steht als Quellenspannung $U_2 = U_{ind_2}$ zur Verfügung. Für das Verhältnis der beiden Spannungen ergibt sich somit

(5.44) $\qquad U_1 / U_2 = N_1 / N_2 \qquad$ Spannungstransformation

Primär- und Sekundärspannung eines Transformators verhalten sich wie die Windungszahlen von Primär- und Sekundärspule.

Wenn wir einen verlustfreien Transformator annehmen, so muß die elektrische Leistung in beiden Spulen gleich sein, $U_1 \cdot I_1 = U_2 \cdot I_2$. Damit erhält man sofort:

(5.45) $\qquad I_1/I_2 = N_2/N_1 \qquad$ Stromtransformation

Primär- und Sekundärstrom eines Transformators verhalten sich umgekehrt wie die Windungszahlen.

5.3.7. Ladungstransport im Vakuum und in Gasen

Der Transport von elektrischen Ladungen ist nicht an einen elektrischen Leiter gebunden. Wohl sind das Vakuum oder ein Gasvolumen die besten Isolatoren, wenn man in ihnen jedoch auf irgend eine Art und Weise freie Ladungsträger erzeugt, so können diese natürlich mit Hilfe von elektrischen Feldern beschleunigt und somit transportiert werden.

Zur Erzeugung von elektrischen Ladungsträgern in evakuierten Behältern gibt es mehrere Möglichkeiten, die teilweise erst im atomphysikalischen Abschnitt (S. 196) behandelt werden können. Die am meisten verbreitete Methode ist die Glühemission.

Glühemission

Die Erwärmung eines Leiters beim Stromdurchgang kann ihn schließlich zum Glühen bringen, was wir bekanntlich bei unseren Glühlampen zur Lichterzeugung ausnützen. Daß unsere „Glühbirnen" dabei nicht „durchbrennen" wird durch die Evakuierung der Lampen ermöglicht, da hierzu ja Sauerstoff benötigt würde. Die kinetische Energie der Leitungselektronen wird hierbei jedoch stark erhöht, was sie letztlich dazu befähigt, aus dem Leiter auszutreten (zu verdampfen). Es bildet sich dann um den glühenden Leiter eine „Wolke" aus freien Elektronen, welche wir mit elektrischen Feldern beschleunigen können.

Vakuumdiode

Die einfachste Methode zur Erzeugung eines freien Elektronenstrahls im Vakuum ist in Abb. 160 skizziert. In einer evakuierten Röhre befinden sich zwei gegenpolige Elektroden, von welchen die negative als „Glühkathode" ausgebildet ist, welche von einer Heizspannung ver-

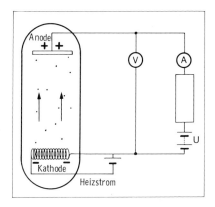

Abb. 160 Elektronenröhre

sorgt wird. Die von der Glühwendel emittierten Elektronen werden zur Anode hin beschleunigt und hierdurch ein Stromfluß in dieser Richtung ermöglicht. Er erreicht natürlich dort seinen Grenzwert, wo sämtliche emittierten Elektronen abtransportiert werden (Sättigung).

Bei einer Umpolung der Spannung (Glühwendel wird zur Anode) ist dagegen kein Stromfluß möglich, da aus der kalten Elektrode keine Elektronen emittiert werden und somit keine Ladungsträger zur Verfügung stehen. Eine solche *Vakuumdiode* kann daher zur Gleichrichtung von Wechselströmen verwendet werden (Vakuumventile). Liegt an der Diode die Spannung U, so erhält ein Elektron auf seinem Beschleunigungsweg die Energie $W = e \cdot U$ (nach (5.35), S. 157), welche es als kinetische Energie mit sich führt. Ist die Spannung $U = 1\,V$, so nennt man die Energie des Elektrons ein *Elektronenvolt* (eV). Mit der Ladung eines Elektrons von $1{,}602 \cdot 10^{-19}\,C$ folgt dann:

Ein Elektronenvolt (eV) ist die Energie, welche ein Elektron beim Durchlaufen der Potentialdifferenz von 1 V aufbringen muß oder erhält:

(5.46) $\qquad 1\,eV = 1{,}602 \cdot 10^{-19}\,C \cdot 1\,V = 1{,}602 \cdot 10^{-19}\,J$

Neben der Anwendung der Elektronenröhre in der Elektronik (dort sind sie heute durch die Halbleitertechnik nahezu verdrängt) als Gleichrichter und Verstärker werden sie auch häufig als Kathodenstrahlröhren ausgebildet. Bei ihnen ist die Anode entweder seitlich angeordnet oder durchbrochen, so daß die Elektronen zwar zwischen ihnen und der Kathode beschleunigt werden, die Anode aber entweder nicht treffen oder durch sie hindurchtreten. Die auf die gegenüberliegende Röhrenwand aufprallenden Elektronen können das Glas zu einem schwachen grünlichen Leuchten anregen, welches man durch Bestreichen der Glaswand mit einer dünnen Schicht einer fluoreszierenden Masse bedeutend verstärken kann.

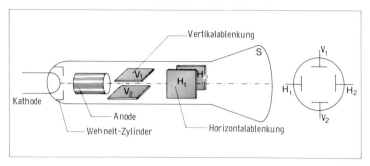

Abb. 161 Braunsche Röhre

Die wohl bekannteste Kathodenstrahlröhre ist die *Braunsche Röhre,* deren schematischer Aufbau in Abb. 161 beschrieben ist.

Die wesentlichen Elemente dieser Röhre sind die angedeuteten Plattensysteme zur Ablenkung des Elektronenstrahles in horizontaler und vertikaler Richtung. Es sind jeweils hinter der Lochanode angebrachte, einander gegenüberstehende Metallplatten (Plattenkondensatoren), in deren regelbaren elektrischen Feldern die durchtretenden Elektronen abgelenkt werden können.

Solche Röhren dienen zur Messung von Spannungen und zur Sichtbarmachung von elektrischen Signalen (Kathodenstrahloszillograph). Unsere Fernsehgeräte und Bildmonitore sind nichts anderes als solche Braunschen Röhren, welche durch eine ausgefeilte Technik zu nahezu vollkommenen Bildwiedergabesystemen geworden sind.

Gasentladung

Herrscht in einer Röhre kein reines Vakuum, sondern befindet sich in ihr eine Gasfüllung unter bestimmtem Druck, so werden die beschleunigten Elektronen auf freie Gasatome stoßen können. Hierbei kommt es je nach Energie der Elektronen zur Erzeugung neuer Ladungsträger durch „Ionisation" (s. S. 210). Diese neuen Ladungsträger werden ihrerseits im elektrischen Feld beschleunigt und es kann so zu einer Dauerentladung kommen. Der Begriff Entladung meint hier, daß die durch Stöße angeregten Gasatome ihre „Anregungsenergie" unter Aussendung von Licht wieder loswerden (s. S. 200). Auch solche Gasentladungsröhren gehören zu unserem Alltag, wo sie als „Leuchtstoffröhren" in mannigfachen Formen auftreten.

6. Schwingungen und Wellen

Über den Begriff der Schwingungen haben wir in der Kinematik bereits einiges gelernt. Wir wollen in diesem Abschnitt ganz allgemein die physikalischen Vorgänge behandeln, welche sowohl zeitlich als auch räumlich periodisch sind, wo also jeder Zustand eines schwingenden Systems nach einer Zeitspanne wieder erreicht wird und eine periodische Erregung sich räumlich ausbreitet.

6.1. Schwingungen

6.1.1. Harmonische Schwingung

Als einfache harmonische Schwingung haben wir in der Kinematik die Pendelbewegung kennengelernt. Die zeitliche Abhängigkeit der Auslenkung x führte dort zu einem rein sinusförmigen Zusammenhang (s. (2.24), S. 29),

(6.1) $\qquad x = x_o \cdot \sin \omega \cdot t$

wobei ω die Winkelgeschwindigkeit $\omega = 2\pi \cdot \nu = 2\pi/T$ (ν = Schwingungsfrequenz, T = Schwingungsdauer) bedeutet. Allgemein bezeichnet man jedes schwingungsfähige System als *Oszillator*, bei einer sinusförmigen Schwingung als *harmonischen Oszillator*.

Mechanische Schwingung

Für kleine Auslenkwinkel α ist das *Fadenpendel* (mathematisches Pendel) ein einfaches Beispiel einer harmonischen Schwingung unter dem Einfluß der Erdbeschleunigung g: An einem (massenlos gedachten) Faden der Länge l hängt eine (punktförmig gedachte) Masse m. Bei der Auslenkung um den Winkel α entnehmen wir der Skizze (Abb. 162) für die Beschleunigung a_t der Masse m in tangentialer Richtung: $a_t = g \cdot \sin \alpha$. Gleichzeitig ist jedoch auch $\sin \alpha = x/l$, so daß wir für die Tangentialbeschleunigung erhalten:

$a_t = (x/l) \cdot g = x \cdot g/l$. Für kleinere Auslenkwinkel ist der Unterschied zur Beschleunigung a_x in Richtung der Auslenkung x zu vernachlässigen, also $a_x \approx a_t$, so daß wir die Proportionalität erhalten:

(6.2) $\qquad a_x \approx (g/l) \cdot x$

Der Vergleich mit der Definitionsgleichung der harmonischen Schwingung (2.22), S. 28, $a = \omega^2 \cdot x$, liefert dann $\omega^2 = g/l$ oder mit $T = 2\pi/\omega$

(6.3) $\qquad T = 2\pi \cdot \sqrt{l/g} \qquad$ Schwingungsdauer eines mathematischen Pendels

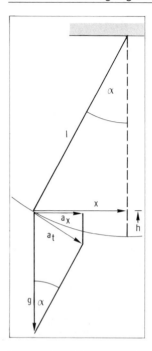

Abb. 162 Fadenpendel

Übung 31: Welche Länge l muß ein Fadenpendel besitzen, damit es eine Schwingungsdauer von genau einer Sekunde besitzt?
Aus (6.3) erhalten wir für die Länge

$$l = \frac{T^2}{4\pi^2} g = \frac{1s^2}{4\pi^2} 9{,}81 \, \frac{m}{s^2} = 0{,}2485 \, m$$

$$l = 24{,}85 \, cm$$

Die Schwingungsdauer T ist (an einem festen Ort) also lediglich abhängig von der Pendellänge, $T \sim \sqrt{l}$. Bei unseren Penduluhren können wir daher die Laufgeschwindigkeit durch Verlagerung des Pendelgewichtes regulieren.

Energiebilanz

Dieser Schwingungsvorgang zeigt einen periodischen Wechsel zwischen potentieller und kinetischer Energie der schwingenden Masse m, wobei für jeden beliebigen Zeitpunkt gilt:

(6.4) $$W_{ges} = W_{pot} + W_{kin} =$$
$$m \cdot g \cdot h + \frac{1}{2} m v^2 = const.$$

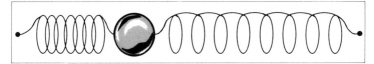

Abb. 163 Federpendel

Beim Nulldurchgang ist h = 0, die gesamte Energie steckt dann in der Bewegung bei maximaler Geschwindigkeit. An den Umkehrpunkten ist h maximal und dafür v = 0, die gesamte Energie ist dann als pot. Energie in der Masse m gespeichert.

Ein lehrreiches Beispiel ist auch das *Federpendel* (Abb. 163): Bei der Auslenkung der Masse m, welche mit zwei Spiralfedern gekoppelt ist, um die Strecke x, erteilt man dem System (nach 2.57) die potentielle Energie $W_{pot} = \frac{1}{2} Dx^2$ (D ist die Federkonstante beider Spiralfedern zusammen). Beim Entspannen der Federn wird sich die Masse in Richtung Ruhelage bewegen und bei deren Durchgang ist dann die potentielle Energie vollständig in kinetische Energie $\frac{1}{2} mv^2$ umgewandelt. Infolge der Trägheit schwingt dann die Masse wieder soweit über die Ruhelage hinaus, bis die ganze kinetische Energie wieder in potentielle umgewandelt ist, die Masse also am Umkehrpunkt wieder zur Ruhe gekommen ist. Die Energiebilanz lautet also hier:

(6.5) $\quad W_{ges} = W_{pot} + W_{kin} =$
$\quad\quad\quad \frac{1}{2} Dx^2 + \frac{1}{2} mv^2 = \text{const.}$

In jedem Schwingungszustand ist die Summe aus potentieller (elastischer) und kinetischer Energie konstant.

Elektrische Schwingung

Als ideales elektrisches Pendel bezeichnet man einen Schaltkreis aus einem Kondensator und einer Spule mit vernachlässigbaren Ohmschen Widerständen. Der aufgeladene Kondensator besitzt nach (5.16) die potentielle Energie $W_{el} = \frac{1}{2} CU^2$. Wir haben dort schon auf die Analogie zu einer gespannten Feder hingewiesen (S. 125). Wenn nun die Ladungen auf Grund des Potentialgefälles über den Leiterkreis abfließen, so baut der Strom in der Spule ein Magnetfeld auf, welches seine größte Stärke erreicht, wenn sich der Kondensator völlig entladen hat. Dann hat sich die gesamte elektrische Energie in magnetische Feldenergie umgewandelt. Das anschließend wieder abklingende Magnet-

170 6. Schwingungen und Wellen

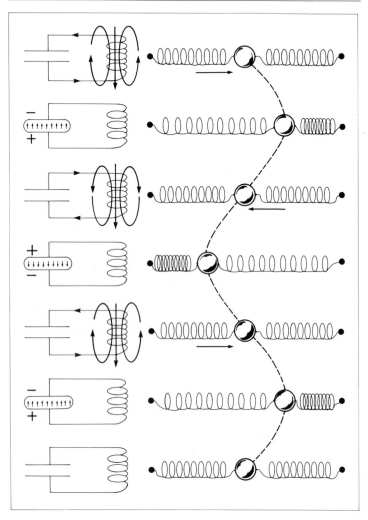

Abb. 164 Gegenüberstellung von Federpendel und elektrischem Schwingkreis

feld induziert wieder eine Spannung, welche den Kondensator erneut mit umgekehrtem Vorzeichen auflädt. Daraufhin wiederholt sich der Vorgang in umgekehrter Richtung und führt so zu einem elektrischen Schwingungssystem. In Abb. 164 sind die beiden Extremzustände eines Federpendels und eines elektrischen Schwingkreises gemeinsam dargestellt, wobei die Analogie zwischen elektrischer und potentieller Energie sowie zwischen magnetischer und kinetischer Energie besonders deutlich wird.

6.1.2. Freie und erzwungene Schwingung

Eigenfrequenz

Jedes schwingungsfähige System (Fadenpendel, Schwingkreis) ist durch eine ihm eigene Schwingungsfrequenz gekennzeichnet, mit welcher seine Schwingung verläuft wenn es, einmal angestoßen, sich selbst überlassen bleibt. Diese Frequenz ist nur von den systemeigenen Bauelementen abhängig [beim Fadenpendel z. B. nur von der Pendellänge l ($v = \frac{1}{2\pi} \cdot \sqrt{g/l}$)], und man nennt sie daher die *Eigenfrequenz* des Systems. Auch der elektrische Schwingkreis hat eine solche Eigenfrequenz, welche von Material und Geometrie von Spule und Kondensator abhängt.

Erzwungene Schwingung, Resonanz

Die Bedeutung der Eigenfrequenz wird besonders deutlich, wenn wir einem Oszillator durch einen periodischen Erreger eine beliebige Frequenz v aufzwingen. Wenn wir z. B. eine Schaukel anstoßen wollen (Abb. 165), so werden wir ihr immer dann einen Stoß geben, wenn sie zu unserem Standort zurückkehrt, und zwar in dem Augenblick, in welchem sie gerade ihre Richtung wieder umgekehrt hat. Wir stoßen dann also immer in die Richtung, in welcher sie sich gerade bewegt und bringen damit Energie in die Schaukel, so daß diese immer höher schwingt. Der Kernpunkt ist dabei, daß die Stöße mit einer Frequenz erfolgen, die gleich der Eigenfrequenz der Schaukel ist. Sobald wir von dieser Frequenz abweichen werden Situationen auftreten, in welchen wir der Schaukel gerade dann einen Stoß geben, wenn sie auf uns zukommt und somit abgebremst wird.

Jeder Oszillator nimmt dann die meiste Energie auf, wenn er in seiner Eigenfrequenz erregt wird. Sein starkes Mitschwingen in der Eigenfrequenz wird dann als *Resonanz* bezeichnet.

6.1.3. Anharmonische Schwingung

Alle Schwingungen, welche keinen sinusförmigen Verlauf zeigen, nennt man anharmonische Schwingungen. In Wahrheit sind fast alle beobachtbaren Schwingungen anharmonisch, oft können sie jedoch mit guter Näherung als harmonisch angesehen werden. Darüber hin-

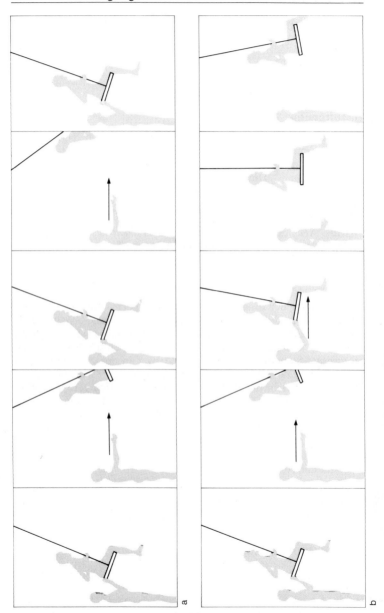

Abb. 165 Resonanz am Beispiel der Schaukel
a) Stöße in Eigenfrequenz, b) Stöße in abweichender Frequenz

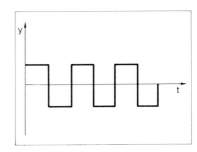

Abb. 166 Rechteckschwingung

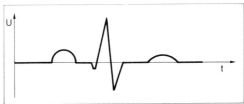

Abb. 167
Spannungsverlauf
eines EKG

aus läßt sich jede anharmonische Schwingung aus harmonischen Schwingungen durch Überlagerung zusammensetzen, deren Frequenzen ganzzahlige Vielfache der anharmonischen Grundfrequenz sind (harmonische Analyse). Dies unterstreicht die besondere Bedeutung der harmonischen Schwingung. Gute Beispiele für anharmonische Schwingungen sind die periodische Folge von Reizimpulsen eines Herzschrittmachers (Rechteckschwingung; Abb. 166) und der Spannungsverlauf eines EKG (Abb. 167).

6.2. Wellen

Die bekanntesten Wellen in der Natur sind die Wasserwellen. Wenn wir einen Stein ins Wasser werfen, so bewirkt dieser eine Störung, welche sich in Form von konzentrischen Wellen ausbreitet (Abb. 168). Wenn wir eine solche Störung durch das periodische Eintauchen eines Stiftes in die Wasseroberfläche hervorrufen, so beobachten wir einen kontinuierlichen konzentrischen *Wellenzug*. Die Bewegung der Wasserteilchen an einem festen Ort entspricht dann der einer Schwingung, also einer *zeitlich periodischen* Zustandsänderung. Wenn wir umgekehrt die augenblickliche Situation des gesamten Wellenzuges zu einem bestimmten Zeitpunkt festhalten, so erhalten wir (als Momentaufnahme) ein *räumlich periodisches* Bild.

Wellen sind also räumlich und zeitlich periodische Zustandsänderungen des Raumes.

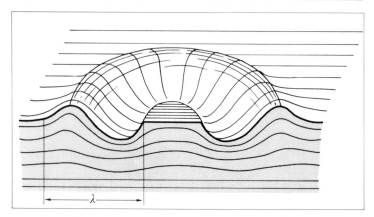

Abb. 168 Konzentrische Wasserwellen

Da zu einer zeitlich periodischen Zustandsänderung (Schwingung) immer eine Energie (Schwingungsenergie, (6.4), (6.5)) gehört, deren Form sich in periodischem Wechsel dauernd umwandelt, ist mit der räumlichen Ausbreitung der Schwingungen auch ein Energietransport verbunden.

Das allgemeine Merkmal einer Welle ist die Fortpflanzung von Energie.

Je nachdem welche Art von Schwingung sich räumlich ausbreitet sprechen wir von der entsprechenden Welle. Bei mechanischen Schwingungen sind dies dann mechanische Wellen, bei elektromagnetischen Schwingungen elektromagnetische Wellen. Zur Wahrnehmung beider Wellenarten hat uns die Natur mit speziellen Sinnesorganen ausgestattet, welche uns innerhalb bestimmter Frequenzbereiche ganz spezifische Empfindungen vermitteln. Für die mechanischen Wellen ist dies z. B. das Gehör, welches uns im Bereich von 16 Hz bis 20 kHz eine Schallempfindung vermittelt. Die elektromagnetischen Wellen wirken in dem engen Bereich von $(3{,}75–7{,}8) \cdot 10^{14}$ Hz auf unsere Sehzellen und vermitteln uns den Eindruck von Licht.

6.2.1. Mathematische Beschreibung am Beispiel mechanischer Wellen

Als einfachstes Beispiel wollen wir eine einseitig befestigte Spiralfeder betrachten, die an dem freien Ende periodisch auf und ab bewegt wird (Abb. 169). Die Störung läuft dann horizontal an der Feder entlang, jedes Teilchen der Feder hingegen führt die gleiche Schwingung aus wie die periodisch erregte Stelle, allerdings mit einer sog. *Phasenver-*

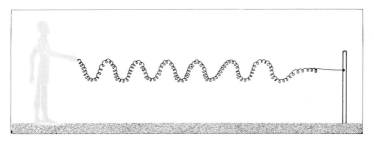

Abb. 169 Mechanische Welle bei einseitig befestigter Spiralfeder

schiebung, d. h. jedes Federteilchen durchläuft den gleichen Schwingungszustand wie sein Nachbarteilchen zu einem etwas anderen Zeitpunkt. Die mathematische Beschreibung einer Welle entspricht daher der Schwingungsgleichung (6.1) mit einer ortsabhängigen Zeitverschiebung $\tau(x)$, also $y = y_o \cdot \sin \omega \cdot (t - \tau[x])$. Das Teilchen an der festen Stelle x führt also die gleiche Schwingung durch wie das Teilchen an der Stelle $x = 0$, nur um die Zeit $\tau(x)$ später, welche die Störung benötigt, um die Stelle x zu erreichen. Wenn sich die Störung mit der Geschwindigkeit c ausbreitet, so durchläuft sie die Strecke x in der Zeit $\tau(x) = x/c$ und wir können als raum-zeitliche Wellengleichung schreiben:

(6.6) $\quad\quad y = y_o \cdot \sin \omega \cdot (t - x/c) \quad\quad$ Wellengleichung

c ist dann die Ausbreitungsgeschwindigkeit der Welle. Den kleinsten Abstand zweier Stellen, die in jedem Augenblick den gleichen Schwingungszustand haben, nennt man Wellenlänge λ (Abb. 170).

Die maximale Auslenkung aus der Ruhelage nennt man „Schwingungsamplitude" A oder auch nur Amplitude.

Offensichtlich legt die Welle die Strecke λ in der Zeit zurück, in welcher ein Teilchen an einer beliebigen Stelle x gerade einen vollen Schwingungsvorgang durchläuft, also der Schwingungsdauer T. Zwischen ihr und der Wellenlänge λ besteht somit der Zusammenhang

$$\frac{\lambda}{T} = c \text{ oder mit } \nu = \frac{1}{T} \quad\quad \text{aus (2.5):}$$

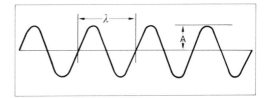

Abb. 170
Definition der
Wellenlänge

(6.7) $\quad c = \lambda \cdot \nu$

Die Ausbreitungsgeschwindigkeit c einer Welle ist das Produkt aus ihrer Wellenlänge λ und der Schwingungsfrequenz ν!

> **Übung 32:** Eine Welle habe eine Ausbreitungsgeschwindigkeit von 331 m/s. Wie groß ist ihre Wellenlänge λ, wenn die Frequenz ν = 1 kHz beträgt?
> Aus der Beziehung (6.7) erhalten wir
> λ = c/ν = 331 m/s/10^3 1/s = 0,331 m
> λ = 33,1 cm

6.2.2. Wellenarten und ihre Ausbreitung

Die verschiedenen Wellenarten werden nach den Zuständen unterschieden, welche sich raum-zeitlich verändern können.

Mechanische Wellen

Als einfachstes Beispiel haben wir die *mechanischen Wellen* kennengelernt, welche immer an den Schwingungszustand von Materieteilchen gebunden sind. Hierbei schwingt jedes Teilchen um seine Ruhelage und lediglich der Schwingungszustand pflanzt sich fort. Erfolgt hierbei die Schwingungsbewegung senkrecht zur Fortpflanzungsrichtung, nennt man die Welle eine *Querwelle* oder *Transversalwelle*.

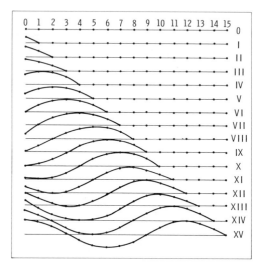

Abb. 171 Bildung einer fortschreitenden Transversalwelle

In Abb. 171 ist die Bildung einer solchen fortschreitenden Transversalwelle dargestellt.

In gleichen Zeitabständen sind hier die Schwingungszustände der Teilchen praktisch als Momentaufnahmen festgehalten, wobei die periodische Erregung beim ersten Teilchen links oben beginnt und sich durch die mechanische Kopplung der Teilchen ausbreitet. Den augenblicklichen Schwingungszustand eines Teilchens nennt man die *Schwingungsphase* oder auch nur *Phase*.

Die schwingende Spiralfeder (s. Abb. 169) ist ein Beispiel für eine solche mechanische Transversalwelle. In diesem Fall erfolgt die räumliche Ausbreitung *linienhaft*. Bei den Oberflächenwellen des Wassers hingegen bilden sich sog. *Wellenflächen* aus durch die kompakte Packung gleichphasig schwingender Teilchen (s. Abb. 168).

Schwingen die Teilchen hingegen in Bewegungsrichtung (Abb. 172), so sprechen wir von *Längs-* oder *Longitudinalwellen*. Es handelt sich hierbei um raum-zeitlich periodische Verdichtungen und Verdünnungen (z. B. Federpendel, Abb. 163).

Während für mechanische Transversalwellen nur Medien mit Gestaltselastizität in Frage kommen (also feste Körper), sind longitudinale Wellen auch in flüssigen und gasförmigen Medien möglich. Ein bekanntes Beispiel für diese Wellen ist der Schall.

Die Ausbreitungsgeschwindigkeit c aller mechanischen Wellen hängt von der mechanischen Kopplung der einzelnen Teilchen ab. Bei „harten" Stahlfedern (große Federkonstante D) ist sie z. B. größer als bei

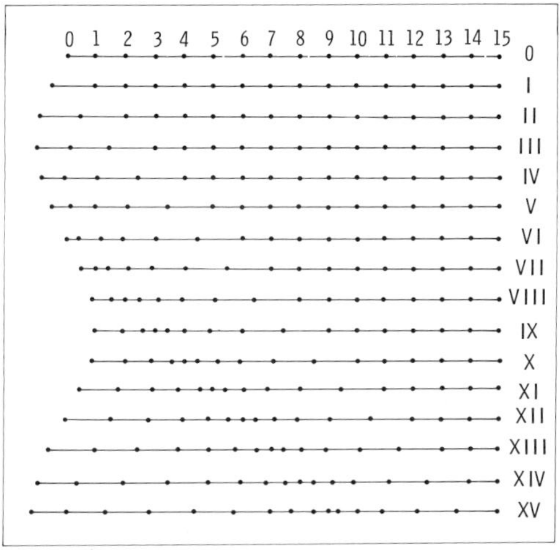

Abb. 172 Bildung einer Longitudinalwelle

"weichen" Federn. Da sich bei den Wellen nur die Schwingungszustände (Phasen) und nicht die Teilchen selbst ausbreiten, spricht man auch von der „Phasengeschwindigkeit" einer Welle.

Durch die innere Reibung der schwingenden Materieteilchen nimmt die Energie einer fortschreitenden Welle ständig ab. Sie wird dabei in Wärmeenergie umgewandelt und man bezeichnet diese Erscheinung als Absorption der mechanischen Wellen. Sie ist sowohl von der Substanz als auch von der Wellenlänge abhängig. Im allgemeinen steigt die Absorption mit zunehmender Frequenz.

Elektromagnetische Wellen

Handelt es sich bei den sich fortpflanzenden Schwingungen um elektromagnetische Schwingungen, so sprechen wir von *elektromagnetischen Wellen*. Zu ihrer Erzeugung benötigen wir als Erreger einen elektrischen Schwingkreis (s. Abb. 164), aus welchem wir mit einer *Antenne* die Schwingungen auskoppeln. Eine solche Antenne ist dabei nichts anderes als ein „aufgebogener" Schwingkreis, im einfachsten Falle ein Metallstab (Abb. 173). Die Schwingkreisspule induziert eine Spannung in der Antenne, so daß die beiden Enden verschieden geladen werden. Dieser so entstehende elektrische *Dipol* wird dann in der Eigenfrequenz des Schwingkreises periodisch umpolarisiert. Die Schwingung des Dipols breitet sich dann als elektromagnetische Welle allseitig im Raum aus durch die ständige Wechselwirkung von sich ändernden elektrischen und magnetischen Feldern. Die Feldrichtungen stehen hierbei stets senkrecht aufeinander und zur Ausbreitungsrichtung, sie bilden also stets senkrecht aufeinander stehende Transversalwellen (Abb. 174).

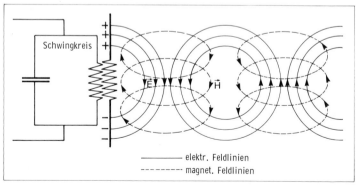

Abb. 173   Erzeugung elektromagnetischer Wellen

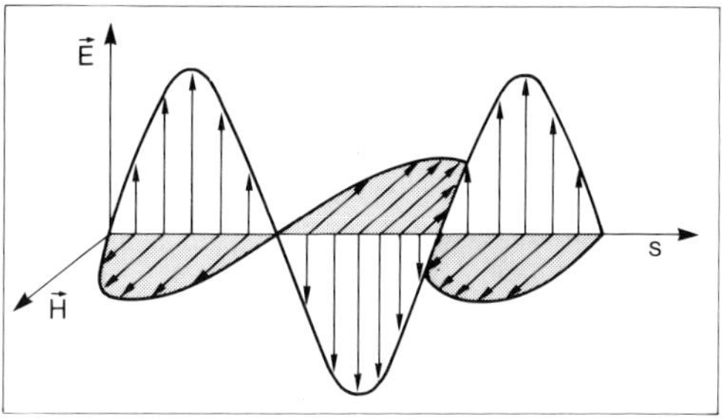

Abb. 174 Die elektrischen und magnetischen Feldvektoren einer elektromagnetischen Welle stehen stets senkrecht aufeinander

Allgemein entstehen elektromagnetische Wellen immer dann, wenn elektrische Ladungen beschleunigt werden. Dabei ist es gleichgültig, ob es sich um eine positive, negative (Abbremsung) oder radiale Beschleunigung (Kreisbeschleunigung) handelt. Die stärksten Beschleunigungen erzielt man naturgemäß bei der Abbremsung schnell bewegter Teilchen, indem man sie auf ein Hindernis prallen läßt (Bremsstrahlung S. 210).

Im Gegensatz zu den mechanischen Wellen benötigen die elektromagnetischen Wellen kein „Trägermedium", sie können sich also auch im Vakuum ausbreiten. Sie haben sogar gerade dort die größte Ausbreitungsgeschwindigkeit, die in der Physik eine der wichtigsten Naturkonstanten darstellt:

(6.8) $c_o = 2{,}9979 \cdot 10^8$ m/s
Ausbreitungsgeschwindigkeit elektromagnetischer Wellen im Vakuum *unabhängig* von der Frequenz.

Die Eigenschaften und Wirkungen elektromagnetischer Wellen werden durch ihre Frequenz oder Wellenlänge bestimmt, wobei natürlich auch im Vakuum die Beziehung (6.7) für das Produkt aus Wellenlänge und Frequenz gilt, $c_o = \lambda \cdot \nu$. Die Frequenzen können dabei von Null bis Unendlich gehen ($0 < \nu < \infty$), die Wellenlängen entsprechend von Unendlich bis Null. Das gesamte „elektromagnetische Spektrum" ist in Abb. 175 übersichtlich zusammengestellt. Die größten Wellenlängen (Kilometer- und Meterbereich) finden in der Funk- und Fernsehtechnik Verwendung. Daran schließt sich der Mikrowellenbereich an bis hin zu Wellenlängen in der Größenordnung von Millimetern. Im Zentrum des Spektrums finden wir ein kleines Gebiet zwischen 780 nm und 380 nm, in welchem die elektromagnetische Strahlung auf unsere Sehzellen den Eindruck sichtbaren Lichtes macht. Der langwellige Teil ab 800 nm wirkt dabei als rotes, der kurzwellige Teil bis 400 nm als blaues bis violettes Licht. Die beiden angrenzenden, nicht sichtbaren Wellenlängenbereiche nennt man daher am roten Ende „Infrarot" (IR) und am violetten Ende „Ultraviolett" (UV). Noch kleinere Wel-

180 6. Schwingungen und Wellen

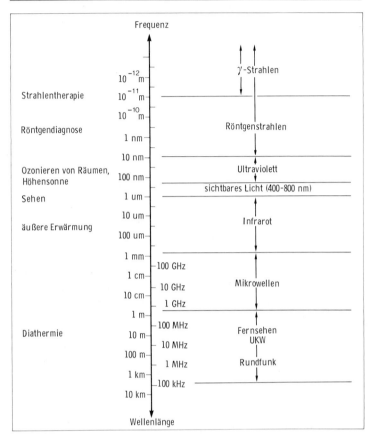

Abb. 175 Das elektromagnetische Spektrum

lenlängen haben dann die Röntgenstrahlung und die sog. Gammastrahlung (γ-Strahlen), welche wir im atomphysikalischen Kapitel näher kennenlernen werden.

In Materie ist die Ausbreitungsgeschwindigkeit c elektromagnetischer Wellen immer kleiner als im Vakuum ($c < c_o$) und für jede Frequenz verschieden.

Wie EINSTEIN in seiner Relativitätstherorie zeigte, ist c_o die größte in der Natur überhaupt beobachtbare Geschwindigkeit. Da das Licht ebenfalls als elektromagnetische Welle erkannt wurde, ist c_o auch die Lichtgeschwindigkeit im Vakuum!

Die Ausbreitungsgeschwindigkeit des Lichtes im Vakuum beträg $c_o \approx$ 300000 km/s!

Auch bei den elektromagnetischen Wellen kommt es in Materie zur Absorption der Energie. Sie wird durch ohmsche, dielektrische oder magnetische Effekte in Wärme umgesetzt oder führt bei höheren Frequenzen zu atomphysikalischen Prozessen, worauf wir noch zu sprechen kommen (S. 200 und S. 210).

6.2.3. Polarisation

Wenn bei den Transversalwellen die Schwingungsamplituden längs paralleler Geraden angeordnet sind (konstante Schwingungsebene), bezeichnet man die Welle als *linear polarisiert*. Eine unpolarisierte Welle (die Schwingungsrichtungen stehen zwar alle senkrecht auf der Ausbreitungsrichtung, sind aber sonst beliebig) läßt sich mit Hilfe eines Polarisationsfilters linear polarisieren, weil dieser nur von Wellen ungeschwächt durchdrungen werden kann, deren Schwingungsrichtungen in der Polarisationsebene liegen.

Der Polarisationseffekt kann nachgewiesen werden, indem man ein zweites Polarisationsfilter in den Strahlengang bringt (Abb. 176). Nur wenn beide Polarisationsebenen übereinstimmen kann auch durch das zweite Filter Strahlung hindurchtreten.

Transversalwellen mit festliegender Schwingungsebene nennt man linear polarisiert.

Bei den elektromagnetischen Wellen wird hierbei die Schwingungsebene des elektrischen Feldes zugrunde gelegt.

6.2.4. Überlagerung von Wellen

Bei allen Wellenarten können sich zwei oder mehrere Wellen in einem Raumpunkt überlagern. Solange sie in diesem Raumpunkt eine kon-

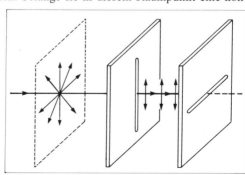

Abb. 176 Nachweis der Polarisation von Lichtwellen

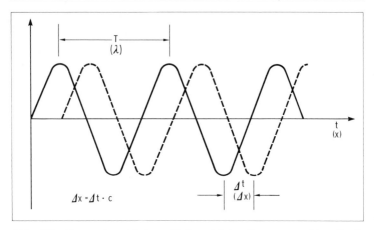

Abb. 177   Gangunterschied von Wellen gleicher Frequenz und Amplitude

stante „Phasendifferenz" besitzen, kann man das Ergebnis als sog. *Interferenz* beobachten. Der Begriff „Phasendifferenz" bedeutet, daß eine der beiden Wellen in dem Raumpunkt die gleiche Schwingungsphase zu einem späteren Zeitpunkt erreicht.

Wellen mit konstanter Phasendifferenz nennt man *kohärent*.

Ein wichtiges Prinzip ist bei der Überlagerung von Wellen von entscheidender Bedeutung: Die Wellen verhalten sich dabei so, als ob die anderen nicht vorhanden wären. Man nennt dies das Prinzip der *ungestörten Superposition*.

Betrachten wir zwei Wellen mit gleicher Frequenz, gleicher Amplitude, gleicher Ausbreitungsgeschwindigkeit und -richtung, so hängt das Ergebnis der Überlagerung *nur* von der Phasendifferenz ab. Die Tatsache, daß eine der beiden Wellen in einem Raumpunkt die gleiche Schwingungsphase um eine Zeitdifferenz Δt später erreicht, kann auch so interpretiert werden, als ob sie die gleiche Phase in einem Raumpunkt besitzt, der noch um die Strecke Δx von der Stelle entfernt ist, welche die Welle in dieser Zeit durchläuft (Abb. 177). Die Strecke Δx nennt man dann den *Gangunterschied* der Wellen.

Beschreiben wir also nach der Wellengleichung (6.6) die erste Welle mit $y_1 = y_o \cdot \sin \omega \cdot (t - x/c)$, so lautet die Gleichung für die zweite Welle $y_2 = y_o \cdot \sin \omega \, (t - \frac{x - \Delta x}{c})$. Die Phasendifferenz $\Delta \varphi$ beträgt dann offensichtlich

(6.9) $$\Delta \varphi = \omega \cdot \frac{\Delta x}{c}$$ Phasendifferenz

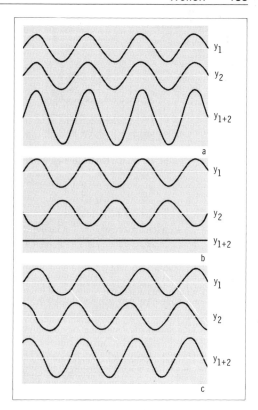

Abb. 178 a–c Überlagerung von Wellen mit verschiedenen Gangunterschieden (s. Text)

An dieser Beziehung können wir am besten erkennen, daß es sich bei der Phase immer um einen Winkel handelt. Die Phasendifferenz kann damit maximal gerade 2π sein, was offenbar genau dann zutrifft, wenn der Gangunterschied $\Delta x = \lambda$ ist. In Abb. 178 sind die Ergebnisse für verschiedene charakteristische Gangunterschiede dargestellt. Ist überhaupt kein Gangunterschied vorhanden (Abb. 178 a), also $\Delta x = 0, \lambda$, 2λ usw., so erhält man eine Welle mit doppelter Amplitude, also die maximale Verstärkung. Der umgekehrte Extremfall ist der Gangunterschied $\Delta x = \lambda/2,\ 3 \cdot \lambda/2,\ 5 \cdot \lambda/2$ usw., bei welchem sich an jeder Stelle die Amplituden kompensieren (Abb. 178 b). Die Wellen löschen sich gegenseitig aus. Eine Zwischensituation ist der Gangunterschied $\Delta x = \lambda/4,\ 3 \cdot \lambda/4,\ 5 \cdot \lambda/4$ usw. (Abb. 178 c).

In allen Fällen bleibt die Frequenz und die Wellenlänge erhalten. Die beiden Extremfälle (maximale Verstärkung und Auslöschung) seien noch einmal zusammengefaßt:

184 6. Schwingungen und Wellen

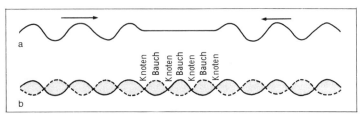

Abb. 179 Überlagerung von Wellen mit entgegengesetzter Ausbreitungsrichtung
a) vor der Überlagerung, b) nach vollständiger Überlagerung

Für n = 0, 1, 2, ... usw. erhält man

(6.10) Phasendifferenz   Gangunterschied

$\Delta\varphi = n \cdot 2\pi$ $\Delta x = n \cdot \lambda$ max. Verstärkung

$\Delta\varphi = (2n + 1) \cdot \pi$ $\Delta x = (2n + 1) \cdot \lambda/2$ Auslöschung

Ein besonders interessanter Fall tritt ein, wenn die beiden Wellen entgegengesetzte Ausbreitungsrichtung haben. In Abb. 179 a laufen zwei solche Wellenzüge aufeinander zu. Abb. 179 b zeigt die entstehende Welle, wenn die beiden Züge zusammentreffen und interferieren. Es ergeben sich ganz bestimmte Stellen in periodischen Abständen, in welchen keinerlei Auslenkung vorhanden ist, sogenannte *Schwingungsknoten*. Dazwischen scheinen die Wellen auf der Stelle zu schwingen. Daher werden sie *stehende Wellen* genannt. Die schwingenden Bereiche nennt man die *Schwingungsbäuche* der stehenden Welle. Der Abstand der Knoten beträgt gerade eine halbe Wellenlänge.

6.2.5. Schallwellen

Wie schon erwähnt vermittelt uns das Gehör mechanische Wellen im Frequenzbereich von 16 Hz bis 20 kHz als Schall. Allgemein bezeichnet man daher diesen Bereich mechanischer Wellen als *Hörschall*. Die Frequenz bestimmt dabei die Tonhöhe der Schallempfindung: Hohe Töne entsprechen großen Frequenzen, tiefe Töne kleinen Frequenzen. Liegen die Frequenzen unter 16 Hz, spricht man von *Infraschall*, über 20 kHz von *Ultraschall*.

Bei der Festlegung des Hörschallbereiches ist man sehr subjektiv von den Fähigkeiten des menschlichen Ohres ausgegangen. Die Grenzen des Bereiches sind jedoch individuell sehr verschieden und hängen vom Alter ab, insbesondere verlagert sich die obere Grenze mit zunehmendem Alter stark nach unten. Daß der Mensch jedoch nicht das Maß aller Dinge ist erkennen wir daran, daß einige Tiere, z. B. Hunde und Fledermäuse, auch Frequenzen im Ultraschallbereich wahrnehmen können. Deshalb beginnt Ihr Hund zu winseln, wenn Sie in seiner Nähe Ihr Fernsehgerät mit Ultraschallsteuerung bedienen!

In flüssigen und gasförmigen Medien kann sich der Schall wegen der fehlenden Gestaltselastizität nur als Longitudinalwelle (Druckwelle) fortpflanzen, in festen Medien außerdem als Transversalwelle. Die Ausbreitungsgeschwindigkeit c (Schallgeschwindigkeit) ist sowohl von den elastischen Deformationseigenschaften der Substanz als auch von deren Dichte, Druck und Temperatur abhängig. In Tab. 17 sind die Schallgeschwindigkeiten bei 20 °C für einige Substanzen zusammengestellt:

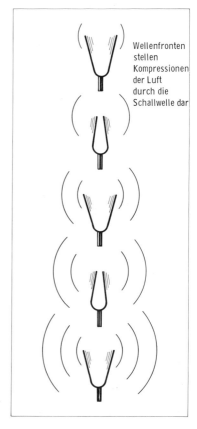

Abb. 180 Erzeugung von Schallwellen mit einer Stimmgabel

Wellenfronten stellen Kompressionen der Luft durch die Schallwelle dar

186 6. Schwingungen und Wellen

Tabelle 17 Schallgeschwindigkeiten bei 20 °C in verschiedenen Substanzen in m/s

CO_2:	268	CCl_4:	940	Pb:	1300
Luft:	331	H_2O:	1485	Ziegel:	3600
H_2:	1320	Glyzerin:	1925	Stahl:	5200

Primär interessieren wir uns natürlich für die Schallausbreitung in Luft, da durch sie die Wellen an unser Gehör transportiert werden. Wie schon deutlich gemacht, kann dies dort nur in Form von Longitudinalwellen geschehen. Wie solche Wellen zustande kommen, kann am Beispiel der Stimmgabel leicht verstanden werden (Abb. 180). Bei der Bewegung der Gabelzinken nach außen wird die Luft kurzzeitig komprimiert. Wenn sich die Zinken zurückbewegen, lassen sie ein Gebiet niedrigen Drucks zurück. Die periodische Folge von Überdruck und Unterdruck pflanzt sich dann als Druckstörung durch die Luft aus.

Schallwellen in Luft sind Druckwellen.

Diese Druckwellen werden von unserem Ohr aufgenommen und in Nervensignale umgesetzt (Abb. 181). Die Wellen werden dabei über

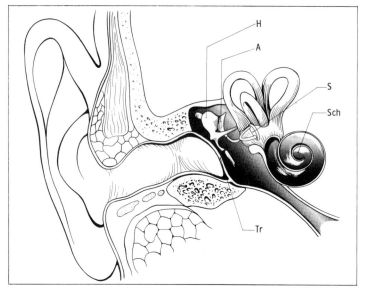

Abb. 181 Menschliches Ohr (Tr = Trommelfell, Sch = Schnecke, Gehörknöchelchen H = Hammer, A = Amboß, S = Steigbügel)

Wellen 187

das Trommelfell und ein Hebelsystem (Gehörknöchelchen, Hammer, Amboß und Steigbügel) an das ovale Fenster des Innenohres übertragen, von wo aus über die Innenohrflüssigkeit (perilymphatischer Raum) die Druckschwankungen in die *Schnecke* gelangen. Dort erfolgt dann die eigentliche Umsetzung in die Erregung des Hörnervs.

6.2.6. Spezielle Wellenphänomene

Huygenssches Prinzip

Den Begriff der Wellenfläche haben wir schon bei der Wasserwelle (S. 173) kennengelernt als eine kompakte Packung gleichphasig schwingender Teilchen. Eine ebene Wellenfläche kommt z. B. dadurch zustande, daß mehrere punktförmige Kugelwellenzentren (im ebenen Fall Kreiswellenzentren) längs einer Geraden angeordnet sind (Abb. 182). Diese sog. Elementarwellen interferieren miteinander und vernichten bzw. verstärken sich gegenseitig derart, daß nur die Einhüllende als Wellenfläche oder *Wellenfront* übrig bleibt. Alle Punkte einer solchen Wellenfläche schwingen dann gleichphasig und man kann daher jeden Punkt einer solchen Wellenfront wieder als Ausgangspunkt einer neuen, kohärenten Elementarwelle ansehen. CHRISTIAN HUYGENS (niederländischer Physiker) hat dies 1678 folgendermaßen formuliert:

> Jeder Punkt einer Wellenfläche sendet zur gleichen Zeit kohärente Wellen kugelförmig in den Raum hinaus; die äußere Einhüllende dieser Elementarwellen ist dann die tatsächlich beobachtbare Welle (Huygenssches Prinzip). Mit diesem Prinzip lassen sich einige sehr wichtige Wellenphänomene leicht verstehen.

Reflexion und Brechung

Gelangt eine Welle an eine Stelle, an welcher sich das sie tragende Medium plötzlich verändert, so tritt eine Aufspaltung der Welle auf, derart, daß ein Teil der Welle reflektiert wird, der andere Teil in das

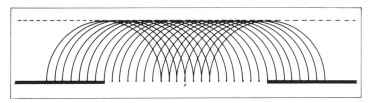

Abb. 182 Entstehung einer Wellenfront (Huygenssches Prinzip)

andere Medium übergeht. In welchem Verhältnis die Intensitäten der beiden Anteile stehen, hängt von dem Unterschied der beiden angrenzenden Medien und von der Natur der Welle ab. Zur Klärung der Frage nach der Richtung der sich ausbreitenden Wellenanteile können wir das Huygenssche Prinzip verwenden:

Trifft eine Wellenfront mit dem *Eintrittswinkel* α_1 auf eine Trennfläche, so werden die einzelnen Elementarwellen diese zu verschiedenen Zeiten nacheinander erreichen (Abb. 183). Am größten ist diese Zeitdifferenz natürlich für die beiden Randstrahlen und wir werden uns daher auf diese bei unserer Ableitung beschränken.

a) *Reflexion* (Abb. 183 a): Sobald der Randstrahl 1 die Trennfläche erreicht, wird von dort (Punkt 1) eine kreisförmige Elementarwelle ausgehen. Der ins Medium I reflektierte Anteil hat dann die gleiche Ausbreitungsgeschwindigkeit c_I wie die ankommende Welle. Die Ele-

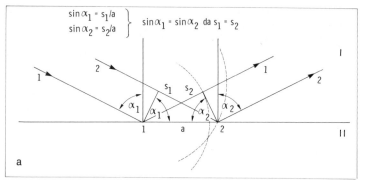

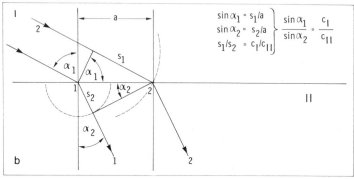

Abb. 183 Erklärung von Reflexion und Brechung mit Hilfe des Huygensschen Prinzips
a) Reflexion, b) Brechung

mentarwelle des Punktes 1 wird also in der Zeit, welche der Randstrahl 2 benötigt, um zur Trennfläche zu gelangen, die gleiche Strecke s_1 zurücklegen wie dieser. Die sich somit ergebende reflektierte Wellenfront bildet demnach einen Reflexionswinkel α_2 zur Trennfläche, der genau so groß ist wie der Einfallswinkel α_1, was aus der einfachen geometrischen Betrachtung hervorgeht:

Bei der Reflexion einer ebenen Welle an einer Trennfläche ist der Reflexionswinkel gleich dem Einfallswinkel.

(6.11) $\qquad \alpha_1 = \alpha_2 \qquad$ Einfallswinkel = Relexionswinkel
$\qquad\qquad\qquad\qquad\quad$ Reflexionsgesetz

b) *Brechung* (Abb. 183 b): Der in das Medium II eindringende Anteil der vom Punkt 1 ausgehenden Elementarwelle hat im allgemeinen eine andere Ausbreitungsgeschwindigkeit c_{II}. Nehmen wir an, diese sei kleiner als c_I, so wird die Welle eine kleinere Strecke s_2 zurücklegen als s_1, und zwar werden die Strecken im gleichen Verhältnis zueinander stehen, wie die Ausbreitungsgeschwindigkeiten c_I und c_{II}. Die gleiche geometrische Überlegung wie bei der Reflexion führt hier zu einem Ausfallswinkel α_2 der *gebrochenen* Wellenfront zur Trennfläche, welcher sich von dem Einfallswinkel α_1 unterscheidet:

Beim Übergang einer ebenen Welle von einem Medium in ein anderes wird diese von ihrer ursprünglichen Richtung abgelenkt (Brechung). Dabei ist das Verhältnis der Sinus des Einfalls- und des Brechungswinkels gleich dem Verhältnis der Fortpflanzungsgeschwindigkeiten in den beiden Medien.

(6.12) $\qquad \dfrac{\sin \alpha_1}{\sin \alpha_2} = \dfrac{c_I}{c_{II}} \qquad$ Brechungsgesetz

Beugung

Eine der wichtigsten Welleneigenschaften ist die Tatsache, daß diese um Ecken herum gebeugt werden können. Trifft eine ebene Welle auf ein Hindernis mit einer Öffnung, so wird aus der Welle nicht, wie man erwarten könnte, ein schmales Bündel ausgeblendet (Abb. 184a), sondern auch seitlich von dem erwarteten Bündel werden Wellenbewegungen auftreten (Abb. 184b). Beim Schall ist uns dieses Phänomen geläufig, denn wir können jederzeit um Ecken herum hören.

Zur Erklärung dieser *Wellenbeugung* benutzen wir das Huygenssche Prinzip: In dem Augenblick, in dem die Wellenfront das Hindernis erreicht, ist jeder Punkt der Öffnung wieder Ausgangspunkt von neuen Elementarwellen, welche sich kreisförmig ausbreiten. Dadurch entsteht eine Wellenfront, welche zwar im Bereich der Öffnung den erwarteten Verlauf hat, sich jedoch auch seitlich davon in der skizzierten Form ausbreitet. Die Wellen biegen sich also teilweise um die Kanten des Hindernisses herum.

190 6. Schwingungen und Wellen

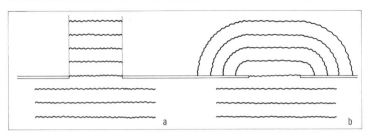

Abb. 184 Phänomen der Wellenbeugung
a) gradlinige Ausbreitung, b) Ausbreitung durch Elementarwellen

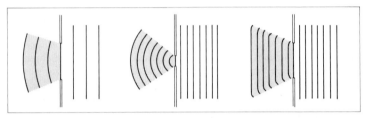

Abb. 185 Beugung bei verschiedenen Öffnungsgrößen und Wellenlängen

Als Beugung bezeichnet man jede (nicht durch Reflexion bedingte) Abweichung von der geradlinigen Ausbreitung einer Wellenbewegung innerhalb ein und desselben Mediums.

Diese Beugung ist ein typisches Wellenphänomen und dient auch als Nachweis der Welleneigenschaft von sich räumlich ausbreitender Energie. Von besonderer Bedeutung ist dabei die Tatsache, daß die Beugungserscheinung um so deutlicher wird, je mehr die Dimensionen der Öffnung sich der Wellenlänge nähern (Abb. 185). Ist die Öffnung viel größer als die Wellenlänge, ist die Beugung kaum erkennbar. Wenn sie jedoch nur wenig größer ist, so wird die Beugungserscheinung sehr deutlich. Die einzelnen Elementarwellen werden dann derart miteinander interferieren, daß in ganz bestimmten Richtungen eine Verstärkung oder Auslöschung der Wellen erfolgt.

Doppler-Effekt

Wenn ein hupendes Auto auf uns zukommt und an uns vorbeifährt merken wir eine deutliche Veränderung des Huptons. Solange das Auto auf uns zukommt, erscheint der Ton höher als wenn es sich von uns entfernt. Natürlich bleibt dabei die wirkliche Frequenz der Schallquelle konstant; allgemein ist diese scheinbare Frequenzänderung ein Effekt, den man bei allen Relativbewegungen zwischen Quelle und

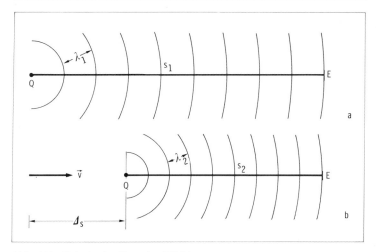

Abb. 186 Prinzip des Doppler-Effektes
a) ruhende Quelle, b) bewegte Quelle

Empfänger bei Wellen beobachten kann. Die Erscheinung wird nach dem österreichischen Physiker, der sie erstmals beschrieb, als Doppler-Effekt bezeichnet. Wir möchten diesen Effekt am Beispiel einer Schallquelle Q mit der Wellenlänge λ_1 untersuchen, welche zunächst im Abstand s_1 vom Empfänger E ruht (Abb. 186a). Auf der Strecke s_1 liegen dann $n = s_1/\lambda_1$ Wellenlängen. Um von der Quelle zum Empfänger zu gelangen, benötigt der Schall die Zeit $t = s_1/c$. Wenn sich nun die Schallquelle mit der Geschwindigkeit v auf den Empfänger zubewegt, legt sie in dieser Zeit die Strecke $\Delta s = v \cdot t = s_1 \cdot v/c$ zurück (Abb. 186 b). Die Strecke s_2, auf welcher jetzt die (nach wie vor noch gleiche Anzahl) n Wellenlängen liegen, ist entsprechend kleiner, nämlich $s_2 = s_1 - \Delta s = s_1 (1 - v/c)$. Damit muß die Wellenlänge λ_2 im selben Verhältnis kleiner geworden sein, also

(6.13) $\qquad \lambda_2 = \lambda_1 \cdot (1 - v/c) \qquad$ Doppler-Effekt

Im umgekehrten Verhältnis muß sich somit die Frequenz erhöhen (wegen) $v_1 \cdot \lambda_1 = v_2 \cdot \lambda_2 = c = $ konstant):

(6.14) $\qquad v_2 = v_1 / (1 - v/c)$

6.2.7. Anwendung von Wellen in der Medizin

Die besonderen physikalischen Verhältnisse bei der räumlichen Ausbreitung von Energie in Form von Wellen haben in der Medizin vielfältige Anwendung gefunden. Sowohl die mechanischen, als auch die elektromagnetischen Wellen haben hierbei zu medizinischen Spezialdisziplinen geführt, von denen hier nur einige Beispiele genannt werden können.

Mechanische Wellen

Von den mechanischen Wellen werden in der Medizin praktisch nur die Schallwellen angewendet. Diese nehmen allerdings, besonders in der Diagnostik, an Bedeutung zu.

Eine der ältesten diagnostischen Methoden ist das Beklopfen der Körperoberfläche mit dem Finger oder dem *Perkussions*hammer (lat.: percutere = erschüttern). Der entstehende *Perkussionsschall* beruht auf Resonanzerscheinungen in den Körperhöhlen und ist für bestimmte anatomische Verhältnisse charakteristisch. Als diagnostische Methode wurde diese *Perkussion* erstmalig von dem Wiener Arzt LEOPOLD AUENBRUGGER (1761) beschrieben.

Zur Wahrnehmung natürlicher Geräusche im Körper *(Auskultation)* wird das sog. Stetoskop (griech.: stetos = Inneres) verwendet. Seine Funktion beruht auf der Fortleitung des Schalls in festen Körpern.

Für eine grobe Diagnostik genügt zwar das Stetoskop, um Herzgeräusche abzuhören, eine wesentliche Verbesserung der Schallanalyse bietet jedoch die *Phonokardiographie*. Hierbei werden die Geräusche über ein Herzschallmikrophon aufgenommen und verstärkt analysiert. Eine interessante Anwendung findet der Doppler-Effekt bei der Messung der Strömungsgeschwindigkeit von Blut (Abb. 187). In dem beschallten Blutgefäß bildet das strömende, schallreflektierende Blut eine bewegte Schallwelle und die Messung der hieraus resultierenden Frequenzänderung erlaubt die Berechnung der Geschwindigkeit.

Der Einsatz von Ultraschallmethoden befindet sich in einer bemer-

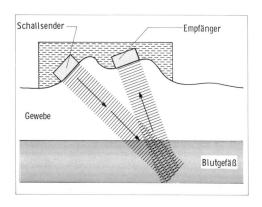

Abb. 187 Messung der Strömungsgeschwindigkeit des Blutes mit Hilfe des Doppler-Effektes

kenswerten Entwicklung. Die wesentlichen Vorteile des Ultraschalls liegen in der Möglichkeit die Strahlen gut bündeln zu können und negative Begleiterscheinungen praktisch auszuschließen.

In der Diagnostik unterscheidet man zwischen dem *Durchschallungsverfahren* und dem *Echoverfahren*. Bei ersterem macht man die unterschiedliche Absorption des Ultraschalls in verschiedenen Gewebearten sichtbar und hält sie photographisch fest. Das zweite beruht auf dem gleichen Prinzip wie der Orientierungssinn der Fledermäuse. Diese senden Ultraschallimpulse von ca. 0,02 s Dauer aus und orientieren sich an den reflektierten Ultraschallwellen. Ähnlich kann man auch in der Medizin die Lage und Ausdehnung von Organen, Tumoren und Fremdkörpern ermitteln. Diese *Sonographie* wurde inzwischen zu einer ausgefeilten Methode entwickelt, welche die Röntgendiagnostik wegen ihrer weitgehenden Unschädlichkeit bestens ergänzt.

Die Anwendung des Ultraschalls in der Therapie entspricht im Grunde einer „Mikromassage". Bei der Absorption des Ultraschalls an den Grenzschichten unterschiedlich dichter Gewebe lösen mechanische Wirkungen und Wärmewirkungen chemische Prozesse aus (Oxidations- und Reduktionsprozesse) und beeinflussen die Diffusionsvorgänge. Behandelt werden z. B. Gelenkrheumatismus, Furunkulose, Ischias, Muskelschmerzen („Muskelrheumatismus") und Brustentzündungen.

Elektromagnetische Wellen

Bei den elektromagnetischen Wellen wollen wir an dieser Stelle den Bereich des sichtbaren Lichtes ($[3,75 - 7,8] \cdot 10^{14}$ Hz) ausnehmen, da wir natürlich mit unseren Augen und optischen Instrumenten eine Vielzahl von diagnostischen Möglichkeiten haben, von welchen einige im Kapitel Optik angesprochen werden. Auch der Bereich sehr hoher Frequenzen (Röntgen- und Gammastrahlen) soll erst im atomphysikalischen Kapitel besprochen werden.

Die Wellen der verbleibenden Frequenzgebiete werden bevorzugt therapeutisch genutzt.

Die kleinsten Frequenzen (500 bis 1000 kHz) kommen bei der sog. *Diathermie* zur Anwendung. Es handelt sich dabei um hochfrequente Wechselströme (*hoch*frequent im Vergleich zu unserer Netzfrequenz von 50 Hz) beachtlicher Stärken, welche im Gegensatz zu niederfrequenten oder gar Gleichströmen keine elektrolytische Zersetzung des Gewebes und somit keine Reizerscheinungen hervorrufen. Wohl aber führen sie zu einer tiefwirkenden Erwärmung des Gewebes. Leider erfolgt die Durchwärmung wegen der unterschiedlichen Leitfähigkeiten der verschiedenen Gewebearten nicht gleichmäßig. Dieser Nachteil entfällt bei der Kurzwellentherapie, welche mit Frequenzen zwischen 10 und 100 MHz arbeitet. Im Prinzip wird hierbei das Gewebe

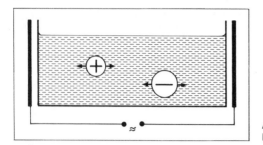

Abb. 188 Prinzip der Kurzwellentherapie

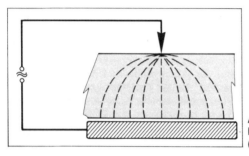

Abb. 189 Prinzip der Hochfrequenzchirurgie (Koagulation)

zwischen zwei Kondensatorplatten gebracht (Abb. 188), zwischen welche das hochfrequente elektrische Feld alle geladenen Teilchen in Schwingungen versetzt. Es fließt also im Gegensatz zur Diathermie kein eigentlicher Wechselstrom, es wird hier die Schwingungsenergie der geladenen Teilchen in Wärme umgewandelt. Und da dies sowohl in guten, als auch in schlechten Leitern geschieht, führt das Verfahren zu einer gleichmäßigen Durchwärmung des ganzen Gewebes. Eine ungleichmäßige Erwärmung erhält man allerdings auch, wenn die Elektrodenform zu einem stark inhomogenen Feldlinienverlauf führt. Ist im Extremfall eine Elektrode als Spitze, die andere großflächig ausgeführt (Abb. 189), so wird die große Feldliniendichte das Gebiet vor der Spitze besonders stark erhitzen. Dies führt zu einer Zerstörung des betroffenen Gewebes *(Koagulation)* und diesen Effekt macht man sich bei der sog. *Hochfrequenzchirurgie* zu nutze. Dabei sind die verwendeten spitzen Elektroden je nach Anwendungszweck dieser *Koagulationsmethode* verschieden geformt (Drahtspitzen, Schneiden, Schlingen usw.).

Der Bereich der infraroten (IR) Wellenlängen findet ebentalls als Wärmestrahlung Anwendung. Der in der Lichtleistung unserer Sonne enthaltene Anteil der Infrarotstrahlung ist für das gesamte Leben auf der Erde als Wärmequelle eine notwendige Voraussetzung. Zu starke

IR-Einstrahlung kann jedoch zu einer Wärmestauung führen, wie wir sie beim Hitzschlag kennen. Bei richtiger Dosierung in der Therapie erfolgt eine stärkere Durchblutung der Haut (Hyperämie).

Die Bestrahlung mit UV-Strahlung ist schon seit langem bekannt. Schon die Römer hatten ihre Solarien, die Hintergründe der günstigen Wirkung des Sonnenbadens wurden jedoch erst entdeckt, als man den Aufbau des elektromagnetischen Spektrums (s. S. 180) verstanden hatte.

Künstliche *UV-Strahlen* (Höhensonne) beruhen auf dem Emissionsspektrum (s. S. 200) verdampfenden Quecksilbers. Die Wirkung des langwelligen Anteils der UV-Strahlung (UV-A-Licht) zeigt sich in der Veränderung der hellen Form des Pigments Melanin in die dunklere Form. Der kurzwellige Anteil hingegen (UV-B- und UV-C-Licht) kann leicht Verbrennungen hervorrufen als Folge einer Reaktion auf freigesetzte, histaninartige Stoffe. Allerdings bewirkt das UV-B-Licht auch die Synthese des Vitamin D aus dem Provitamin, worauf wohl die wichtigste Heilwirkung der Höhenstrahlung beruht.

7. Atomphysikalische Grundlagen

In Kapitel 3.1 hatten wir die atomistische Struktur der Materie besprochen, welche uns deren Aufbau aus kleinsten Teilchen, den Atomen, zeigte. Dabei wurde von den physikalischen Eigenschaften dieser Teilchen bis auf die Größe ihrer Masse keine weiteren Angaben oder Annahmen gemacht. Wir haben aber schon darauf hingewiesen, daß sich die Bezeichnung „atomos = unteilbar" nur auf die chemischen Eigenschaften dieser Teilchen bezieht, sie jedoch in physikalischem Sinne tatsächlich noch aus weiteren Teilchen aufgebaut sind.

7.1. Atombau

Daß die Atome selbst zumindest teilweise aus geladenen Teilchen aufgebaut sein müssen, ergab sich schon durch die Existenz von kleinsten geladenen Teilchen, den Elektronen. Vor allem die Erscheinungen der Elektrolyse und der Gasentladung und schließlich, um die letzte Jahrhundertwende, die Entdeckung der Emission von Elektrizitätsträgern durch radioaktive Substanzen, waren sichere experimentelle Stützen für diese Hypothese.

Über Ladung und Masse der Elektronen haben wir schon gesprochen. Sie betragen:

(7.1) $\quad e = 1{,}602 \cdot 10^{-19}$ C
$\quad\quad\quad m_e = 9{,}107 \cdot 10^{-31}$ kg

Da die Atome selbst elektrisch neutral sind, müssen sie neben den Elektronen auch positive Partikel enthalten.

Entdeckung der Radioaktivität

Der Franzose HENRI BECQUEREL machte am 24. 2. 1886 der Pariser Akademie die erste Mitteilung über eine von Uran ausgehende Strahlung. Er untersuchte auch ihre magnetische Ablenkbarkeit und fand dabei drei verschiedene Strahlarten, welche er willkürlich α^+-, β^-- und γ-Strahlung nannte (Becquerelstrahlen, Abb. 190).

Die β^--Strahlung wurde von ihm als Elektronenstrahlung erkannt. Die α-Strahlung konnte er auf Grund der Ablenkergebnisse als zweifach positiv geladene Teilchen mit einer etwa 7000mal größeren Masse als die der Elektronen interpretieren. Die γ-Strahlen hingegen verhielten sich völlig neutral. Es war dies die Entdeckung der natürlichen Radioaktivität (lat.: radius = der Strahl). Sie öffnete den Weg zum Verständnis des Aufbaus der Atome (näheres über Radioaktivität in 7.2.2.).

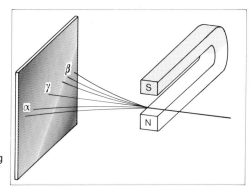

Abb. 190 Entdeckung der Radioaktivität: Becquerel-Strahlen

7.1.1. Struktur der Atome

Zunächst konnte man annehmen, daß es sich bei den geladenen und massebehafteten α- und β⁻-Strahlen entweder um die Atombausteine selbst handelte oder daß sie aus diesen Bausteinen aufgebaut sind. Wegen der elektrischen Neutralität der Atome mußten die positiven und negativen Ladungen in gleicher Zahl vorhanden sein.

Rutherfordsches Atommodell

Um die Anordnung der Bausteine im Atom zu untersuchen, ließ ERNEST RUTHERFORD 1911 seine Assistenten einen Strahl hochenergetischer α-Teilchen auf eine sehr dünne Goldfolie fallen (Abb. 191). Die große Mehrheit dieser Teilchen ging ohne Ablenkung durch die Folie hindurch, einige wurden jedoch um große Winkel abgelenkt und manche sogar direkt reflektiert. RUTHERFORD nannte dies das unglaublichste Ereignis in seinem Leben, und verglich es mit der Reflexion eines schweren Geschosses an Seidenpapier.

Nach der quantitativen Auswertung der Streuversuche kam RUTHERFORD zu folgender Interpretation der Ergebnisse: Das Atom besteht aus einem, überraschend kleinen, positiv geladenen schweren Teilchen (etwa 10^{-15} m im Durchmesser), in welchem beinahe die gesamte Atommasse konzentriert ist, dem *Atomkern*. Darum herum befinden sich Elektronen in einer Entfernung bis zu 10^{-10} m.

Dabei muß die Anzahl der Elektronen gerade die positive Kernladung ausgleichen (Abb. 192). Diese Zahl nennt man die *Kernladungszahl* Z des Atoms. Ist die Zahl der Elektronen größer oder kleiner als die Kernladungszahl Z, so hat das Atom einen Überschuß oder ein Defizit an negativer Ladung, erscheint also insgesamt negativ oder positiv geladen. Solche Atome nennt man *Ionen,* da sie in elektrischen Fel-

198   7. Atomphysikalische Grundlagen

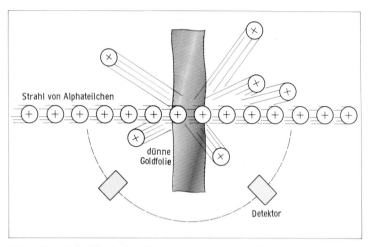

Abb. 191   Rutherfordsches Streuexperiment mit α-Strahlen

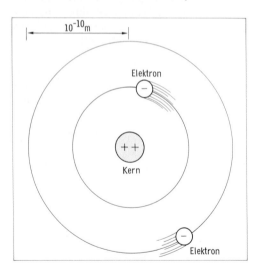

Abb. 192
Rutherfordsches
Atommodell

dern zu „wandern" beginnen (Ionisos = der Wanderer, griech., s. auch S. 149, Elektrolyse).

Die durch das Streuexperiment geforderten großen Abstände der Elektronen vom Kern (10^{-10} m sind ja 100000mal größer als der Kerndurchmesser 10^{-15} m) boten jedoch ernsthafte Schwierigkeiten für das

Verständnis des Rutherfordschen Modelles: es wäre nämlich prinzipiell instabil. Denn nimmt man die Elektronen als ruhend an, so würden sie wegen der elektrostatischen Anziehung in den Kern stürzen. Nimmt man jedoch eine Art Planetenmodell an, nach welchem sich die Elektronen in Bahnen um den Kern bewegen, wobei die Fliehkraft die Anziehung gerade kompensiert, so würden sie einer ständigen Radialbeschleunigung ausgesetzt sein und folglich Strahlung emittieren (s. S. 179). Durch den hiermit verbundenen Energieverlust würden sie auf Spiralbahnen ebenfalls in den Kern stürzen. Das Problem fand mit einer mutigen Hypothese eine geniale Lösung.

7.1.2. Die Bohrsche Theorie des Atommodells

Die Ergebnisse der Rutherfordschen Streuversuche waren so überzeugend, daß trotz der genannten Stabilitätsproblematik an dem Aufbau der Atome aus einem schweren, positiv geladenen Kern und einer leichten Elektronenwolke in dem angegebenen Größenverhältnis nicht gezweifelt werden konnte. Der geniale Streich zur Beseitigung des Widerspruches gelang dem dänischen Physiker NIELS BOHR 1913. Er setzte ganz undogmatisch im Atom an zwei entscheidenden Punkten die klassische Mechanik und Elektrodynamik außer Kraft und führte folgende Postulate ein:

1. Die Bewegungen der Elektronen um den Kern gehorchen zwar den Gesetzen der Planetenbahnen um die Sonne, im Gegensatz zu diesen sind aber nicht beliebige Bahnen innerhalb dieser Gesetze erlaubt, sondern nur Bahnen mit ganz bestimmten Energieniveaus.
2. Die Bahnen werden dadurch festgelegt, daß die Bewegung der Elektronen auf ihnen strahlungslos erfolgt.

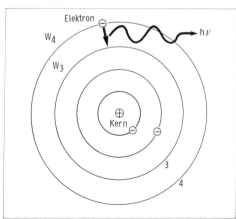

Abb. 193 Strahlungsübergänge zwischen den Bohrschen Bahnen

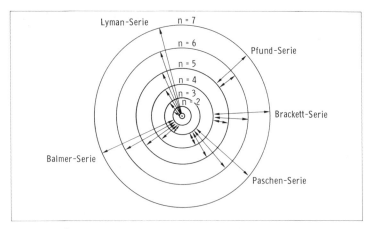

Abb. 194 Übergangsserien beim Wasserstoff-Atom

Die verschiedenen Bahnen (Energiezustände) werden mit der sog. *Hauptquantenzahl* n in aufsteigender Folge numeriert.

Um das Atom in einen höheren Zustand zu bringen, das Hüllenelektron also auf eine Bahn mit einer höheren Hauptquantenzahl überzuführen, muß zur Überwindung der elektrostatischen Anziehung zwischen Kern und Elektron Energie zugeführt werden. Umgekehrt kann das Atom von einem höheren in einen tieferen Zustand übergehen. Beim Übergang z. B. von einer Bahn mit der Energie W_4 auf eine andere Bahn W_3, wird dann die Energiedifferenz $\Delta W = W_4 - W_3$ entweder benötigt oder abgegeben. Eine Energieabgabe erfolgt in Form elektromagnetischer Strahlung mit einer Frequenz ν, welche der Energieabgabe direkt proportional ist (Abb. 193).

(7.2) $\qquad \Delta W = W_4 - W_3 = h \cdot \nu$

(Die Proportionalitätskonstante h ist das sog. „Wirkungsquantum" von Planck mit $h = 6{,}626 \cdot 10^{-34}$ J · s).

Alle Übergänge, welche auf demselben Niveau enden, nennt man eine Serie.

In Abb. 194 sind die möglichen Serien beim Wasserstoff dargestellt. Die zweite Serie wurde schon sehr frühzeitig von BALMER (1885) bei der Spektroskopie beobachtet, da deren Frequenzen größtenteils im sichtbaren Bereich liegen.

Bei der Spektroskopie untersucht man die farbliche Zusammensetzung des Lichtes, welches von erhitzten Elementen ausgesandt wird, indem man sie z. B. in die Flamme eines Bunsenbrenners hält. Die Bohrsche Theorie konnte in beeindruckender Weise die frühen spektroskopischen Ergebnisse erklären und wurde in der Folge – vor allem von ARNOLD SOMMERFELD – noch erheblich verbessert.

7.1.3. Das periodische System der Elemente

Nach der Bohr-Sommerfeldschen Theorie sind alle Elemente, die wir in der Natur beobachten, nach dem selben Prinzip aufgebaut. Sie unterscheiden sich lediglich in der Größe der Kernladungszahl Z und somit, wegen des notwendigen Ladungsausgleiches, in der Anzahl der Hüllenelektronen. Ein Atom mit der Kernladungszahl Z = 6 z. B. benötigt 6 Hüllenelektronen für den Ladungsausgleich.

Hierbei stößt man auf eine weitere Schwierigkeit, wenn man nach den Bahnen fragt, in welchen sich diese Elektronen um den Kern *gleichzeitig* aufhalten können. Diese Frage konnte erst nach der Einführung der *Wellenmechanik* richtig beantwortet werden. Bei ihr spricht man nicht mehr von eigentlichen Elektronenbahnen, sondern von Räumen um den Atomkern, in welchen sich die Hüllenelektronen in diskreten Energiezuständen mit gewissen Wahrscheinlichkeiten aufhalten können. Die *Wellenfunktion* macht dabei Aussagen über die Aufenthaltswahrscheinlichkeit in diesen sog. *Orbitalen*.

Den Elektronen werden hierbei neben der Hauptquantenzahl n noch die *Nebenquantenzahl l,* eine *Spinquantenzahl s,* und die *magnetischen Quantenzahlen* m_l und m_s zugeordnet. Dies geschieht natürlich nicht willkürlich, sondern hat eine ganz bestimmte physikalische Bedeutung, die wir, ohne auf eine genaue Beschreibung näher eingehen zu wollen, wie folgt anschaulich verstehen können: Für jedes Energieniveau W_n gibt es genau n verschiedene Orbitale (Aufenthaltsräume), in welchen sich das Elektron mit einer gewissen Wahrscheinlichkeit aufhalten kann. Die Form dieser Orbitale wird durch die Nebenquantenzahl l beschrieben mit l = 0 bis l = n − 1. Für die Hauptquantenzahl n = 3 sind die drei möglichen Orbitale mit l = 0, l = 1 und l = 2 in der Abb. 195a skizziert.

Den Werten der Nebenquantenzahlen werden kleine Buchstaben zugeordnet:

l =	0	1	2	3	4	5	6
	s	p	d	f	g	h	i

Darüber hinaus können sich diese Orbitale in einem Kraftfeld nur in diskreten Richtungen einstellen, und zwar gibt es für das Orbital mit der Nebenquantenzahl l genau 2 l + 1 Möglichkeiten, welche durch die magnetische Orientierungsquantenzahl m_l beschrieben werden mit $m_l = -l$ über $m_l = 0$ bis $m_l = +l$. Die drei möglichen Orientierungen für das p-Orbital zeigt als Beispiel die Abb. 195b.

Schließlich besitzt das Elektron selbst, ähnlich wie unsere Erde, eine

202   7. Atomphysikalische Grundlagen

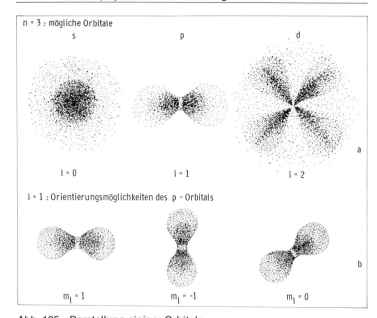

Abb. 195 Darstellung einiger Orbitale
a) mögliche Orbitale für n = 3
b) die drei möglichen Orientierungen des p-Orbitals

Eigenrotation um seine eigene Achse, den sog. *Spin*. Auch für die Stellung dieser Achse im Kraftfeld des Atomkerns gibt es eine Quantisierungsvorschrift, nach welcher für jedes Elektron nur zwei Möglichkeiten bestehen, welche durch die magnetischen *Spinquantenzahlen* $m_s = -½$ und $m_s = +½$ beschrieben werden.

Den gesamten Zustand eines Elektrons kann man also vollständig beschreiben durch die Angabe der vier Quantenzahlen n, l, m_l und m_s. Die Frage nach den gleichzeitigen Aufenthaltsmöglichkeiten wird dann durch das *Pauli-Prinzip* geregelt:

In einem Atom können nicht zwei Elektronen in allen vier Quantenzahlen übereinstimmen.

Somit läßt sich ein *Schalenmodell* für den Atomaufbau konstruieren, wobei jede Schale von der Hauptquantenzahl n definiert wird. Für jede Schale sind dann n verschiedene Orbitalformen l möglich, diese wiederum haben 2 l + 1 mögliche Orientierungsquantenzahlen m_l, die ihrerseits noch jeweils für die magnetische Spinquantenzahl m_s die

Tabelle 18 Mögliche Elektronenzustände in den K-, L- und M-schalen

Schale	n	Orbit.	l	m_l	m_s	n_{max}	n_{ges}
K	1	s	0	0	$\pm\frac{1}{2}$	$1 \cdot 2 = 2$	2
L	2	s	0	0	$\pm\frac{1}{2}$	$1 \cdot 2 = 2$	8
		p	1	$-1, 0, +1$	$\pm\frac{1}{2}$	$3 \cdot 2 = 6$	
M	3	s	0	0	$\pm\frac{1}{2}$	$1 \cdot 2 = 2$	18
		p	1	$-1, 0, +1$	$\pm\frac{1}{2}$	$3 \cdot 2 = 6$	
		d	2	$-2, -1, 0, +1, +2$	$\pm\frac{1}{2}$	$5 \cdot 2 = 10$	

Möglichkeiten $m_s = \pm\frac{1}{2}$ haben. Die Verteilung der Elektronen um den Kern erfolgt nun derart, daß ein Elektron nach dem anderen so eingebaut wird, daß jedes den energetisch niedrigsten der noch freien erlaubten Zustände besetzt. Die Schalen werden auch in alphabetischer Reihenfolge beginnend mit K für n = 1 bezeichnet. In der Tab. 18 sind die möglichen Zustände der Elektronen in der K-, L- und M-Schale zusammengestellt, woraus die pro Orbital jeweils maximal aufnehmbare Elektronenzahl n_{max} und somit auch die Gesamtelektronenzahl n_{ges} der Schalen hervorgehen. Als einfache Regel erkennt man, daß jede Schale n genau $2n^2$ Elektronen aufnehmen kann (die Schale n = 3 also $2 \cdot 3^2 = 2 \cdot 9 = 18$). Für das chemische Verhalten der Atome sind nur die Elektronen in der äußersten Schale verantwortlich. Man nennt sie die *Valenzelektronen*.

Bereits im Jahr 1869, also noch lange bevor man detaillierte Kenntnisse über die Atomstruktur hatte, haben D. J. MENDELEJEW in Rußland und L. MEYER in Deutschland unabhängig voneinander die ihnen damals bekannten Elemente nach ihren relativen Atommassen und ihren chemischen Eigenschaften geordnet. Die Verwendung der relativen Atommassen führte dabei zu einigen Unstimmigkeiten, weshalb später die Kernladungszahl Z (also die Elektronenzahl) als Ordnungsnummer verwendet wurde.

Bei der Aufstellung des geordneten Systems wurden nun die Elemente mit steigender Ordnungszahl nebeneinander geschrieben. Die Reihe wird dort abgebrochen, wo das nächste Element in seinen chemischen Eigenschaften dem ersten Element der Reihe plötzlich wieder sehr verwandt ist und mit diesem wird eine neue Reihe begonnen. Es handelt sich dabei immer um ein Alkalimetall. Die Reihen haben natürlich unterschiedlich viele Elemente, es wird jedoch immer darauf geachtet, daß nur Elemente mit ähnlichen chemischen Eigenschaften unterein-

TABELLE 19 PERIODENSYSTEM DER ELEMENTE

HAUPT-GRUPPE →	I	II	NEBENGRUPPEN									III	IV	V	VI	VII	VIII
PERIODE 1	H 1 WASSER-STOFF 1																He 2 HELIUM 2
PERIODE 2	Li 3 LITHIUM 2-1	Be 4 BERYLLIUM 2-2										B 5 BOR 2-3	C 6 KOHLEN-STOFF 2-4	N 7 STICK-STOFF 2-5	O 8 SAUER-STOFF 2-6	F 9 FLUOR 2-7	Ne 10 NEON 2-8
PERIODE 3	Na 11 NATRIUM 2-8-1	Mg 12 MAGNESIUM 2-8-2										Al 13 ALUMINIUM 2-8-3	Si 14 SILICIUM 2-8-4	P 15 PHOSPHOR 2-8-5	S 16 SCHWEFEL 2-8-6	Cl 17 CHLOR 2-8-7	Ar 18 ARGON 2-8-8
PERIODE 4	K 19 KALIUM 2-8-8-1	Ca 20 CALCIUM 2-8-8-2	Sc 21 SCANDIUM BIS Zn 30 ZINK									Ga 31 GALLIUM 2-8-18-3	Ge 32 GERMANIUM 2-8-18-4	As 33 ARSEN 2-8-18-5	Se 34 SELEN 2-8-18-6	Br 35 BROM 2-8-18-7	Kr 36 KRYPTON 2-8-18-8
PERIODE 5	Rb 37 RUBIDIUM 2-8-18-8-1	Sr 38 STRONTIUM 2-8-18-8-2	Y 39 YTTRIUM BIS Cd 48 CADMIUM									In 49 INDIUM 2-8-18-18-3	Sn 50 ZINN 2-8-18-18-4	Sb 51 ANTIMON 2-8-18-18-5	Te 52 TELLUR 2-8-18-18-6	J 53 JOD 2-8-18-18-7	Xe 54 XENON 2-8-18-18-8
PERIODE 6	Cs 55 CÄSIUM 2-8- -18-18-8-1	Ba 56 BARIUM 2-8- -18-18-8-2	La 57 LANTHAN BIS Hg 80 QUECKSILBER									Tl 81 THALLIUM 2-8- -18-32-18-3	Pb 82 BLEI 2-8- -18-32-18-4	Bi 83 WISMUT 2-8- -18-32-18-5	Po 84 POLONIUM 2-8- -18-32-18-6	At 85 ASTAT 2-8- -18-32-18-7	Rn 86 RADON 2-8- -18-32-18-8
PERIODE 7	Fr 87 FRANCIUM 2-8-18- -32-18-8-1	Ra 88 RADIUM 2-8-18- -32-18-8-2	AC 89 ACTINIUM ACTINIDEN →									Th 90 THORIUM	Pa 92 PRO-TACTINIUM	U 92 URAN	Np 93 NEP-TUNIUM	Pu 94 PLU-TONIUM	Am 95 AMERI-CIUM
PERIODE 4 NEBENGRUPPEN			Ti 22 TITAN	V 23 VANADIUM	Cr 24 CHROM	Mn 25 MANGAN	Fe 26 EISEN	Co 27 COBALT	Ni 28 NICKEL	Cu 29 KUPFER							
PERIODE 5 NEBENGRUPPEN			Zr 40 ZIRKON	Nb 41 NIOB	Mo 42 MOLYBDÄN	Tc 43 TECHNETIUM	Ru 44 RUTHENIUM	Rh 45 RHODIUM	Pd 46 PALLADIUM	Ag 47 SILBER							
PERIODE 6 LANTHANIDEN 58-71			Hf 72 HAFNIUM	Ta 73 TANTAL	W 74 WOLFRAM	Re 75 RHENIUM	Os 76 OSMIUM	Ir 77 IRIDIUM	Pt 78 PLATIN	Au 79 GOLD							

ander stehen. Sie werden zu sogenannten *Hauptgruppen* zusammengefaßt. Die zwischen den Hauptgruppen angeordneten Spalten nennt man *Nebengruppen*. Die so entstehende Anordnung enthält dann 7 Reihen, die sog. *Perioden* (Tab. 19) und acht Hauptgruppen. Für jedes Element ist dabei die Zahl der Elektronen angegeben, bis zu welcher die einzelnen Schalen aufgefüllt sind.

Die schon von MENDELEJEW und MEYER erkannte Periodizität wird durch den Aufbau nach dem Pauli-Prinzip leicht verständlich.

7.1.4. Atomverbindungen, Moleküle

Zwei gleichartige oder verschiedene Atome können eine chemische Bindung eingehen, sogenannte Moleküle bilden. Dabei sind die beiden beteiligten Atome bestrebt, eine „Verschiebung" oder „Umverteilung" der Elektronen zu erzielen, aus welcher für sie die stabile Edelgaskonfiguration resultiert.

Von Bedeutung ist hierbei der Begriff der *Elektronegativität*, ein Maß für das Bestreben der Atome, die mit dem Bindungspartner gemeinsamen Elektronen zu sich heranzuziehen. Die Größe der Elektronegativität nimmt im Periodensystem von links nach rechts zu und innerhalb einer Gruppe von oben nach unten ab. Bei ungefähr gleicher Elektronegativität teilen sich die Atome gewissermaßen die Elektronen, die jedem Partner zur Edelgaskonfiguration verhelfen. Die bindenden Elektronen umkreisen dabei die Kerne der Partner gemeinsam und man spricht von *homöopolarer Bindung* (Atombindung, unpolare Bindung).

Beispiele: Cl_2, O_2.

Wenn dagegen die Partner stark unterschiedliche Elektronegativität besitzen, wird das Atom mit höherer Elektronegativität vom anderen Atom Valenzelektronen übernehmen, um für sich die Edelgaskonfiguration zu erhalten. Dabei entstehen verschieden geladene Ionen, zwischen welchen dann elektrische Anziehungskräfte wirken (Coulombsches Gesetz) und somit für eine *heteropolare Bindung* (Ionenbindung, polare Bindung) sorgen.

Beispiele: Salze (z. B. NaCl), H_2O.

7.2. Der Atomkern

Die in Abschnitt 3.1. (S. 58) erwähnte Erkenntnis, daß sich die Atommassen aller Elemente als nahezu ganzzahlige Vielfache der kleinsten Atommasse darstellen lassen, gab den ersten Hinweis darauf, daß auch die Atomkerne ihrerseits aus kleinsten Teilchen aufgebaut sein müssen. Die Entdeckung der Radioaktivität durch HENRI BECQUEREL (1896) hat diese Vermutung eindrucksvoll bestätigt. Im folgenden wollen wir uns mit der Zusammensetzung der verschiedenen Atomkerne aus ihren Bausteinen, den sog. *Nukleonen*, und ihren Eigenschaften befassen.

7.2.1. Struktur der Atomkerne

Zunächst wissen wir, daß die Kerne positiv geladen sind mit einer Ladung, die sich als ganzzahliges Vielfaches der positiven Einheitsladung erweist. Somit müssen im Kern der Ladungszahl Z genau Z einfach positiv geladene Nukleonen, die sog. *Protonen*, enthalten sein. Gleichzeitig wissen wir jedoch auch, daß sich gleichnamige Ladungen gegenseitig abstoßen, und dies um so mehr, je näher sie sich kommen. Es müssen daher zwischen den Nukleonen anziehende Kräfte wirksam sein, welche in bestimmten Abständen die elektrostatischen Abstoßungskräfte überwiegen. Die Rutherfordschen Streuexperimente zeigten uns, daß im Atomkern nahezu die gesamte Masse des Atoms konzentriert ist, d. h. die Nukleonen müssen eine erheblich größere Masse als die Elektronen besitzen.

Schließlich zeigt sich, daß die Atommasse nicht proportional mit der Ordnungszahl (also der Zahl der Protonen) ansteigt, sondern wesentlich stärker. Somit müssen neben den Protonen noch weitere, neutrale Nukleonen zum Kernaufbau beitragen, die sogenannten *Neutronen*. Die konsequente Analyse dieser Erkenntnisse führte insgesamt zu folgendem Modell des Kernaufbaus: Die Kernbausteine werden von Protonen und Neutronen gebildet. Die Zahl der Protonen ist dabei gleich der Kernladungszahl Z. Die gesamte Zahl der Nukleonen – also Protonen und Neutronen zusammen – nennt man die Massenzahl A des Kerns.

Protonenzahl = Z = Ordnungszahl
Neutronenzahl = N
Massenzahl = A = Protonenzahl Z + Neutronenzahl N
A = Z + N

In Abb. 196 ist ein Modell des Heliumatoms dargestellt. Der Kern besteht hier aus 2 Protonen und 2 Neutronen, die Hülle aus 2 Elektronen.

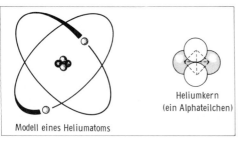

Abb. 196
Modell des Heliumatoms

Die Massen der Nukleonen sind nahezu gleich und etwa 1800mal größer als die Elektronenmasse ($m_e = 9{,}1 \cdot 10^{-31}$ kg)

(7.3) $m_p = 1{,}673 \cdot 10^{-27}$ kg   Protonenmasse
          $m_n = 1{,}675 \cdot 10^{-27}$ kg   Neutronenmasse

Man charakterisiert allgemein einen Kern (Nuklid) durch das zur Ordnungszahl Z gehörige Elementsymbol und schreibt die Massenzahl M links oben an, z. B. ^{12}C für Z = 6, N = 6, M = 12.

7.2.2. Stabilitätskriterien, Radioaktivität

Die Neutronenzahl N muß zur Protonenzahl Z in einem ganz bestimmten Verhältnis stehen, um die Stabilität eines Kernes zu gewährleisten. Für kleine Ordnungszahlen liegt es bei 1, mit wachsender Ordnungszahl nimmt es ständig zu. Bei bis zu etwa zwanzig Protonen genügen auch etwa die gleiche Anzahl von Neutronen, um den Kern zusammenzuhalten. Danach müssen es immer mehr Neutronen als Protonen sein. In Abb. 197 ist die Neutronenzahl der Kerne in Abhängigkeit von der Protonenzahl dargestellt.

Alle Kerne mit gleicher Protonenzahl, also alle Kerne ein und desselben Elementes, nennt man *Isotope*. Isotope haben gleiche Ordnungs-

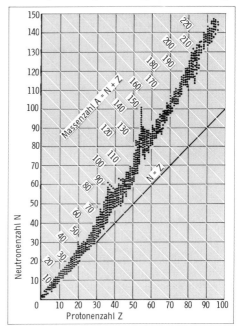

Abb. 197 Neutronenzahl in Abhängigkeit von der Protonenzahl

zahl aber unterschiedliche Neutronenzahl und damit unterschiedliche Massenzahl.

Um beim instabilen Verhältnis der Nukleonenzahlen Stabilität zu erzielen, müssen sich entweder Protonen und Neutronen aus dem Kern entfernen oder sie müssen sich umwandeln. Wegen der hiermit verbundenen Ladungsänderung des Kerns muß auch eine *Strahlung* ausgesendet werden, welche den verbleibenden Teil der Ladung abtransportiert. Man sagt dazu, der Kern *zerfällt* unter Aussendung von Strahlung. Diesen spontanen Zerfall instabiler Kerne nennt man *Radioaktivität*.

Natürliche Radioaktivität

In der Natur finden wir für gewisse Elemente instabile Isotope vor. Die bekanntesten sind die, welche auch zur Entdeckung der Radioaktivität geführt haben: Uran und Radium.

Sobald die Zahl der Protonen, also die Ordnungszahl, größer wird als 83 (Z>83) gibt es keine Möglichkeit mehr, den Nukleonenverband zusammenzuhalten. Alle Elemente mit Ordnungszahlen Z>83 sind instabil.

α-Strahlung besteht aus Kernen des Elementes Helium, den Alphateilchen. Dabei verringert sich die Massenzahl des Kerns um 4 und die Ordnungszahl um 2.
$[(A, Z) \rightarrow (A - 4, Z - 2)]$
Beispiele: $^{226}Ra \rightarrow ^{222}Rn + \alpha$
$^{222}Rn \rightarrow ^{218}Po + \alpha$

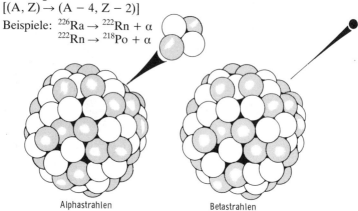

Alphastrahlen   Betastrahlen

β⁻-Strahlung besteht aus Elektronen, welche bei der Umwandlung von Neutronen in Protonen emittiert werden. Dabei bleibt die Massenzahl des Kerns gleich und die Ordnungszahl steigt um 1.
$[A, Z) \rightarrow (A, Z + 1)]$
Beispiel: $^{218}Po \rightarrow ^{218}At + \beta^-$

β^+-Strahlung besteht aus Positronen, welche bei der Umwandlung von Protonen in Neutronen emittiert werden. Dabei bleibt die Massenzahl des Kerns gleich und die Ordnungszahl wird um 1 erniedrigt.
[(A, Z) → (A, Z − 1)]
Beispiel: $^{12}C + \alpha \rightarrow {}^{15}O + n$, $^{15}O \rightarrow {}^{15}N + \beta^+$

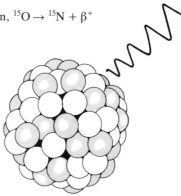

Gammastrahlen

γ-Strahlung besteht aus Photonen, welche beim Übergang von angeregten Kernzuständen in niederenergetische Zustände emittiert werden. Dabei ändert sich weder die Massenzahl noch die Ordnungszahl.
[(A, Z) → (A, Z)]

Künstliche Kernumwandlung

Durch verschiedene Kernreaktionen lassen sich stabile Kerne in instabile Kerne umwandeln. Zu diesen Kernumwandlungen kommt es durch den Beschuß der Atomkerne mit anderen Kernen, Elementarteilchen oder auch Photonen.

Zerfallsgesetz

Eine charakteristische Eigenschaft des radioaktiven Zerfalls ist der Umstand, daß der Zeitpunkt, zu welchem ein Kern zerfällt, sich weder vorausberechnen noch beeinflussen läßt, er ist rein zufällig und somit nur statistisch erfaßbar. Man kann lediglich sagen, daß in einer bestimmten Zeit Δt eine gewisse Anzahl ΔN der ursprünglich vorhandenen N Kerne zerfallen.

Für die nach einer Zeit t von N_o noch vorhandenen Kerne N folgt mathematisch ein exponentieller Zusammenhang (s. Anhang):

(7.4) $\qquad N = N_o \cdot e^{-\lambda t} \qquad$ Zerfallsgesetz

Die Proportionalitätskonstante λ (Lambda) nennt man die Zerfallskonstante des betreffenden Isotopes. Das Minuszeichen trägt der Tatsache Rechnung, daß sich beim Zerfall die Zahl der Kerne verringert.

7.3. Ionisierende Strahlen

Ein wesentlicher Effekt bei der Wechselwirkung von radioaktiver Stahlung mit Materie ist deren Fähigkeit, die Materie zu *ionisieren*. Dabei werden von den Strahlen Elektronen aus der Hülle neutraler Atome herausgeschlagen, so daß Ionen entstehen. Allgemein bezeichnet man jede Strahlung mit dieser Fähigkeit als *ionisierende Strahlung*.

Die Ionisation selbst ist dabei wieder ein Zufallsprozess, dessen Wahrscheinlichkeit sowohl von den Eigenschaften des Materials als auch von denen der Strahlung abhängt. Daher steht die Abnahme der Intensität I einer Strahlung beim Eindringen in die Materie (ähnlich wie beim radioaktiven Zufallsprozess) auch in einem exponentiellen Zusammenhang mit der Eindringtiefe:

(7.5) $$I = I_o \cdot e^{-\mu d}$$ Absorptionsgesetz

Intensität nennt man dabei die Zahl der Photonen multipliziert mit ihrer Energie. I_o ist die Intensität vor Eintritt in die Materie, I die mit zunehmender Eindringtiefe abnehmende Intensität. Die Konstante μ (mü) ist der sogenannte Schwächungskoeffizient der Strahlung in bezug auf die betreffende Materie.

Röntgenstrahlen

Eine andere Art ionisierender Strahlen hat seit ihrer Entdeckung 1895 vor allem in der Medizin eine dominierende Bedeutung.

Der Experimentalphysiker W. C. RÖNTGEN bemerkte bei seinen Experimenten an einer Kathodenstrahlröhre plötzlich einige hell fluoreszierende Kristalle, die in einiger Entfernung von der Röhre auf dem Tisch lagen. Er verfolgte und untersuchte diese Erscheinung in genialer und gründlicher Weise und erkannte sie als die Wirkung einer „neuen Art von Strahlung", die von der Röhre ausging (X-Strahlung).

Heute wissen wir, daß es sich bei dieser *Röntgenstrahlung* um die sogenannte *Bremsstrahlung* handelt, welche immer bei der Abbremsung schneller geladener Teilchen durch ein Hindernis entsteht. Die Abbremsung ist eine negative Beschleunigung und wir haben in 6.2.2. gelernt, daß jede stark beschleunigte elektrische Ladung eine Strahlung aussendet.

Werden daher in einer Elektronenröhre Elektronen auf hohe Energie beschleunigt, und dann beim Aufprall auf die Anode stark abgebremst (Abb. 198), so wird dabei eine Bremsstrahlung ausgesandt, deren Wellenlängen λ alle möglichen Werte bis hin zu einem kleinsten Grenzwert λ_g annehmen können. Die Elektronen erhalten beim Durchlaufen der Spannungsdifferenz U die kinetische Energie: $W = e \cdot U$, welche bei der Abbremsung teilweise in Photonenenergie $h \cdot \nu = h \cdot \dfrac{c}{\lambda}$ umge-

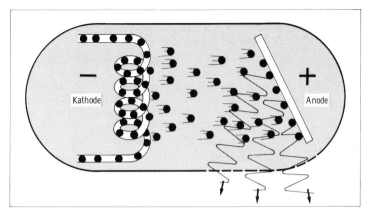

Abb. 198 Prinzip der Bremsstrahlerzeugung

wandelt wird. Maximal kann somit ein so erzeugtes Photon die gesamte kinetische Energie eines Elektrons bekommen, wodurch die Maximalfrequenz ν_g bzw. minimale Wellenlänge λ_g festgelegt ist:

(7.6) $\qquad \nu_g = \dfrac{e \cdot U}{h} \qquad$ Grenzfrequenz

$\qquad \lambda_g = \dfrac{h \cdot c}{e \cdot U} \qquad$ Grenzwellenlänge

Mit den bekannten Werten für h, c und e führt dies zu der einfachen Merkformel:

(7.7) $\qquad \lambda_g = \dfrac{1{,}24}{U} \, nm \cdot kV$

Die minimale Wellenlänge für eine Röntgenröhre, die mit einer Spannung von 124 kV betrieben wird, beträgt somit $\lambda_g = 0{,}01$ nm.

Anwendung ionisierender Strahlung

Ohne Kenntnis der genauen physikalischen Hintergründe hat man schon kurz nach Röntgens Entdeckung die wesentliche Eigenschaft der Röntgenstrahlen für die medizinische Diagnostik ausgenützt. Das hohe Durchdringungsvermögen durch Materie bot die Möglichkeit, das dem sichtbaren Licht verborgene Innenleben des menschlichen Körpers sichtbar zu machen. Die unterschiedliche Absorptionsfähigkeit der unterschiedlichen Organe führt im Schattenriß zu unterschiedlichen Helligkeitsstrukturen. Das Prinzip der Röntgenaufnahmen und -durchleuchtung hat sich bis heute nicht verändert, es sind nur wesentliche technische Verbesserungen gefunden worden und durch die computerunterstützte Auswertung mehrerer Aufnahmen in verschiedenen Durchdringungsrichtungen (CT) kann man früher kaum für möglich gehaltene Detailinformationen bekommen.

Doch auch die therapeutische Wirkung inonisierender Strahlung wurde schon relativ früh erkannt. Sowohl die radioaktive Strahlung als auch die Röntgenstrahlen werden hierbei erfolgreich eingesetzt. Durch die Beschleunigung von Elektronen in sog. Teilchenbeschleunigern (Betatron, Mikrotron, Linearbeschleuniger) kann man heute Elektronenenergien von vielen MeV erhalten und somit die, für die Therapie wichtige, ultraharte Röntgenstrahlung erzeugen.

Die Wirkung beruht dabei im wesentlichen auf der „Energieabgabe" an die Materie. Als *Strahlensosis* (Energiedosis) definiert man daher:

(7.8) $\qquad D_E = \dfrac{\text{Energieabgabe}}{\text{Masse}} = \dfrac{\Delta W}{\Delta m}\qquad$ Energiedosis DEF

Als Symbol für die Einheit wurde der Name des Physikers GRAY gewählt.

(7.9) $\qquad [D_E] = \dfrac{[\Delta W]}{[\Delta m]} = \dfrac{J}{kg} = Gy\ (Gray) \qquad$ DEF

Die praktische Dosismessung beruht auf der Ionisation eines Luftvolumens (Ionisationskammer), wobei als sog. Ionendosis D_I der Quotient aus erzeugter Ladung ΔQ und der Masse Δm der Luftmenge definiert wird:

(7.10) $\qquad D_I = \dfrac{\text{erz. Ladung}}{\text{Masse}} = \dfrac{\Delta Q}{\Delta m} \qquad$ Ionendosis DEF

Die Einheit der Ionendosis folgt wieder direkt aus der Definition:

(7.11) $\qquad D_I = \dfrac{[\Delta Q]}{[\Delta m]} = \dfrac{C}{kg}$

In der historischen Entwicklung hatte man sich ursprünglich auf 1 cm^3 Luft unter bestimmten Bedingungen bezogen und hat die Dosis 1 Röntgen (1 R) genannt, wenn darin die elektrostatische Ladungseinheit (in heutiger Einheit $33{,}4 \cdot 10^{-8}$ C) erzeugt wurde. Dies führt zu dem Zusammenhang:

(7.12) $\qquad 1\ R = 2{,}58 \cdot 10^{-4}$ C/kg

Die Energiedosis D_E kann dann aus der Ionendosis in der Luftkammer unter genau definierten Bedingungen errechnet werden.

8. Optik

Dieses Kapitel ist bewußt an das Ende des Buches gesetzt, da wir für das Verständnis der wesentlichen Phänomene sowohl die Grundlagen der Wellentheorie als auch die der Atomphysik benötigen. Beides wollen wir hier nicht mehr wiederholen, sondern als bekannt voraussetzen und nur noch im Bedarfsfalle auf die entsprechenden Stellen dieses Buches verweisen.

8.1. Wellennatur des Lichtes

Die Optik beschäftigt sich mit den für das menschliche Auge sichtbaren elektromagnetischen Wellen, die wir im engeren Sinne als *Licht* bezeichnen. Wie wir in 6.2.2. (S. 179) gelernt haben, handelt es sich dabei um den kleinen Bereich der Wellenlängen von $\lambda = 780$ nm bis $\lambda = 380$ nm. Ihm entspricht nach der Beziehung $\lambda \cdot \nu = c$ (6.7) der Frequenzbereich von $\nu = 385$ THz bis $\nu = 790$ THz und damit der Energiebereich von *1,6 eV* bis *3,25 eV* (nach (7.2)).

Die verschiedenen Frequenzen bestimmen dabei die Farben des Lichtes, welche von rot über gelb, grün und blau bis zu violett reichen. Das vollständige sichtbare Spektrum zusammen erweckt in unserem Sehempfinden den Eindruck von *weißem* Licht. Den Eindruck von Farbe empfinden wir nur dann, wenn in einem angebotenen Spektrum sichtbare Frequenzen fehlen. Fehlen alle großen Frequenzen, sehen wir *rot*, fehlen alle niederen, sehen wir *blau* bis *violett*, fehlen alle sichtbaren Frequenzen, so sehen wir *schwarz*.

Als Farbe empfinden wir jedes unvollständige sichtbare Spektrum.

Dies erklärt uns die unglaubliche Vielfalt der in der Natur vorkommenden Farben. Unsere Sonne sendet das vollständige sichtbare Spektrum aus, ihr Licht erscheint uns daher *weiß*. Auch jeder Körper, der dieses Licht vollständig reflektiert, erscheint uns somit weiß (Schnee). Sobald er jedoch einige Frequenzen des Spektrums absorbiert, erscheint er uns in einer für ihn charakteristischen Farbe. Wenn wir dem Körper kein vollständiges Spektrum anbieten, kann er auch nicht alle für ihn charakteristischen Frequenzen reflektieren und erscheint uns daher in einer anderen Farbe (Farbenspiele, Lichtorgel). Ein grünes Blatt schluckt sowohl die blauen als auch die roten Bestandteile des weißen Lichtes. Durch Molekülumbildung ändert sich dies im Herbst, wodurch wir das bunte Herbstlaub bekommen.

8.1.1. Entstehung von Licht

Die Entstehung des Lichtes ist uns aus der Atomphysik bekannt. Es handelt sich um den Übergang eines Elektrons in der Atomhülle aus einem Zustand höherer Energie (Anregungszustand) in einen tieferen, wobei die Energiedifferenz ΔW als Photon $\Delta W = h \cdot \nu$ ausgestrahlt wird ((7.2), S. 200). Liegt sie im angegebenen Bereich von 1,6 eV bis 3,25 eV, so handelt es sich um ein sichtbares Photon. Zur Erzeugung von Licht müssen wir daher Atome in angeregte Zustände bringen. Dies können wir am einfachsten durch Erwärmung von Körpern bewirken, wodurch die Atome oder Moleküle eine so große Bewegungsenergie erhalten, daß sie sich durch gegenseitige Stöße anregen. Das Licht von Flammen oder das Glühen heißer Körper sind daher auch die ältesten bekannten Lichtquellen. Auch bei unseren Glühlampen wird eine Drahtwendel durch Stromdurchfluß zur Weißglut gebracht, wobei das Verbrennen (Oxidation) durch Evakuierung des Brennraumes (Glühbirne) verhindert wird. In den sog. *Entladungsröhren* (Leuchtstoffröhren) erfolgt die Anregung durch Stoßionisation (S. 166).

8.1.2. Lichtinterferenz

Für die Lichtwellen gelten natürlich ebenfalls die unter 6.2.4. und 6.2.6. besprochenen Überlagerungsphänomene. Das Auftreten von Interferenzeffekten lieferte sogar den Beweis für die Welleneigenschaft des Lichtes. Daß diese erst sehr spät erkannt wurde, hat im Grunde zwei Ursachen. Einmal ist es die sehr kleine Wellenlänge der Lichtwellen. Wir haben ja gesehen, daß Interferenzeffekte erst dann deutlich in Erscheinung treten, wenn die Dimensionen der beteiligten Materie in die Nähe der Größenordnung der Wellenlänge kommen. Dies bedeutet, daß z. B. Beugungserscheinungen bei Licht nur an Öffnungen beobachtet werden können, welche in der Größenordnung von Mikrometern liegen.

Zum zweiten sind Lichtquellen im allgemeinen nicht kohärent. Wie wir in 6.2.4. festgestellt haben (S. 182), kann man bei der Überlagerung von Wellen nur in solchen Raumpunkten Interferenzerscheinungen beobachten, in welchen sie eine konstante Phasendifferenz haben. Bei der Akustik und den Hertzschen Wellen ist dies immer der Fall, da dort während der ganzen Beobachtungsdauer regelmäßige Schwingungen ausgeführt werden. Der komplizierte Mechanismus der Lichtemission führt jedoch dazu, daß selbst von zwei verschiedenen Punkten ein und derselben Lichtquelle keine kohärenten Wellenzüge ausgehen. Die einzelnen Akte der Lichtemission eines Atoms (Elektronensprünge) dauern nämlich nur Sekundenbruchteile (10^{-6} s bis 10^{-8} s), und zwischen ihnen liegen längere Pausen.

Daher sind nur die von einem Punkt der Lichtquelle ausgehenden Wellenzüge interferenzfähig.

Da sich die Lichtwellen eines Emissionsaktes gleichmäßig nach allen Seiten ausbreiten, gibt es eine große Zahl von Möglichkeiten, diese über räumliche Umwege zu überlagern und so Lichtinterferenzen zu erzeugen. Auch monochromatische, kohärente Lichtquellen lassen sich unter bestimmten Voraussetzungen konstruieren.

8.1.3. Beugungseffekte

Haben zwei punktförmige, kohärente Lichtquellen den Abstand d voneinander (s. Abb. 199), so ist der Interferenzeffekt in einem Raumpunkt A von dem Gangunterschied Δx der Lichtwellen abhängig. Dabei wird man in A Auslöschung erhalten, wenn Δx ein ungeradzahliges Vielfaches von $\lambda/2$ ist (vgl. (6.10)), maximale Verstärkung erhält man hingegen, wenn Δx ein ganzzahliges Vielfaches von λ ist.

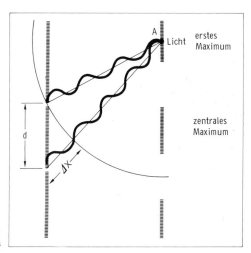

Abb. 199 Erläuterung des Interferenzeffektes

Das Beugungsgitter

Ordnet man viele Lichtquellen jeweils im Abstand d aneinander, so können die Interferenzerscheinungen besonders deutlich beobachtet werden. Am einfachsten erreicht man dies durch kohärente Ausleuchtung eines sog. *Beugungsgitters*. Dies besteht aus vielen schmalen Spalten, welche unter gleichem Abstand d parallel angeordnet sind (z. B. geritzte Glasplatte, Abb. 200). Auf einem Schirm, welcher im Vergleich zu d in großem Abstand aufgestellt wird, kann man die Inter-

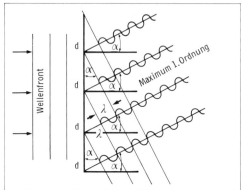

Abb. 200 Beugung am Gitter

ferenzen als helle und dunkle Streifen (Maxima und Minima) erkennen. Diese Extremwerte erhält man offenbar unter Richtungen α, für welche gilt:

(8.1) $\sin \alpha_{max} = \dfrac{n \cdot \lambda}{d}$ Beugungsmaxima $n = 0, 1, 2, \ldots$

$\sin \alpha_{min} = \dfrac{(2n + 1) \cdot \lambda}{2d}$ Beugungsminima

Bei den Richtungen, unter welchen die Extremwerte auftreten, spricht man dann von Minima oder Maxima n-ter Ordnung.

> **Übung 33:** Welche Wellenlänge hat monochromatisches Licht, wenn bei der Beugung an einem Gitter mit dem Gitterabstand $d = 30$ μm das erste Beugungsmaximum auf einem Schirm im Abstand $l = 1$ m genau 2,2 cm von der Mitte des zentralen Maximus entfernt ist?
> Wie man sich leicht klar macht, erhält man für den Tangens des Beugungswinkels α tan α = 0,022/1,0 = 0,022. Bei dieser Winkelgröße kann man den Sinus vom Tangens praktisch nicht mehr unterscheiden, der Fehler ist jedenfalls wesentlich kleiner als die Meßgenauigkeit. Damit erhalten wir nach (8.1):
> $\sin \alpha = 0{,}022 = \dfrac{\lambda}{d}$ oder
> $\lambda = 0{,}022 \cdot d = 0{,}022 \cdot 30$ μm $= 660$ nm

Der Beugungsspalt

Auch an einem einzelnen Spalt lassen sich Beugungserscheinungen beobachten, denn nach dem Huygensschen Prinzip kann jeder Spaltpunkt wieder als Ausgangspunkt einer neuen Elementarwelle angesehen werden. Damit diese jeweils paarweise die gleichen Effekte wie bei einem Gitter zeigen, muß ihr Abstand wieder die Bedingungen

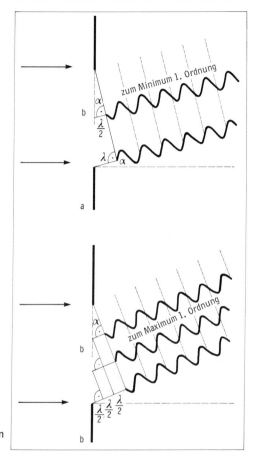

Abb. 201 Beugung am Spalt

(8.1) erfüllen (s. Abb. 201). Dabei müssen sich über die gesamte Spaltbreite b alle Strahlen zu solchen Paaren zusammenfassen lassen. Die erste Auslöschung erhält man (Abb. 201a) gerade dann, wenn alle Strahlen der unteren Spalthälfte in der oberen Hälfte einen Partnerstrahl mit dem Gangunterschied $\lambda/2$ finden. Dies ist genau dann der Fall, wenn der Gangunterschied der Randstrahlen eine ganze Wellenlänge beträgt.

Ist dagegen umgekehrt der Gangunterschied der Randstrahlen $3 \cdot \lambda/2$ (Abb. 201b), so werden sich nicht alle Strahlen zu Paaren mit dem Gangunterschied $\lambda/2$ zusammenfassen lassen und somit Helligkeit erzeugen. Allgemein erhalten wir so die Bedingungen:

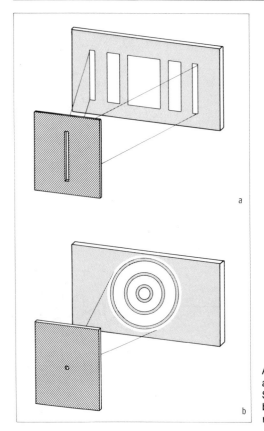

Abb. 202
a) Beugungsbild eines Spaltes,
b) Beugungsbild einer runden Öffnung

(8.2) $$\sin \alpha_{min} = \frac{n \cdot \lambda}{b} \quad \text{Beugungsminima am Spalt}$$
$$\sin \alpha_{max} = \frac{(2n + 1) \cdot \lambda}{2b} \quad \text{Beugungsmaxima am Spalt}$$

In Abb. 202a ist das Beugungsbild eines mit parallelem, monochromatischem und kohärentem Licht ausgeleuchteten schmalen Spaltes dargestellt. Das zentrale Maximum ist dabei (trotz des parallelen Strahlenganges) breiter als der Spalt.

Auch bei kleinen, runden Öffnungen tritt eine solche Beugungserscheinung ein, in diesem Fall als konzentrische Ringe um ein ebenfalls verbreitertes Maximum (Abb. 202b).

8.2. Geometrische Optik

Obwohl einige wichtige Phänomene nur mit der Wellennatur des Lichtes erklärt werden können, bietet die Darstellung der geradlinigen Ausbreitung des Lichtes in Form von *Lichtstrahlen* anschaulich einfache und korrekte Ergebnisse bei der Behandlung der meisten Abbildungsprobleme.

Der Gedanke geht auf die erste Theorie des Lichtes von Newton zurück, welcher das Licht als kleine, sehr schnell fliegende Korpuskel interpretierte. Die Lichtstrahlen sind dabei die Bahnen der Lichtteilchen. Diese Auffassung erklärt auf einfache Weise die geradlinige Ausbreitung sowie Reflexion (wie beim Billard-Spiel) und Brechung (unterschiedliche Ausbreitungsgeschwindigkeit in verschiedenen Medien wie bei Wellen). Sie stieß erst bei der Erklärung von Interferenzerscheinungen auf unüberwindbare Schwierigkeiten.

8.2.1. Geradlinige Lichtausbreitung

Schattenbildung

Der Begriff des Schattens gehört zu unserem Alltag. Er ist für uns die anschaulichste Offenbarung der geradlinigen Lichtausbreitung. Wir stellen uns z. B. vor, daß von der Sonne nach allen Seiten gleichmäßig radiale Lichtstrahlen ausgehen. Aufgrund der sehr großen Entfernung der Erde zur Sonne (150 Mill. Kilometer) und des vergleichsweise geringen Erddurchmessers (13500 km) empfangen wir das Licht als nahezu parallele Strahlen. Hindernisse, welche wir senkrecht in ihren Strahlengang bringen, werfen daher bekanntlich auf einen parallel angeordneten Schirm einen Schatten mit den gleichen Dimensionen.

Wenn wir dagegen im Labor die Strahlen einer punktförmigen Lichtquelle mit Hilfe einer Kreisscheibe (Durchmesser d_1) ausblenden, so entsteht ein divergenter Lichtkegel.

Wenn wir dann hinter der Blende im Abstand s_2 (Blenden-Quellen-Abstand s_1) einen Schirm aufstellen, so erhalten wir auf diesem einen hellen Kreis, dessen Durchmesser d_2 wir leicht aus dem zweiten Strahlensatz (s. Anhang, S. 260) bestimmen können:

$$s_1/s_2 = d_1/d_2 \Rightarrow d_2 = d_1 \cdot \frac{s_2}{s_1}$$

Bringen wir dagegen in einen Lichtkegel ein Hindernis H, z. B. eine runde Scheibe, so werden wir auf dem Schirm einen kreisrunden Schattenwurf erhalten, dessen Durchmesser wir ebenfalls aus dem Strahlensatz (auf dieselbe Weise) errechnen können. Dieser Schatten ist genau dann scharf begrenzt, wenn wir eine punktförmige Strahlenquelle haben (Abb. 203a). Dieser Idealfall ist selbstverständlich in der

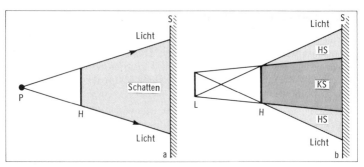

Abb. 203 Schattenwurf a) punktförmige Lichtquelle, b) ausgedehnte Lichtquelle

Natur nie erfüllt, wir haben es immer mit ausgedehnten Lichtquellen zu tun, welche wir uns aus vielen punktförmigen zusammengesetzt denken können. Dies führt dann zu einer Schattenbildung, wie sie in Abb. 203b dargestellt ist. Es resultiert ein kleines Gebiet im Zentrum des Schattenwurfes, welches von keinem Punkt der Lichtquelle durch einen geraden Lichtstrahl erreicht werden kann, der sog. *Kernschatten* KS. An ihn grenzt beidseitig ein Gebiet mit zunehmender Helligkeit an bis zu den Schattenrändern, welches man als *Halbschatten* HS bezeichnet. Er führt also zu einer *geometrischen Unschärfe* des Objektschattens. Diese wird um so geringer, je kleiner die Fläche der Lichtquelle ist und je näher der Schirm an das Hindernis herangebracht wird.

Übung 34: Eine Lichtquelle habe den Durchmesser $d = 3$ cm. Wie groß ist der Halbschatten H auf einem Schirm in $d_2 = 1$ m Abstand, wenn der Gegenstand von der Quelle $d_1 = 75$ cm entfernt ist?

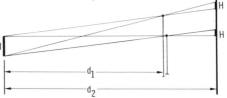

Aus der Skizze erkennt man, daß der Halbschatten völlig unabhängig von der Größe des Gegenstandes ist, ein besonders für kleine Gegenstände sehr bemerkenswerter Umstand. Der zweite Strahlensatz liefert:

$H/d = (d_2 - d_1)/d_1$ oder $H = d \cdot (d_2 - d_1)/d_1$

$H = d \cdot \dfrac{25}{75} = d \cdot \dfrac{1}{3} = 1$ cm

8.2.2. Reflexion und Brechung

Die Gesetze von Reflexion und Brechung von Wellen an den Grenzflächen verschiedener Medien gelten natürlich ebenfalls für Lichtquellen. Im Gegensatz zu den Interferenzeffekten lassen sie sich jedoch auch mit Hilfe der geometrischen Optik erklären, wobei häufig die Zusammenhänge einfacher dargestellt werden können.

Der maßgebende physikalische Effekt ist die unterschiedliche Ausbreitungsgeschwindigkeit des Lichtes in verschiedenen Medien. Die größte Geschwindigkeit haben wir bekanntlich im Vakuum mit $c_o = 2{,}9979 \cdot 10^8$ m/s (6.8); das Verhältnis zur Lichtgeschwindigkeit c in einem bestimmten Material, c_o/c, ist daher immer größer als 1, und man nennt es, da es für die Brechung des Lichtes verantwortlich ist, die *Brechzahl* n des Mediums.

(8.3) $\qquad \dfrac{c_o}{c} = n \qquad$ Brechzahl $\qquad$ DEF

Da des weiteren für ein bestimmtes Material die Lichtgeschwindigkeit c auch von der Wellenlänge abhängt, gilt dies auch für die Brechzahl n.

Die Brechzahl n eines Mediums ist das Verhältnis der Ausbreitungsgeschwindigkeit des Lichtes im Vakuum zu der im Medium. Die Abhängigkeit der Brechzahl n von der Wellenlänge des Lichtes nennt man *Dispersion*. Normalerweise steigt die Brechzahl mit der Frequenz an (normale Dispersion).

Tabelle 20 Brechzahlen für $\lambda = 600$ µm

Luft	1,0003	Kronglas	1,53
H_2O	1,33	Flintglas	1,61
Alkohol	1,36	Diamant	2,42

Beim Übergang eines Lichtstrahls von einem Medium mit der Brechzahl n_1 in ein Medium mit der Brechzahl n_2 nennt man das Medium mit der größeren Brechzahl das *optisch dichtere*. Ist $n_1 < n_2$, so kommt es an den Grenzflächen grundsätzlich zu Aufspaltung in einen reflektierten und einen durchgehenden Strahl. Für beide gelten wieder die Gesetze (6.11) und (6.12) (S. 189), welche hier für einen Lichtstrahl noch einmal angeführt werden sollen.

Als *Einfallslot* bezeichnet man das Lot auf der Grenzfläche im Einfallspunkt des Lichtstrahls, als *Einfalls-, Reflexions-* und *Brechungswinkel* jeweils den Winkel zwischen diesem Lot und dem betreffenden Strahl (Abb. 204).

Reflexionsgesetz:
a) Einfallender und reflektierter Strahl liegen mit dem Einfallslot in einer Ebene, der *Einfallsebene*.
b) Einfalls- und Reflexionswinkel sind einander gleich.

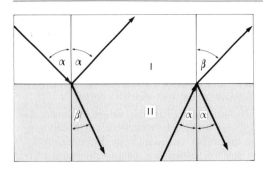

Abb. 204 Definition von Einfalls-, Reflexions- und Brechungswinkel

Brechungsgesetz:
a) Einfallender und gebrochener Strahl liegen mit dem Einfallslot in einer Ebene, der Einfallsebene. Für die *Brechung* erhalten wir aus (6.12) (S. 189)

(8.4) $$\frac{\sin \alpha}{\sin \beta} = \frac{c_1}{c_2} = \frac{c_o/n_1}{c_o/n_2} = \frac{n_2}{n_1}$$

und somit:

b) Beim Übergang vom optisch dünneren ins optisch dichtere Medium ($n_1 < n_2$) wird ein Lichtstrahl zum Einfallslot hin gebrochen (da $\sin \beta < \sin \alpha$). Bei der Umkehrung des Lichtstrahls ist dies gerade umgekehrt: Beim Übergang vom optisch dichteren ins optisch dünnere Medium ($n_1 > n_2$) wird ein Lichtstrahl vom Einfallslot weg gebrochen (da $\sin \beta > \sin \alpha$).

Die Brechung von Lichtstrahlen beim Übergang vom optisch dichteren zum optisch dünneren Medium können wir in einem Wasserbehälter besonders schön sehen: Der Boden eines Wasserbeckens erscheint uns angehoben, wenn wir schräg auf die Wasseroberfläche blicken. Zur

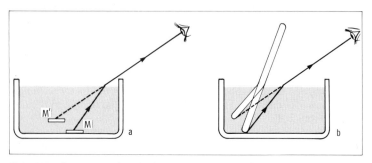

Abb. 205 Demonstration der Lichtbrechung
a) Münze scheint höher zu liegen, b) Stab scheint geknickt zu sein

Demonstration haben wir eine Münze in das Becken geworfen (Abb. 205a). Ein ins Wasser eingetauchter Stab erscheint uns aus demselben Grunde geknickt (Abb. 205b).

Totalreflexion

Der Fall $n_1 > n_2$ führt zu einem interessanten Phänomen: Wenn man den Einfallswinkel α stetig vergrößert, so wächst nach (8.4) der Brechungswinkel β ebenfalls stetig an, ist aber immer größer als α (Abb. 206). Dies kann jedoch nur bis zu einem Winkel $α_g$ fortgesetzt werden,

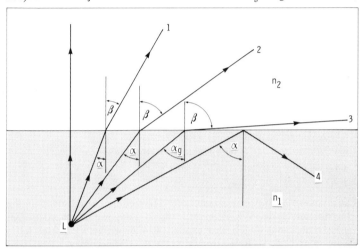

Abb. 206 Grenzwinkel der Totalreflexion ($n_1 > n_2$)

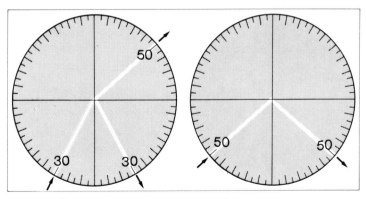

Abb. 207 Übergang von Kronglas in Luft (s. Übung 35)

für welche der Brechungswinkel β kleiner als 90° bleibt (Strahl 1 bis 3), da ja sonst kein Übergang ins optisch dünnere Medium stattfindet. Dieser Grenzwinkel $α_g$ wird also gerade dann erreicht, wenn β = π/2 (90°) oder sin β = 1 ist. Für größere Einfallswinkel findet dann nur noch eine Reflexion statt und man nennt $α_g$ dann *Grenzwinkel der Totalreflexion*. Für ihn gilt dann

(8.5) $\qquad \sin α_g/\sin β = \sin α_g = n_2/n_1 \qquad$ Grenzwinkel der Totalreflexion

> **Übung 35:** Welche Brechungswinkel erhält man (wenn überhaupt) beim Übergang von Kronglas in Luft (Abb. 207) für die Einfallswinkel
> $α_1 = 30°$ und
> $α_2 = 50°$?
>
> Aus (8.4) erhält man $\sin β = \dfrac{n_1}{n_2} \cdot \sin α$
> und somit wegen $n_2 = 1$ $\sin β = n_1 \cdot \sin α$
> $\sin β_1 = n_1 \cdot \sin α_1 = 1{,}53 \cdot 0{,}5 = 0{,}765$
> $\quad β_1 = 49{,}9°$
> $\sin β_2 = n_1 \cdot \sin α_2 = 1{,}53 \cdot 0{,}766 = 1{,}172$
> Hierfür gibt es keinen möglichen Winkel $β_2$, der Strahl mit dem Einfallswinkel 50° muß also total reflektiert werden.
> Als Grenzwinkel der Totalreflexion erhält man aus (8.5)
> $\sin α_g = \dfrac{1}{1{,}53} = 0{,}654 \qquad α_g = 40{,}8°$

Die Totalreflexion ermöglicht die Herstellung von sogenannten „Lichtleitern", wie sie z. B. beim Endoskop angewendet werden. Der Lichtstrahl kann wegen der großen Einfallswinkel den Lichtleiter (Glas- oder Kunststoffasern) nicht verlassen (Abb. 208).

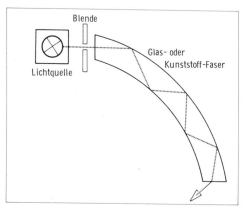

Abb. 208 „Lichtleiter"

8.2.3. Das Prisma

Eine dreikantige Säule aus durchsichtigem Material wird allgemein als *Prisma* bezeichnet. Mit seiner Hilfe kann die Dispersion des Lichtes durch die spektrale Aufteilung deutlich gemacht werden.

Der Effekt beruht auf den beiden geneigt zueinander stehenden Grenzflächen, wodurch die Ablenkungsunterschiede verschiedener Wellenlängen besonders stark in Erscheinung treten.

Wenn wir weißes, paralleles Licht durch einen Spalt auf ein solches Prisma werfen (Abb. 209), so werden alle Wellenlängen unterschiedlich stark zum Einfallslot hin gebrochen. Beim Austritt aus dem Prisma ist dies gerade umgekehrt, wodurch der gesamte Ablenkungsunterschied verstärkt wird. Es resultiert somit eine *spektrale Zerlegung* des weißen Lichtes in seine Farbkomponenten. Umgekehrt kann man durch Vereinigung dieser Farbkomponenten (z. B. mittels einer Sammellinse) wieder weißes Licht erzeugen, ein experimenteller Beweis für die schon von NEWTON ausgesprochene These, daß „das weiße Licht aus bunten Farben besteht"!

Weißes Licht liefert uns bei der Prismazerlegung ein *kontinuierliches*, gleichverteiltes Farbenspektrum. In der Natur sehen wir dies öfter, z. B. in Gestalt des Regenbogens, bei dessen Zustandekommen Regentropfen wie Prismen wirken und so das weiße Licht der Sonne in seine Bestandteile zerlegt wird. Wenn wir dagegen das Licht verschiedener glühender Körper untersuchen, so stellen wir unterschiedliche Ergebnisse fest: Glühende feste Körper liefern ebenfalls kontinuierliche Spektren, bei Gasen finden wir dagegen nur einzelne, scharf abgegrenzte Farben als scharfe Linien dargestellt. Wir sprechen hier von einem diskreten Linienspektrum. Zur Untersuchung der Spektren dienen die Spektralapparate oder auch *Spektrometer*.

Es gibt eine große Zahl verschiedener Geräte dieser Art; grundsätzlich wird bei allen die Dispersion des Lichtes mit Prismen quantitativ deut-

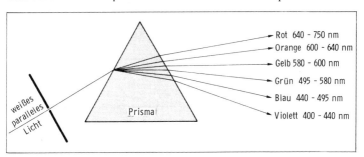

Abb. 209 Spektrale Zerlegung von weißem Licht durch ein Prisma

lich gemacht. Ihr Auflösungsvermögen hängt von den Maßen der verwendeten Prismen ab.

Die Grundfläche eines Prismas nennt man die Basis b. Die *spektrale Auflösung*, d. h. der Wellenlängenunterschied, der gerade noch getrennt gesehen werden kann, ist um so größer, je größer die Basis b ist! Wie aus Abb. 209 ersichtlich, wird das rote Licht weniger stark abgelenkt als das blaue:

Licht wird durch ein Prisma um so stärker gebrochen, je kurzwelliger es ist!

Auf dieser Eigenschaft beruhen einige interessante Erscheinungen in unserer Natur. Unser Erdball ist dankenswerterweise von einer Lufthülle umgeben, deren Dichte mit zunehmender Höhe kontinuierlich abnimmt. Für das durch diese Lufthülle tretende Licht bedeutet dies eine kontinuierliche Änderung der Brechzahl der Luft. Bei tiefstehender Sonne am Abend oder Morgen treffen ihre Strahlen schräg auf die verschiedenen Luftschichten und werden daher zur Erdoberfläche hin gebrochen. Dies bedeutet, daß wir die Sonne noch bzw. schon am Horizont sehen, wenn sie (in gerader Linie) bereits untergegangen bzw. noch gar nicht aufgegangen ist. Gleichzeitig erscheint uns die Sonne als großer, roter Ball, da die blauen Lichtanteile durch die stärkere Ablenkung bereits bzw. noch hinter der Erdkrümmung auftreffen.

Aus dem gleichen Grunde erscheint uns der wolkenlose Himmel blau: die angestrahlten Luftmoleküle „streuen" bevorzugt die blauen Komponenten des Sonnenlichtes.

Prismenspiegel

Durch den Effekt der Totalreflexion kann ein Prisma auch als „vollkommener" Spiegel verwendet werden. Besteht ein rechtwinkliges,

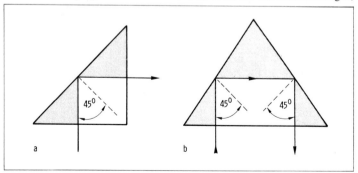

Abb. 210 Prismenspiegel a) 90°-Umlenkung, b) Strahlumkehr

gleichschenkliges Prisma (Abb. 210) z. B. aus Kronglas, so beträgt der Grenzwinkel der Totalreflexion ca. 41°. Ein Lichtstrahl, der senkrecht in die Basis eintritt, trifft mit einem Winkel von 45° auf die Grenzfläche und wird somit totalreflektiert.

Man macht sich dies insbesondere bei Feldstechern und Operngläsern zur Veränderung der Betrachterbasis (z. B. Augenabstand) zunutze, indem man jeweils zwei Prismen in den linken und rechten Strahlengang bringt.

Der Vorteil im Vergleich zur Verwendung von normalen Spiegeln liegt in dem verschwindenden Lichtverlust durch die Totalreflexion. Bei gewöhnlichen Spiegeln dringt immmer ein gewisser Prozentsatz in das Material ein (Brechung).

8.2.4. Linsen

Sind im Gegensatz zu den Prismen die Grenzflächen eines lichtdurchlässigen Körpers ganz oder teilweise kugelschalenförmig, so handelt es sich um Linsen. Ihre Wirkung beruht auf den unterschiedlichen Krümmungen der Grenzflächen. Am Beispiel einer „bikonvexen" Linse läßt sich dies leicht demonstrieren (Abb. 211): Eine solche Linse kann man

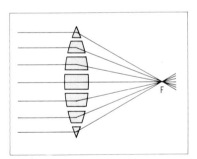

Abb. 211
Linsenwirkung aus
Prismenelementen

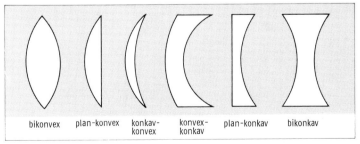

Abb. 212   Linsentypen

sich aus vielen kleinen Prismen mit unterschiedlichen Prismenwinkeln zusammengesetzt denken. Man erkennt dann leicht, daß die äußeren Prismen die Lichtstrahlen stärker brechen als die inneren, woraus eine „strahlensammelnde" Wirkung resultiert. Alle Linsen, die in der Mitte dicker sind als an den Rändern, haben diese Eigenschaft, und man bezeichnet sie daher als *Sammellinsen*. Sie können dabei bi-, plan- oder auch konkav-konvex sein (Abb. 212). Im Gegensatz dazu haben alle Linsen, welche in der Mitte dünner sind als an den Rändern, eine zerstreuende Wirkung; dies sind also *Zerstreuungslinsen*, welche bikonkav, plankonkav oder auch konvex-konkav sein können.

Wir wollen uns bei unseren Betrachtungen auf die sog. „dünnen Linsen" beschränken. Als solche werden Linsen bezeichnet, deren Dicke d klein gegenüber den Krümmungsradien r der begrenzenden Kugelschalen ist, also $d \ll r$. Die senkrechte Ebene durch die Linsenmitte nennt man die *Hauptebene* der Linse (dicke Linsen haben dagegen zwei Hauptebenen).

Die Wirkungen der Linsentypen sind in Abb. 213 dargestellt. Die zur Hauptebene senkrechte Linie durch die Linsenmitte nennt man die optische Achse der Linse. Parallel zur optischen Achse einfallende Strahlen werden durch Sammellinsen auf der Gegenseite in einem Punkt vereinigt (Abb. 213 a), welchen man (wegen der damit verbundenen Energiekonzentration) den *Brennpunkt* F der Linse nennt. Seinen Abstand von der Hauptebene bezeichnet man als *Brennweite* f, die zur Hauptebene parallele Ebene durch F nennt man die *Brennebene*.

Fällt das parallele Strahlenbündel schräg zur optischen Achse ein, so vereinigen sich die Strahlen in einem Punkt auf dieser Brennebene (Abb. 214).

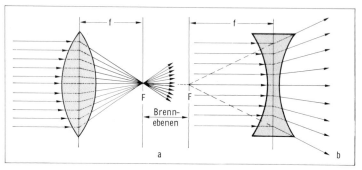

Abb. 213 Wirkung verschiedener Linsentypen a) Sammellinse, b) Zerstreuungslinse

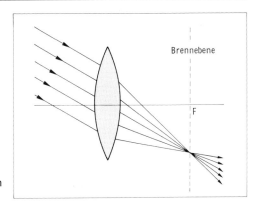

Abb. 214 Sammelwirkung bei schrägem Lichteinfall

Prinzipiell gilt die Umkehrbarkeit des Strahlenverlaufes: Alle vom Brennpunkt ausgehenden Strahlen verlassen eine Sammellinse als paralleles Strahlenbündel. Naturgemäß haben somit die Linsen auf jeder Seite einen solchen Brennpunkt, wobei man in der Regel den Brennpunkt auf der Strahleneintrittsseite mit F und den anderen mit F′ bezeichnet. Treten hingegen achsenparallele Strahlen durch eine Zerstreuungslinse (Abb. 213b), so verlassen sie diese als divergentes Strahlenbündel, wobei alle Strahlen von einem Punkt auf der Strahleneintrittsseite her zu kommen scheinen. Auch dieser Punkt heißt dann Brennpunkt F, die Brennweite f ist jedoch per Definition negativ, da der Brennpunkt auf der Strahleneintrittsseite liegt.

Entsprechende Vorzeichendefinitionen gelten auch für die Krümmungsradien der Grenzflächen: Sind die Grenzflächen von der Hauptebene weg gewölbt (konvexe Flächen), so werden die Radien positiv angesetzt, andernfalls negativ. Die Brennweite f einer dünnen Linse läßt sich dann leicht aus den Krümmungsradien der Grenzflächen und den Brechzahlen der angrenzenden Medien berechnen. Für eine Linse mit der Brechzahl n erhält man in Vakuum bzw. Luft:

(8.6) $\qquad \dfrac{1}{f} = (n-1) \cdot \left(\dfrac{1}{r_1} + \dfrac{1}{r_2}\right) \qquad$ Brennweite einer dünnen Linse

Je kleiner diese Brennweite ist, je näher also die Brennebene an die Hauptebene heranrückt, um so stärker werden die Strahlen gebrochen. Man bezeichnet daher die reziproke Brennweite auch als *Brechkraft* D der Linse

(8.7) $\qquad D = \dfrac{1}{f} \qquad$ DEF $\qquad$ Brechkraft einer Linse

Mißt man die Brennweite in Metern, so erhält man die Einheit der Brechkraft, welche man als Dioptrie (dpt) bezeichnet.

(8.8) $\qquad [D] = \dfrac{1}{[f]} = \dfrac{1}{m} = 1 \text{ dpt} \qquad$ DEF

Für eine symmetrische Linse mit $r_1 = r_2 = r$ erhalten wir für die Brechkraft also

(8.9a) $\qquad D = \dfrac{1}{f} = \dfrac{2 \cdot (n - 1)}{r} \qquad$ Brechkraft einer symmetrischen Linse

und für die Brennweite den Kehrwert

(8.9 b) $\qquad f = r \cdot \dfrac{1}{2 \cdot (n - 1)} \qquad$ Brennweite einer symmetrischen Linse

Für eine Linse aus Kronglas mit $n = 1{,}53$ ergibt dies $f = r \dfrac{1}{2(1{,}53 - 1)}$ $= r \cdot 0{,}94$. Man kann also sagen, daß die Brennweiten symmetrischer, dünner Linsen etwa den Krümmungsradien ihrer Grenzflächen entsprechen, $f \sim r$.

(8.10) $\qquad f \sim r \qquad$ Brennweite von symmetrischen Glaslinsen

8.2.5. Abbildungen

In der Optik spricht man von Abbildungen, wenn man von einem *Gegenstand* (Objekt) mit Hilfe von Lichtstrahlen geometrisch ein *Bild* erzeugt. Das Bild kann kleiner oder größer als das Objekt sein (Abbildungsmaßstab) und es kann eine andere Lage besitzen (seitenverkehrt, höhenverkehrt oder vollständig umgekehrt). Kann man das Bild auf einem Schirm sichtbar machen, so ist das Bild *reell* (auffangbar); liegt es in der rückwärtigen Verlängerung der Bildstrahlen, so ist es *virtuell*.

Der einfachsten Abbildung begegnen wir täglich in unserem Spiegelbild. Wenn wir allgemein einen Gegenstand P über einen Spiegel S betrachten, so sehen wir ein virtuelles Bild P' des Gegenstandes

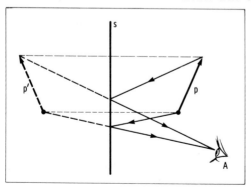

Abb. 215 Abbildung durch einen Spiegel

(Abb. 215), welches aufrecht und seitenverkehrt hinter dem Spiegel zu liegen scheint (z. B. Autorückspiegel).

| Spiegelbilder sind virtuell, aufrecht und seitenverkehrt.

Lochkamera

Reelle Bilder eines Gegenstandes können wir durch eine sehr einfache Anordnung erhalten: Wir bauen einen kleinen Holzkasten der Kantenlänge b mit einem kleinen Loch O an der Stirnseite. Als Rückseite des Kastens verwenden wir eine Milchglasscheibe. Bringen wir jetzt einen Gegenstand, z. B. eine brennende Kerze (Abb. 216) im Abstand g vor die Öffnung, so sehen wir auf der Milchglasscheibe ein etwas diffuses, aber reelles, umgekehrtes Bild. Dies ist das einfache Prinzip einer Kamera, welches uns sofort eine wichtige Beziehung für die Abbildung liefert, den Vergrößerungsmaßstab v. Das abbildende System ist in diesem Fall ein einfaches Loch, weshalb der Kasten auch den Namen „Lochkamera" erhalten hat. Wir nennen generell den Abstand des Objektes von diesem System die *Gegenstandsweite* g (zur Gegenstandsseite hin positiv gerechnet), den Abstand des Bildes als *Bildweite b* (von der Gegenstandsseite weg positiv gerechnet). Hat der Gegenstand die Größe G, das Bild die Größe B, so liefert uns der 2. Strahlensatz (s. Anhang, S. 260)

(8.11) $\quad B/G = b/g = v \qquad$ Abbildungsmaßstab

$$\frac{\text{Bild-}}{\text{größe}} \Big/ \frac{\text{Gegenstands-}}{\text{größe}} = \frac{\text{Bild-}}{\text{weite}} \Big/ \frac{\text{Gegenstands-}}{\text{weite}}$$

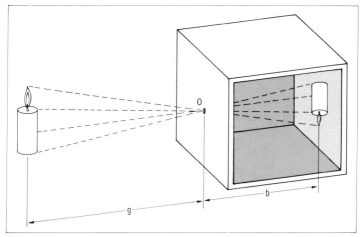

Abb. 216 „Lochkamera"

Das Bild einer solchen Lochkamera ist allerdings recht unscharf, da ja nicht alle Strahlen, die vom Gegenstand zum Bild gelangen, durch einen Punkt gehen (das Loch hat ja einen bestimmten Durchmesser). Man kann die Bildschärfe nur dadurch steigern, indem man das Loch kleiner macht, im Grenzfall zu einem Punkt entarten läßt. Dann allerdings wird das Bild immer dunkler und verschwindet schließlich ganz.

Abbildung durch dünne Linsen

Mit Hilfe von dünnen Linsen können wir jedoch auch bei endlichen Öffnungen einen Strahlengang schaffen, welcher zu einem sehr scharfen Bild führt.

In Abb. 217 sind die Verhältnisse bei einer Sammellinse für einen Gegenstand G in verschiedenen Gegenstandsweiten g dargestellt. Prinzipiell haben wir zur Bildkonstruktion immer drei verschiedene Strahlen, welche sich durch einen leicht nachvollziehbaren Verlauf auszeichnen, die sogenannten ausgezeichneten Strahlen: a) Strahlen durch den Linsenmittelpunkt werden nicht gebrochen, b) achsenparallele Strahlen gehen durch den bildseitigen Brennpunkt F', c) Strahlen, die durch den gegenstandsseitigen Brennpunkt F gehen, verlassen die Linse parallel. Für die mathematische Behandlung der Bildkonstruktion können wir den 2. Strahlensatz gleich dreimal ansetzen:

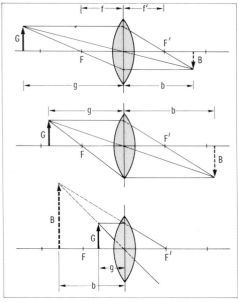

Abb. 217 Bildkonstruktion bei der Sammellinse

1. Auf der Gegenstandsseite erhalten wir (optische Achse und Strahl durch F)

(8.11 a) $\qquad B/G = f/(g - f)$

2. auf der Bildseite dagegen (optische Achse und Strahl durch F')

(8.11 b) $\qquad B/G = (b - f)/f = \dfrac{b}{f} - 1$

3. optische Achse und Strahl durch Mitte

(8.11 c) $\qquad B/G = b/g$

Die letzte Beziehung ist also wieder der Abbildungsmaßstab der Lochkamera, der nach wie vor gilt. Durch Gleichsetzung der beiden letzten Beziehungen erhalten wir dann sofort $\dfrac{b}{f} - 1 = \dfrac{b}{g}$, woraus (Division durch b) die Beziehung folgt

(8.12) $\qquad \dfrac{1}{f} = \dfrac{1}{g} + \dfrac{1}{b} \qquad$ Abbildungsgesetz

Die Beziehungen (8.11) und (8.12) sind die grundlegenden Abbildungsgleichungen der geometrischen Optik.

Mit Hilfe der Abbildungsgleichungen und der Konstruktion mittels der ausgezeichneten Strahlen können wir drei Abbildungsgruppen für Sammellinsen zusammenfassen:

Gegenstand	Bild
außerhalb der doppelten Brennweite (g > 2 f)	reell, umgekehrt, verkleinert, zwischen einfacher und doppelter Brennweite (f < b < 2 f)
zwischen der einfachen und doppelten Brennweite (f < g < 2 f)	reell, umgekehrt, vergrößert, außerhalb der doppelten Brennweite (b > 2 f)
innerhalb der einfachen Brennweite (O < g < f)	virtuell, aufrecht, vergrößert, auf der Gegenstandsseite (b < O)

Die dritte Gruppe ist uns allen wohlbekannt: es handelt sich um das Vergrößerungsprinzip der *Lupe*.

Bei der Lupenvergrößerung muß sich der Gegenstand innerhalb der einfachen Brennweite f einer Sammellinse (Lupe) befinden. Man sieht dann ein virtuelles, aufrechtes, vergrößertes Bild des Gegenstandes.

Auch bei der Zerstreuungslinse können wir zur Bildkonstruktion ausgezeichnete Strahlen verwenden, allerdings ist hier die Funktion der Brennpunktstrahlen gerade umgekehrt (Abb. 218): a) Strahlen durch

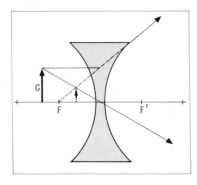

Abb. 218 Bildkonstruktion bei der Zerstreuungslinse

den Linsenmittelpunkt werden nicht gebrochen, b) achsenparallele Strahlen verlassen die Linse so, als würden sie vom gegenstandsseitigen Brennpunkt F her kommen, c) Strahlen, die ohne Linse durch den gegenüberliegenden Brennpunkt F' gehen würden, verlassen die Linse parallel. Wie man leicht nachvollziehen kann, führt dies stets zu einem virtuellen, aufrechten und verkleinerten Bild.

> **Übung 36:** Bei der Abbildung mit einer Sammellinse befindet sich der Gegenstand in der Gegenstandsweite $g = \frac{5}{4} f$. Wie groß ist dann die Vergrößerung v?
> Aus (8.11a) erhalten wir für die Vergrößerung $v = f/(g - f) = f/(\frac{5}{4}f - f) = f/\frac{1}{4}f = 4$

Linsenfehler

Der oben beschriebene Strahlengang bei der Abbildung durch dünne Linsen gilt nur innerhalb gewisser Grenzen. Zunächst wissen wir, daß die Brechung von der Farbe (Wellenlänge) des Lichtes abhängig ist (Dispersion). Dies führt dazu, daß eine Sammellinse für blaues Licht eine stärkere Brechkraft besitzt als für rotes und somit der Brennpunkt für blaues Licht näher an der Linse liegt. Der hierdurch bedingte

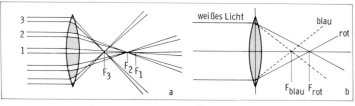

Abb. 219 Linsenfehler a) sphärische Aberration, b) chromatische Aberration

Abbildungsfehler für weißes Licht heißt *chromatische Aberration* (Abb. 219b).

Doch auch völlig einfarbiges, paralleles Licht folgt nicht völlig dem beschriebenen Strahlengang. Die sphärische Form der Linsenflächen führt nur für die achsennahen Strahlen zu einem gemeinsamen Brennpunkt. Je weiter die Strahlen von der Achse entfernt sind, um so stärker werden sie gebrochen und man nennt den hierdurch bedingten Abbildungsfehler die *sphärische Aberration* (Abb. 219a). Die Photofreunde wissen, daß Aufnahmen mit kleiner Blende schärfer sind, weil da die Randstrahlen ausgeblendet werden!

Ein weiterer Linsenfehler ist die sog. *Bildfeldwölbung*. Das Bild wird in Wahrheit nicht auf einer zur optischen Achse senkrecht stehenden Fläche abgebildet, sondern auf eine gewölbte Fläche.

Auch eine ungleichmäßige Krümmung (z. B. horizontal stärker als vertikal) der Linsen führt zu einem Abbildungsfehler. Da hierdurch ein Punkt nicht als Punkt, sondern als Stab abgebildet wird, nennt man diesen Linsenfehler *Astigmatismus* (Stigma = Punkt, griech.).

8.3. Optische Systeme

Die Abbildungseigenschaften von Linsen erlauben die Konstruktionen von optischen Systemen, wie wir sie z. B. in der Photokamera kennen. Durch die Aneinanderreihung von unterschiedlichen Linsen lassen sich optische Systeme herstellen, welche die oben beschriebenen Abbildungsfehler weitgehend korrigieren können (achromatische Objektive). Bei dünnen Linsen addieren sich hierbei die Brechkräfte zu einer gesamten Brechkraft

(8.13) $\quad D_{ges} = D_1 + D_2 + D_3 + \ldots \quad$ oder

$$\frac{1}{f_{ges}} = \frac{1}{f_1} + \frac{1}{f_2} + \frac{1}{f_3} + \ldots$$

8.3.1. Das optische System des menschlichen Auges

Der menschliche Augapfel ist von nahezu kugelförmiger Gestalt (Abb. 220) und wird von einer Lederhaut umschlossen, die an der gewölbten Vorderseite in die durchsichtige Hornhaut übergeht. Hinter der Hornhaut befindet sich die in vielen Farben schillernde Regenbogenhaut, die sog. *Iris,* deren kreisrunde Öffnung, die *Pupille,* den Strahleneintritt durch die *Linse,* je nach der herrschenden Helligkeit, begrenzt.

Die Brechkraft der bikonvexen Linse kann durch einen Ringmuskel variiert werden. Der Hohlraum zwischen Linse und Hornhaut enthält das sogenannte *Kammerwasser,* welches etwa die gleiche Brechzahl wie der gallertige *Glaskörper* besitzt (n = 1,33), welcher den gesamten Raum bis zur Netzhaut *(Retina)* ausfüllt.

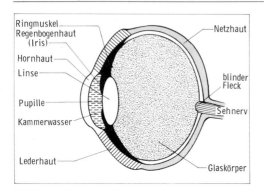

Abb. 220 Menschliches Auge

Hornhaut, Kammerwasser, Linse und Glaskörper bilden zusammen ein optisches System, welches eine Abbildung auf die Netzhaut bewirkt, die die eigentlich lichtempfindlichen Organe enthält. Sie ist die Fortsetzung des Sehnervs, dessen Eintrittsstelle für Licht unempfindlich ist *(blinder Fleck)*, wovon man sich leicht überzeugen kann. Fixiert man bei geschlossenem linken Auge mit dem rechten Auge das Kreuz in Abb. 221 und variiert den Abstand, so verschwindet der schwarze Punkt bei einem bestimmten Abstand völlig, weil dann sein Bild gerade auf den blinden Fleck fällt.

Das optische System des Auges erzeugt auf der Retina ein umgekehrtes, reelles, verkleinertes Bild. Bei dieser Abbildung ist durch die Anatomie des Auges die Bildweite mit etwa $b \approx 22$ mm vorgegeben. Für die Abbildung von Gegenständen, die sehr weit entfernt sind ($g \to \infty$), muß dann nach (8.12) die Brechkraft des Systems 45 Dioptrien betragen ($D = \frac{1}{f} = \frac{1}{b} = \frac{1}{0{,}022 \text{ m}}$). Je näher der Gegenstand an das Auge heranrückt, um so mehr muß die Brechkraft gesteigert werden, bei einem Abstand von 10 cm auf 55 Dioptrien

$$D = \frac{1}{b} + \frac{1}{g} = \frac{1}{0{,}022 \text{ m}} + \frac{1}{0{,}1 \text{ m}} = 55 \text{ dpt}).$$

Das Anpassen der Brechkraft an den Abstand nennt man *Akkommodation,* die Variationsbreite der Brechkraft die *Akkommodationsbreite.* Sie beträgt bei jungen Menschen 12–14 dpt und nimmt mit

Abb. 221 Testbild zur Feststellung des „blinden Flecks"

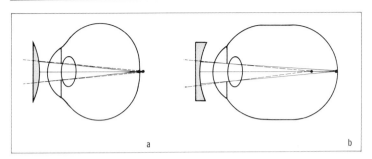

Abb. 222 Fehlsichtigkeiten des Auges
a) Weitsichtigkeit (Hyperopie), b) Kurzsichtigkeit (Myopie)

zunehmendem Alter durch das Nachlassen der Linsenelastizität auf 2–3 dpt ab. Der naheliegendste Punkt, der noch scharf gesehen werden kann, rückt in die Ferne (Altersweitsichtigkeit).

Durch anatomische Unzulänglichkeiten kann es (auch bei jungen Menschen) zu unterschiedlichen Fehlsichtigkeiten kommen. Wenn das Bild des Gegenstandes nicht in der Netzhautebene liegt und die Akkommodationsbreite nicht ausreicht, kann mit geeigneten Linsen (Brillengläser) eine Korrektur erreicht werden. Von Weitsichtigkeit spricht man, wenn das Bild hinter der Netzhaut liegen würde (Abb. 222a), z. B. durch einen zu kurzen Netzhaut-Linsen-Abstand, von Kurzsichtigkeit, wenn es vor der Netzhaut abgebildet wird, der Augapfel also z. B. zu lang ist (Abb. 222b).

Kurzsichtigkeit (Myopie) kann durch Konkavlinsen, Weitsichtigkeit (Hyperopie) durch Konvexlinsen korrigiert werden.

8.3.2. Vergrößerung

Bei der Abbildung eines Gegenstandes auf die Netzhaut ist die Bildgröße nach dem Strahlensatz proportional zum *Sehwinkel,* unter welchem der Gegenstand erscheint (Abb. 223a). Dieser Sehwinkel ist um

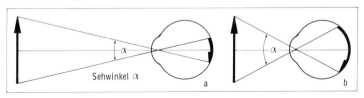

Abb. 223 Erläuterung der Vergrößerung
a) Sehwinkel klein bei großem Abstand, b) Sehwinkel größer bei kleinerem Abstand

so größer, je näher wir den Gegenstand an das Auge heranbringen (Abb. 223b). Wenn er jedoch zu nahe an das Auge heran kommt, wird die Betrachtung auf Grund der Akkommodation sehr anstrengend bis schließlich – nach Überschreiten unserer Akkommodationsbreite – der Gegenstand nicht mehr scharf gesehen werden kann. Dazwischen liegt bei etwa 25 cm Abstand eine optimale Entfernung, die sogenannte deutliche Sehweite s_o. Wenn wir kleine Gegenstände in der deutlichen Sehweite vergrößert sehen wollen, müssen wir durch ein optisches System den Sehwinkel vergrößern.

Als Maß der Vergrößerung definiert man dann das Verhältnis der trigonometrischen Tangenten (s. Anhang, S. 255) der Sehwinkel mit und ohne optisches System in jeweils der gleichen Entfernung vom Auge.

Die Lupe

Das einfachste System dieser Art ist die uns bereits bekannte Lupe (s. S. 233). Sie entwirft von einem Gegenstand, der sich innerhalb der einfachen Brennweite befindet, ein vergrößertes, aufrechtes, virtuelles Bild, das von dem direkt an die Lupe gebrachten Auge wahrgenommen werden kann (Abb. 224). Zur Berechnung der Vergrößerung v müssen wir den Gegenstand G in den Ort des Bildes verlegen und jeweils den Tangens der Sehwinkel bilden: $\tan \varphi = G/b$ und $\tan \psi = B'/b$.

(8.14) $$v = \frac{\tan \psi}{\tan \varphi} = \frac{B'/b}{G/b} = B'/G$$

Die Vergrößerung ist gleich dem Abbildungsmaßstab (s. 8.11).

Die Gleichung (8.11b) hat uns für die Vergrößerung die Beziehung $v = b/f - 1$ geliefert, und da wir normalerweise mit der Lupe das Bild in der deutlichen Sehweite $b = s_o$ betrachten, diese aber in der Regel

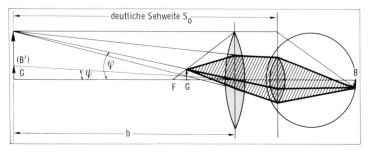

Abb. 224 Lupenwirkung (Vergrößerung durch eine Lupe)

wesentlich größer als die Lupenbrennweite f_L ist ($\frac{b}{f_L} \gg 1$), können wir für die Lupenvergrößerung auch schreiben:

(8.15) $\qquad v_L \approx \dfrac{s_0}{f_L} \qquad$ Vergrößerung einer Lupe

▍Lupenvergrößerung = deutliche Sehweite/Lupenbrennweite.

Das Mikroskop

Ein optisches System, welches für die Entwicklung der Naturwissenschaft von revolutionierender Bedeutung war, ist das von dem Niederländer ZACHARIAS JANSEN 1590 erfundene Mikroskop. Von LEIBNIZ wurde es als das herrlichste Instrument zur Untersuchung der natürlichsten Geheimnisse bezeichnet. WILLIAM HARVEY konnte mit seiner Hilfe 1628 ein ausgesprochen physikalisches Lebensphänomen entdekken: den Blutkreislauf des Menschen!

Das Prinzip des Mikroskopes ist denkbar einfach, so kompliziert es uns auch zunächst erscheint. Es besteht im wesentlichen aus zwei Sammellinsensystemen, wobei das eine, das sog. *Objektiv* von dem zu betrachtenden Gegenstand ein umgekehrtes, reelles, vergrößertes Bild entwirft (Gegenstand zwischen einfacher und doppelter Brennweite f_1 des Objektives). Das zweite System, das *Okular,* wird wie eine Lupe eingesetzt, indem das reelle Zwischenbild innerhalb seiner einfachen Brennweite f_2 betrachtet wird (Abb. 225). Die beiden Systeme befinden sich in einem 20 bis 25 cm langen Rohr, dem sog. *Tubus.* Den Abstand der beiden gegenüberliegenden Brennpunkte von Objektiv und Okular bezeichnet man als *optische Tubuslänge* Δ.

In der Praxis liegt das vom Objektiv entworfene Zwischenbild nahezu in der Brennweite des Okulars. Nach dem Strahlensatz (vgl. (8.11b)) kann man dann für die Objektivvergrößerung v_{ob} angenähert schreiben:

(8.16) $\qquad v_{ob} \approx \dfrac{\Delta}{f_1} \qquad$ Objektivvergrößerung

Das um diesen Faktor vergrößerte Bild wird durch das Okular als Lupe betrachtet, es erfährt also zusätzlich noch die Lupenvergrößerung (nach (8.15)).

(8.17) $\qquad v_{ok} \approx \dfrac{s_0}{f_2} \qquad$ Okularvergrößerung

und somit ist die gesamte Vergrößerung des Mikroskopes das Produkt aus v_{ob} und v_{ok}:

(8.18) $\qquad v = v_{ob} \cdot v_{ok} \approx \dfrac{\Delta}{f_1} \cdot \dfrac{s_0}{f_2} \qquad$ Vergrößerung des Mikroskopes

240   8. Optik

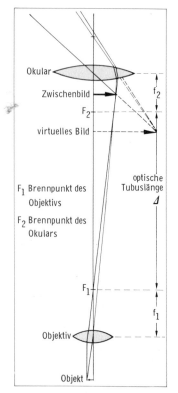

Abb. 225
Strahlengang im Mikroskop

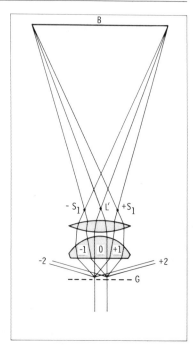

Abb. 226
Bilderzeugung aus
Beugungsbildern

Die Vergrößerung eines Mikroskopes ist das Produkt aus der Objektivvergrößerung v_{ob} und der Okularvergrößerung v_{ok}. Es resultiert als Gesamtvergrößerung das Produkt aus optischer Tubuslänge Δ und der deutlichen Sehweite s_o (ca. 25 cm) dividiert durch das Produkt der beiden Brennweiten von Objektiv und Okular.

Übung 37: Wie groß ist die Vergrößerung eines Mikroskopes mit der Objektivbrennweite $f_1 = 2$ mm, der Okularbrennweite $f_2 = 2$ cm und der optischen Tubuslänge von $\Delta = 20$ cm?
Aus den Daten ergibt sich nach (8.18) direkt:
$$v = \frac{\Delta \cdot s_o}{f_1 \cdot f_2} = \frac{0{,}2 \cdot 0{,}25}{0{,}002 \cdot 0{,}02} = 1250$$

Die Arbeit mit dem Mikroskop

Neben den wichtigsten Teilen Objektiv, Okular und Tubus besteht ein Mikroskop noch aus einigen weiteren Hilfsmitteln zur Erleichterung der Untersuchung. Unter dem Objektiv befindet sich der Objekttisch zur Halterung des Objektträgers. Der gesamte Tubus kann mittels eines Feingetriebes gegen den Objekttisch verschoben werden, um auf das Objekt scharf einstellen zu können. Die Objektive und Okulare sind in der Regel leicht austauschbar, bei guten Instrumenten lassen sich Objektive mit verschiedenen Brennweiten mit Hilfe eines „Objektiv-Revolvers" in den Strahlengang bringen. Die Einzelvergrößerungen sind gewöhnlich in den Fassungen eingraviert, so daß man die Gesamtvergrößerung immer als ihr Produkt (8.18) leicht berechnen kann.

Das Wichtigste bei der Arbeit mit dem Mikroskop ist die richtige Beleuchtung des Objektes. In der Regel sind unter dem Objekttisch *Kondensoren* zur Bündelung des einfallenden Lichtes angebracht. Die richtige Einstellung dieser Linsensysteme ist von entscheidender Bedeutung für das Ergebnis, und daher muß die Anleitung hierfür genau beachtet werden!

Auflösungsvermögen des Mikroskopes

Zunächst möchte man nach Gleichung (8.18) annehmen, daß man die Vergrößerung eines Mikroskopes beliebig weit treiben kann, wenn man nur für ausreichend kleine Brennweiten sorgt. Dies ist in der Tat richtig, bedauerlicherweise verhindert aber ein uns bereits bekannter Effekt das Zustandekommen eines Bildes, wenn die Objektstruktur eine bestimmte Größenordnung (etwas unter einem Mikrometer) unterschreitet: die Beugung!

Die zu untersuchenden Objekte werden beim Mikroskop im Durchstrahlungsverfahren betrachtet. Die sehr feinen Objektstrukturen wirken dabei ähnlich wie ein Beugungsgitter, d. h. es werden in der Brennebene des Objektives Beugungsbilder der Lichtquelle erzeugt (Abb. 226).

Die gleichen Strahlen, die diese Beugungsbilder erzeugen, liefern auch das Bild des Gegenstandes, eine Erkenntnis von außerordentlicher Bedeutung, welche wir E. Abbé (1873) verdanken.

Dieser enge Zusammenhang zwischen den Beugungsbildern der Lichtquelle und dem Bild des Gegenstandes zeigt nämlich, daß Bildstrukturen nur durch das Zusammenwirken möglichst vieler gebeugter Strahlen zustande kommen können. In Abb. 226 ist der Fall angenommen, daß durch das Objektiv von der Lichtquelle L ein zentrales Bild L′ entworfen wird, gleichzeitig aber auch noch die beiden Beugungsbilder

1. Ordnung S_1 und $-S_1$. Die gebeugten Strahlen 2. Ordnung gelangen dagegen nicht in das Objektiv. Würde dies auch für die erste Beugungsordnung gelten, so könnte keine Bildstruktur mehr erkannt werden.

ABBÉ erkannte: Je mehr Beugungsbilder vom Objektiv erfaßt werden, um so mehr gleicht das erzeugte Bild dem Gegenstand. Um überhaupt ein Bild zu bekommen, müssen mindestens die Strahlen der ersten Beugungsordnung noch in das Objektiv gelangen.

Für die Abhängigkeit des Beugungswinkels α von dem Gitterabstand d eines Beugungsgitters lieferte uns (8.1) für das erste Beugungsmaximum (n = 1) sin α = λ/d. Es müssen also mindestens noch die unter diesem Winkel gebeugten Strahlen in das Objektiv gelangen. Aus konstruktiven Gründen besitzt jedes Mikroskop einen nach oben beschränkten Eintrittswinkel in das Objektiv, den sog. *Aperturwinkel* φ, und dies legt dann umgekehrt den kleinsten noch auflösbaren (also noch abbildbaren) Gitterabstand d fest:

(8.19) $$d = \frac{\lambda}{\sin \varphi}$$

Das Auflösungsvermögen eines Mikroskopes wird begrenzt durch die Wellenlänge λ des verwendeten Lichtes und durch den Aperturwinkel φ.

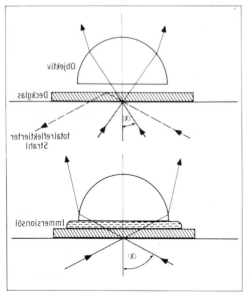

Abb. 227 Steigerung des Auflösungsvermögens durch ein Immersionsöl

Befindet sich zwischen Objektiv und Deckglas Luft (Abb. 227), so können stark gebeugte Strahlen infolge von Totalreflexion nicht mehr in das Objektiv gelangen. Bringen wir jedoch dazwischen eine Flüssigkeit mit einer Brechzahl, die der von Glas etwa entspricht (n ~ 1,5), ein sog. Immersionsöl, so gelangen auch stärker gebeugte Strahlen in das Objektiv. Für die kleinste auflösbare Distanz d erhalten wir dann

$$(8.20) \qquad d = \frac{\lambda}{n \cdot \sin \varphi}$$

Man nennt das Produkt $n \cdot \sin \varphi$ die *numerische Apertur* des Mikroskopes.

Für ein gutes Auflösungsvermögen benötigt man eine möglichst kleine Wellenlänge und eine möglichst große numerische Apertur. Letztere kann man mit Hilfe eines Immersionsöles vergrößern.

8.4. Polarisation von Licht

Als Transversalwelle ist Licht, wie wir in 6.2.3. gelernt haben, polarisierbar. Dies wurde erstmalig von ETIENNE MALUR (1798) nachgewiesen, was damals gleichzeitig der Beweis für den transversalen Charakter der Lichtwellen war.

Heute ist diese Eigenschaft eine wichtige Hilfe bei der Konzentrationsbestimmung *optisch aktiver* Substanzen. Bei solchen besteht in den Molekülen eine Asymmetrie bezüglich der Anordnung der Atome. Der Begriff *optisch aktiv* bedeutet, daß linear polarisiertes Licht beim Durchgang durch solche Substanzen eine Drehung der *Polarisationsebene* erfährt. Dabei unterscheidet man im Uhrzeigersinn drehende (dextrogyre) und im Gegenuhrzeigersinn drehende (lävogyre) Formen.

Manche Substanzen, z. B. die Milchsäure, zeigen beide Formen und man kann das Verhältnis von d- zu l-Form so einstellen, daß sich die Drehwinkel gerade ausgleichen. Solche Gemische nennt man *Razenate*. Von praktischer Bedeutung ist nun die Tatsache, daß der Drehwinkel von der Konzentration der Lösung abhängt:

Bei gleicher Schichtdicke d der durchstrahlten Lösung ist der Winkel, um welchen die Schwingungsebene polarisierten Lichtes gedreht wird, der Konzentration der Lösung proportional!

Damit ist der Drehwinkel ein praktisches Maß für die Konzentration. Man kann ihn mit Hilfe des sogenannten *Polarimeters* bestimmen (Abb. 228). Dies besteht im Prinzip aus zwei hintereinander gebauten Polarisationsfiltern, dem *Polarisator* und dem *Analysator*. Sie bestehen aus *dichroitischem* Material, welches auf Grund seiner inneren Struktur nur bestimmte Schwingungsrichtungen erlaubt. Das erste

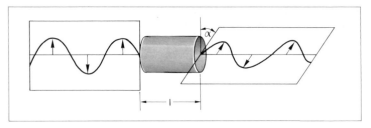

Abb. 228 Polarimeter

polarisiert das einfallende Licht in einer definierten Ebene. Beim Durchgang durch die zu messende Lösung erfährt das polarisierte Licht eine Drehung der Schwingungsebene. Der Analysator muß daher soweit gedreht werden, bis seine Schwingungsebene mit der des durchgegangenen Lichtes übereinstimmt, und dies ermöglicht die Bestimmung des Drehwinkels.

Durch geeignete Wahl der durchstrahlten Lösungsschichtdicke d kann man die Drehskala gleich in Prozenten der Konzentration eichen.

Erzeugung polarisierten Lichtes

Neben den erwähnten dichroitischen Polarisationsfolien gibt es noch weitere Möglichkeiten zur Polarisation von Licht. Viele Mineralien zeigen den Effekt der *Doppelbrechung,* wobei das einfallende Licht in zwei Teilstrahlen aufgespalten wird. Einer der beiden Strahlen, der sog. *ordentliche* Strahl, hält sich dabei an das Brechungsgesetz (8.4). Der andere, der *außerordentliche* Strahl, folgt anderen, recht komplizierten Regeln.

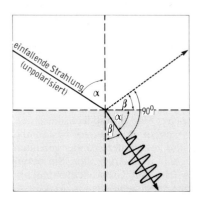

Abb. 229 Polarisation durch Reflexion

Von Bedeutung ist, daß beide Strahlen senkrecht zueinander polarisiert sind. Auf Grund ihres unterschiedlichen Brechungsverhaltens kann man durch einfache Anordnungen die Strahlenbündel trennen und erhält so polarisiertes Licht.

Auch bei der Reflexion von Licht erhält man immer eine teilweise Polarisation sowohl des reflektierten als auch des gebrochenen Strahles. Bilden beide Strahlen einen Winkel von $\pi/2$ (90°) miteinander (Abb. 229), so sind sie beide vollständig linear polarisiert (der reflektierte Strahl mit der Schwingungsebene senkrecht zur Ebene der Abbildung). Wie man aus der Abbildung erkennt, ist dann $\alpha + \beta = \pi/2$, und somit folgt für den Einfallswinkel α nach dem Brechungsgesetz und den Regeln der Trigonometrie (s. Anhang S. 255):

(8.21) $\quad \dfrac{\sin \alpha}{\sin \beta} = \dfrac{\sin \alpha}{\sin (\pi/2 - \alpha)} = \dfrac{\sin \alpha}{\cos \alpha} = \tan \alpha = n$

Brewstersches Gesetz

Die vollständige lineare Polarisation durch Reflexion erhält man unter dem Einfallswinkel α, dessen trigonometrische Tangente gleich der Brechzahl des reflektierenden Mediums ist.

> **Übung 38:** Unter welchem Winkel muß ein Lichtstrahl auf eine Glasscheibe treffen (n = 1,56), damit der reflektierte Strahl vollständig polarisiert ist?
> Der Winkel α, dessen Tangens 1,56 beträgt, ist gerade die Winkeleinheit, also
> $\alpha = 1$ oder $\alpha = 57,3°$ (tan $\alpha = 1,56$).

8.5. Photometrie

Das sichtbare Licht haben wir als einen kleinen Wellenlängenbereich der elektromagnetischen Wellenstrahlung erkannt (S. 179). Mit dieser ist bekanntlich der Transport von Energie verbunden, und wir sprechen daher von einem *Energiestrom*. Analog zur Definition des elektrischen Stromes als die pro Zeiteinheit transportierte Ladung, können wir auch den Energiestrom definieren als die pro Zeiteinheit transportierte Energie:

(8.22) $\quad \Phi_e = W/t \quad$ Energiestrom $\quad$ DEF
(Der Index e steht für elektromagnetisch.)

Als Einheit finden wir dann direkt:

(8.22 b) $\quad [\Phi_e] = [W]/[t] = J/s = $ Watt

Als *Strahlstärke* I_e bezeichnet man das Verhältnis von Energiestrom Φ_e zum durchsetzten Raumwinkel

8. Optik

$$(8.23\,a) \qquad I_e = \frac{\Phi_e}{\Omega} \qquad \text{Strahlstärke} \qquad \text{DEF}$$

mit der Einheit

$$(8.23\,b) \qquad [I_e] = \frac{[\Phi_e]}{[\Omega]} = \frac{W}{sr} = \frac{Watt}{Steradiant}$$

Diese Definitionen gelten für das gesamte elektromagnetische Spektrum, nicht nur für den sichtbaren Bereich, und die damit verbundenen Größen lassen sich objektiv messen. Die Photometrie ist jedoch auf das subjektive Helligkeitsempfinden des Auges angewiesen, und ähnlich wie bei der Schallempfindung ist dies ein sehr komplexer Prozeß. Die empfundene *Lichtstärke* I_v (der Index v steht für visuell) ist keineswegs der Strahlstärke I_e proportional. Am besten erkennen wir dies daran, daß wir den größten Teil des elektromagnetischen Spektrums überhaupt nicht sehen, auch wenn sehr große Strahlstärken vorhanden sind.

| Das Helligkeitsempfinden ist wellenlängenabhängig.

Die größte Empfindlichkeit hat das Auge für Wellenlängen zwischen 500 und 550 nm, das grüne Licht. Sowohl nach den längeren (roten) als auch nach den kürzeren (blauen) Wellenlängen nimmt die Empfindlichkeit schließlich bis auf Null ab.

Um die (subjektive) Helligkeit von Lichtquellen zu messen, benötigt man eine (subjektive) Einheit, d. h. eine definierte Vergleichslichtquelle. Schon seit Beginn der Photometrie (Ende des 19. Jahrhunderts) bemühte man sich, eine gut reproduzierbare und definierbare Normallichtquelle zu entwickeln, sie hatten aber alle den Nachteil, daß ihre Helligkeit nicht unabhängig von der Umgebung war (Reflexion des Umgebungslichtes). Daher hat man sich beim SI auf die Strahlung geeinigt, die ein sogenannter *Schwarzer Körper* unter bestimmten Bedingungen ausstrahlt. Die damit verbundene Einheit ist die *Candela* (Betonung auf der zweiten Silbe!).

Der Begriff *Schwarzer Körper* spielt hierbei die entscheidende Rolle. Ein Körper wird dann als schwarz bezeichnet, wenn er keinerlei Licht aussendet und alle auftreffende Lichtstrahlung völlig absorbiert. Natürlich kann es in Wahrheit einen solchen Körper nicht geben, man kann ihm aber mit folgender Konstruktion sehr nahe kommen:

Eine kleine Öffnung in einem sonst völlig geschlossenen Hohlraum aus gut absorbierendem Material (z. B. schwarzer Samt) erscheint uns absolut schwarz (Abb. 230). Licht, welches durch die Öffnung in das Innere des Hohlraumes gelangt, könnte ihn nur nach mehrmaliger Reflexion wieder verlassen, dabei wird es jedoch nahezu völlig absorbiert!

Der Grund, warum nun gerade ein solcher schwarzer Körper als Nor-

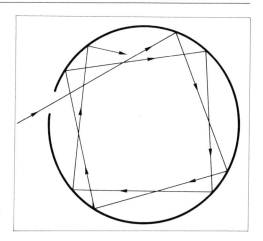

Abb. 230 Schwarzer Körper

malquelle für die Photometrie sinnvoll ist, liegt in der Erkenntnis, daß er besser als alle anderen Körper Wärmeenergie in Form von elektromagnetischer Strahlung aussenden kann. Denn genauso, wie er diese am besten absorbiert, also elektromagnetische Energie in Wärme umwandelt, kann er das Umgekehrte auch am besten.

Bringt man ihn also auf eine bestimmte, genau definierte Temperatur, so weiß man, daß er eine elektromagnetische Strahlung aussendet, welche ihre Ursache einzig in der Wärmebewegung der Atome besitzt. Sie ist in ihrer spektralen Zusammensetzung völlig unabhängig vom Material des Hohlraumes. Die Lichtstärke ist nur von der Temperatur und der Oberfläche des schwarzen Körpers abhängig. Ihre Einheit ist dann wie folgt festgesetzt:

1 Candela (1 cd) ist die Lichtstärke, welche ein schwarzer Körper der Fläche $\frac{1}{6} \cdot 10^{-5}$ m² bei der Temperatur von 2042,5 K ausstrahlt.

Die eigenartigen Werte von Temperatur und Fläche sind nicht willkürlich, sie haben einen praktischen Hintergrund. Die Fläche wurde gewählt, weil sich dann die früher verwendete Einheit „Hefner Kerze" nicht all zu sehr von der neuen unterscheidet und die Temperatur läßt sich als Erstarrungstemperatur von Platin bei Normaldruck (101325 Pa) gut realisieren.

Mathematischer Anhang

1. Der Mengenbegriff

Für das Verständnis vieler mathematischer Zusammenhänge spielt der Begriff der *Menge* eine bedeutende Rolle. Man versteht darunter nicht etwa eine große Anzahl von Dingen, wie es in der Umgangssprache üblich ist, sondern „die Zusammenfassung bestimmter, eindeutig unterschiedener Objekte zu einem Ganzen", wie es wörtlich in der Definition von GEORG CANTOR (1845–1918) heißt.

Im folgenden sollen einige Bezeichnungen erklärt und Beispiele von Zahlenmengen gebracht werden.

Mengen werden mit Großbuchstaben bezeichnet wie A, B, M usw. Die Objekte werden *Elemente* genannt und mit Kleinbuchstaben bezeichnet: a, b, m usw.

Um anzugeben, ob ein Element zu einer bestimmten Menge gehört oder nicht, schreibt man:

Beispiel: $\quad$ a $\in$ A $\quad$ a ist Element der Menge A
$\quad\quad\quad\quad\;$ $\notin$ B $\quad$ ist nicht Element der Menge B

Besondere Bedeutung haben naturgemäß die Zahlenmengen. Alle Zahlen, welche wir zum *Abzählen* von Objekten verwenden, bilden die Menge der *natürlichen Zahlen* $\mathbb{N}$.

$\mathbb{N} = \{1, 2, 3, \ldots\ldots\}$ $\quad$ Menge der natürlichen Zahlen

Wenn man noch alle negativen Werte dieser Zahlen hinzunimmt, so hat man die Menge der *ganzen Zahlen* $\mathbb{Z}$.

$\mathbb{Z} = \{\ldots, -3, -2, -1, 1, 2, 3, \ldots\}$ $\quad$ Menge der ganzen Zahlen

Als *rationale Zahlen* bezeichnet man alle Zahlen, die sich als Quotient zweier ganzer Zahlen darstellen lassen, z. B. $1{,}25 = 5/4$, $2{,}6 = 13/5$, $3{,}3333\ldots = 10/3$.

$\mathbb{Q} = \{x = a/b \text{ mit a und b beliebige ganze Zahlen}\}$

Die rationalen Zahlen sind also endliche Dezimalbrüche wie $5/4 = 1{,}25$ oder unendliche *periodische* Brüche wie $10/3 = 3{,}3333\ldots$ Es gibt jedoch auch unendliche *nicht periodische* Zahlen, welche sich nicht als Quotient zweier ganzer Zahlen darstellen lassen wie z. B. die Kreiszahl $\pi = 3{,}14159\ldots$ Diese Zahlen heißen daher *irrationale Zahlen*.

Zusammen mit den rationalen Zahlen bilden sie die Menge der *reellen Zahlen* $\mathbb{R}$.

$\mathbb{R} = \{\text{alle rationalen und irrationalen Zahlen zusammen}\}$

Beispiele: $1 \in \mathbb{N}$ $-5 \in \mathbb{Z}$ $1,5 \in \mathbb{Q}$
$\pi = 3,14159\ldots \in \mathbb{R}$ $e = 2,71828\ldots \in \mathbb{R}$

Wenn man aus einer Menge mehrere Elemente herausgreift, so bilden diese eine *Teilmenge* der ursprünglichen Menge. Zum Beispiel sind die natürlichen Zahlen $\mathbb{N}$ eine Teilmenge der reellen Zahlen $\mathbb{R}$. Symbolisch schreibt man:

$$\mathbb{N} \subset \mathbb{R} \quad \mathbb{N} \text{ ist Teilmenge von } \mathbb{R}$$

Für die Zahlenmengen gilt offenbar:

$$\mathbb{N} \subset \mathbb{Z} \subset \mathbb{Q} \subset \mathbb{R}$$

2. Der Funktionsbegriff

Häufig begegnet uns in der Physik der Begriff *Funktion,* z. B. in der Formulierung „die Zähigkeit ist eine Funktion der Temperatur". Gemeint ist damit immer eine eindeutige Zuordnung des Wertes einer bestimmten Größe zu dem Wert einer anderen. Die Werte kann man als Elemente der Menge aller Werte ansehen, welche eine physikalische Größe annehmen kann, z. B. die Menge aller Temperaturen. Eine Zuordnung zwischen den Elementen verschiedener Mengen (oder auch innerhalb einer Menge) nennt man „Relation". Es gelten folgende Definitionen:

Definition: Eine *Relation R* ordnet gewissen Elementen a einer Menge A ($a \in A$) ein oder mehrere Elemente b einer Menge B ($b \in B$) zu, in symbolischer Schreibweise: a *R* b.

Euler-Diagramm

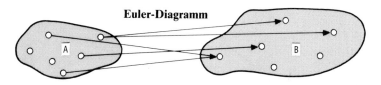

Die Menge der $a \in A$, von denen im *Euler-Diagramm* mindestens ein Pfeil ausgeht, heißt *Vorbereich* oder *Definitionsbereich* der Relation. Alle $b \in B$, auf welche die Spitze eines Pfeiles weist, bilden den *Nachbereich* oder *Wertebereich* der Relation.

Definitions- und Wertebereich einer Relation können Teilmengen ein und derselben Menge sein, z. B. sind es oft Zahlenmengen.

Definition: Durch Vertauschung von Definitions- und Wertebereich (Umkehrung aller Pfeilrichtungen) erhält man die zu *R* inverse *Relation R^{-1}*:

$$b\, R^{-1}\, a \Leftrightarrow a\, R\, b$$

Geht von jeden a ∈ A *nur ein* Pfeil aus, so heißt die Relation *linkseindeutig*.

Beispiel: A = {Menge aller Arbeiten einer MTA-Prüfung}
B = {Menge aller Kandidaten einer MTA-Prüfung}
Da jede Prüfungsarbeit von einem bestimmten Kandidaten angefertigt werden muß, ist die Relation „ist die Arbeit von" linkseindeutig!

Endet umgekehrt auf jedem b ∈ B *nur ein* Pfeil, so heißt die Relation *rechtseindeutig*.

Grundsätzlich bezeichnet man jede linkseindeutige Relation als *eindeutige Funktion!* Durch sie wird jedem Element x des Definitionsbereiches eindeutig ein Element y des Wertebereiches zugeordnet. Symbolisch schreibt man hierfür:

$$y = f(x) \qquad \text{y ist eine Funktion von x.}$$

Beispiel: Definitionsbereich und Wertebereich seien die Menge der reellen Zahlen ℝ. Die Relation x → y heiße „hat als doppelten Wert". Dann ist die Relation linkseindeutig und somit die Funktion: $y = f(x) = 2 \cdot x$.

Darstellung: Die Funktionen können durch *Funktionstabellen* oder durch *Funktionsgraphen* dargestellt werden. Das obige Beispiel liefert:

Funktionstabelle:

x	0	1	2	3	4
y	0	2	4	6	8

Funktionsgraph: Die Darstellung erfolgt am besten im rechtwinkligen (kartesischen) Koordinatensystem. Die Koordinaten haben die Namen *Abszisse* und *Ordinate*.

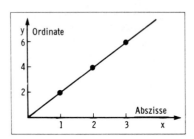

3. Spezielle Funktionen

Besondere Bedeutung haben in der Physik die *Potenzfunktion,* die *Exponentialfunktion* und die *trigonometrischen* Funktionen. Letztere wollen wir im 4. Abschnitt des Anhanges behandeln.

Zunächst soll der Begriff *Potenz* erläutert werden: Für alle reellen Zahlen a (a ∈ ℝ) und natürliche Zahlen n (n ∈ ℕ) wird das Zeichen a^n eingeführt als Abkürzung für das Produkt aus n gleichen Faktoren:

$$a^n = \underbrace{a \cdot a \cdot a \cdot a \cdot a \cdot a \cdots a}_{n \text{ Faktoren}} \qquad \text{Potenz} \qquad \text{DEF}$$

a nennt man die Basis (Grundzahl) und n den Exponenten (die Hochzahl) der Potenz a^n.

Wenn man das einfache Beispiel 5^4 betrachtet, so kann man dies auch schreiben: $5^4 = 5 \cdot 5^3$. Allgemein gilt die *Rekursionsformel:*

$$a^n = a \cdot a^{n-1} \qquad \text{Rekursionsformel}$$

Diese ist auf Grund der Definition nur für Werte von n erklärt, welche größer als 2 sind, also für n > 2!

Wenn man sie jedoch probeweise auch für n = 2, n = 1 und n = 0 anwendet, so erhält man

$$a^2 = a \cdot a^1,\ a^1 = a \cdot a^0,\ a^0 = a \cdot a^{-1}.$$

Dies veranlaßt zu den Definitionen:

$$a^1 = a,\ a^0 = 1,\ a^{-1} = 1/a \qquad \text{DEF}$$

Einige Grundregeln für das Rechnen mit Potenzen:

Addition: Addieren und Subtrahieren kann man Potenzen nur, wenn sie in Basis und Exponent übereinstimmen:

$$a \cdot x^n + b \cdot x^n = (a + b)\, x^n$$

Multiplikation: Potenzen mit gleicher Basis werden multipliziert, indem man die Hochzahlen addiert und die Basis läßt:

$$a^m \cdot a^n = a^{(m+n)} \qquad \text{Gleiche Basis}$$

Potenzen mit gleicher Hochzahl werden multipliziert, indem man die Grundzahlen multipliziert und die Hochzahl läßt:

$$a^n \cdot b^n = (a \cdot b)^n \qquad \text{Gleicher Exponent}$$

Division: Potenzen mit gleicher Basis werden dividiert, indem man die Hochzahlen subtrahiert und die Basis läßt:

$$a^m / a^n = a^{(m-n)} \qquad \text{Gleiche Basis}$$

Potenzen mit gleicher Hochzahl werden dividiert, indem man die Grundzahlen dividiert und die Hochzahl läßt:

$$a^n / b^n = (a/b)^n \qquad \text{Gleicher Exponent}$$

Potenzieren: Potenzen werden potenziert, indem man die Hochzahlen multipliziert und die Basis läßt:

$$(a^m)^n = a^{m \cdot n}$$

Die Suche nach dem Zusammenhang zweier Zahlen m und n, welche die Bedingung $a^{m \cdot n} = a$ erfüllen, führt zu der Definition:

$$(a^{1/n})^n = a \qquad \text{DEF}$$

Dabei bezeichnet man den Ausdruck $a^{1/n}$ als n-te Wurzel aus a und schreibt $a^{1/n} = \sqrt[n]{a}$.

Es kann gezeigt werden, daß die angeführten Regeln Gültigkeit haben für alle $x \in \mathbb{R}$ mit $a \geq 0$ und $n \in \mathbb{R}$.

Die Potenzfunktion

Als Potenzfunktion $y = f(x) = x^a$ bezeichnet man allgemein die Zuordnung einer Zahl x zu einer anderen Zahl y ($x \to y$) mit der Relation „hat die a-te Potenz": $x \to x^a$.

Die Potenzfunktion hat eine *variable Basis* und einen *festen Exponenten*.

Beispiel: $\qquad y = x^2$ ($x \to x^2$, $f(x) = x^2$)

Funktionstabelle:

x	−2	−1	0	1	2
y	4	1	0	1	4

Funktionsgraph:

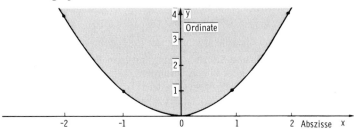

Die Relation der Umkehrfunktion (inverse Relation) lautet: „hat die a-te Wurzel" ($x \to x^{1/a}$)

$\qquad y = x^{1/a} = \sqrt[a]{x} \qquad$ Wurzelfunktion

(Diese Funktion ist nicht für alle a eindeutig!)

Die Exponentialfunktion

Als Exponentialfunktion $y = f(x) = a^x$ bezeichnet man allgemein die Zuordnung einer Zahl x zu einer anderen Zahl y ($x \to y$) mit der Relation „setzt a in die x-te Potenz": $x \to a^x$.

Die Exponentialfunktion hat eine *feste Basis* und einen *variablen Exponenten*.

Beispiel: $\qquad y = 2^x$ ($x \to 2^x$, $f(x) = 2^x$)

Funktionstabelle:

x	−2	−1	0	1	2	3
y	¼	½	1	2	4	8

Funktionsgraph:

$y = 2^x$

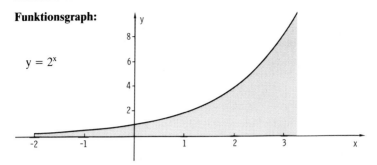

Die Umkehrfunktion der Exponentialfunktion lautet: y ist der Exponent, mit welchem man 2 potenzieren muß, um x zu erhalten; diesen Exponenten nennt man den *Logarithmus* von x zur Basis 2, abgekürzt: $y = \log_2 x$.

Funktionstabelle:

x	¼	½	1	2	4	8
y	−2	−1	0	1	2	3

Funktionsgraph:

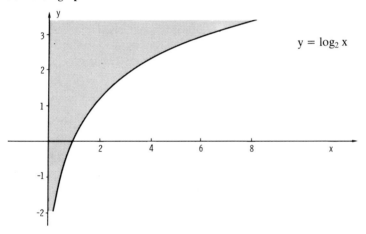

$y = \log_2 x$

Rechenregeln für Logarithmen

Der Logarithmus einer Zahl x zur Basis a ist der Exponent, mit welchem man die Basis a potenzieren muß, um x zu erhalten. Bei der Abkürzung schreibt man die Basis rechts als „Index" an das Zeichen log:

$\log_a x$ = Logarithmus von x zur Basis a

Somit gilt die Identität: $a^{\log_a x} = x$, wenn man a mit dem Exponenten potenziert, mit welchem man a potenzieren muß, um x zu erhalten, so erhält man natürlich x.

Aus den Regeln für das Rechnen mit Potenzen folgen direkt auch die Rechenregeln für Logarithmen:

Es seien $x = \log_a u$ und $y = \log_a v$. Dann ist
$a^x = u$ und $a^y = v$

Wendet man auf die Potenzen a^x und a^y die Rechenregeln für Potenzen an, so erhält man:

a) *Produktregel:* $\quad \log_a(u \cdot v) = \log_a(a^x \cdot a^y) = \log_a a^{(x+y)} = x+y$
oder $\log_a(u \cdot v) = \log_a u + \log_a v$

> Der Logarithmus eines Produktes ist die Summe der Einzellogarithmen.

b) *Quotientenregel:* $\quad \log_a(u/v) = \log_a(a^x/a^y) = \log_a a^{(x-y)} = x-y$
oder $\log_a(u/v) = \log_a u - \log_a v$

> Der Logarithmus eines Quotienten ist die Differenz der Einzellogarithmen.

c) *Potenzregel:* $\quad \log_a u^z = \log_a(a^x)^z = \log_a a^{(x \cdot z)} = x \cdot z$
oder $\log_a u^z = z \cdot \log_a u$

> Der Logarithmus einer Potenz ist das Produkt aus deren Hochzahl und dem Logarithmus ihrer Basis.

Für bestimmte Basiswerte wurden besondere Zeichen für den Logarithmus eingeführt:

Dekadischer Logarithmus: Basis $a = 10$
Definition: $\log_{10} x = lg\ x$

Natürlicher Logarithmus: Basis $a = e = 2{,}7182818\ldots\ldots$
Definition: $\log_e x = ln\ x$

Umrechnung von Logarithmen zur Basis a auf Logarithmen zur Basis b:
Gegeben: $z = \log_a y$ Gesucht: $x = \log_b y$

Dann ist $y = b^x$ und die Anwendung der Regeln liefert:
$\log_a y = \log_a(b^x) = x \log_a b = \log_b y \log_a b$. Also:

$$\begin{array}{|ll|} \hline & \log_b y = \log_a y\ /\ \log_a b \\ \text{speziell:} & \ln y = \lg y\ /\ \lg e \\ & \lg y = \ln y\ /\ \ln 10 \\ \hline \end{array}$$

4. Trigonometrische Funktionen

Die grundlegenden trigonometrischen Funktionen lassen sich am einfachsten mit den Definitionen an einem rechtwinkligen Dreieck verstehen. Ein solches besitzt einen „rechten" Winkel ($\pi/2$ oder 90°), und dadurch ist das Verhältnis beliebiger Dreiecksseiten zueinander eindeutig durch die Angabe eines der beiden anderen Winkel bestimmt.

Man definiert folgende Winkelfunktionen ($\gamma = \pi/2$):

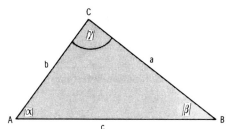

Sinus: $\sin \alpha = a/c$
Cosinus: $\cos \alpha = b/c$
Tangens: $\tan \alpha = a/b$
Cotangens: $\cot \alpha = b/a$

Bezeichnungen: c = Hypotenuse
b = Ankathete zu α ⎫
a = Gegenkathete zu α ⎬ Katheten

Allgemein gilt für jeden der beiden Winkel:

SINUS = Verhältnis von Gegenkathete zu Hypotenuse
COSINUS = Verhältnis von Ankathete zu Hypotenuse
TANGENS = Verhältnis von Gegenkathete zu Ankathete
COTANGENS = Verhältnis von Ankathete zu Gegenkathete

Aus den Definitionen ergeben sich leicht folgende *Zusammenhänge* zwischen den Winkelfunktionen:

$\sin \alpha = \cos \beta$ $\sin \beta = \cos \alpha$
$\tan \alpha = \cot \beta$ $\tan \beta = \cot \alpha$ $\tan \alpha = \sin \alpha / \cos \alpha$

Der Satz des Pythagoras: Bei jedem rechtwinkligen Dreieck a, b, c ist das Quadrat über der Hypotenuse gleich der Summe der beiden Kathetenquadrate.

In Formeln: $a^2 + b^2 = c^2$

Anschaulicher Beweis: Die beiden folgenden Quadrate haben beide die Fläche $F_\square = s^2$.

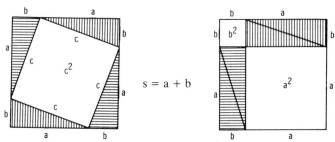

$s = a + b$

Bei der ersten Zerlegung setzt sich diese zusammen aus der Quadratfläche c^2 und den vier gleichen Dreiecksflächen $F_\triangle$, also $F_\square = c^2 + 4F_\triangle$.

Die zweite Zerlegung liefert die beiden Quadratflächen a^2 und b^2 und ebenfalls die vier gleichen Dreiecksflächen $F_\triangle$, was man durch die Teilung der beiden Rechtecke $a \cdot b$ erkennt; insgesamt erhält man also:

$$F_\square = c^2 + 4F_\triangle = a^2 + b^2 + 4F_\triangle \qquad | - 4F_\triangle$$
$$\underline{c^2 \qquad\quad = a^2 + b^2} \qquad \text{w.z.b.w.}$$

Für die Winkelfunktion liefert dies:

$$a^2/c^2 + b^2/c^2 = c^2/c^2 \qquad \text{oder} \qquad \underline{\sin^2 \alpha + \cos^2 \alpha = 1}$$

Mit Hilfe des Satzes von Pythagoras kann man auch für beliebige Dreiecke einen wichtigen Zusammenhang zwischen den Winkeln und Seiten ableiten:

Sinussatz für beliebige Dreiecke: In jedem beliebigen Dreieck mit den Seiten a, b und c verhalten sich die Sinusse der Winkel α, β und γ wie die gegenüberliegenden Seiten: *$\sin \alpha : \sin \beta : \sin \gamma = a : b : c$.*

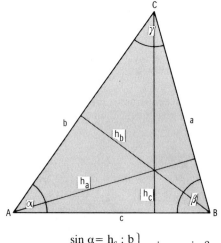

Man kann zu jeder der drei Höhen h_a, h_b und h_c zwei rechtwinklige Dreiecke mit der Höhe als Kathete konstruieren, womit man die folgenden Relationen erhält:

$$\left.\begin{array}{l}\sin \alpha = h_c : b \\ \sin \beta = h_c : a\end{array}\right\} \sin \alpha : \sin \beta = a : b$$

$$\left.\begin{array}{l}\sin \beta = h_a : c \\ \sin \gamma = h_a : b\end{array}\right\} \sin \beta : \sin \gamma = b : c$$

$$\left.\begin{array}{l}\sin \gamma = h_b : a \\ \sin \alpha = h_b : c\end{array}\right\} \sin \gamma : \sin \alpha = c : a$$

Einige spezielle Werte der trigonometrischen Funktionen

1. Ein *gleichschenklig-rechtwinkliges* Dreieck hat die Winkel $\alpha = \beta = \pi/4$ (45°). Der Satz von Pythagoras liefert:

$b^2 + a^2 = 2a^2 = c^2$

$a = c/\sqrt{2} = \frac{1}{2} c \sqrt{2} = b$

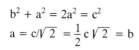

Somit erhält man:

$$\sin \pi/4 = a/c = b/c = \cos \pi/4 = \frac{1}{2}\sqrt{2}.$$
$$\tan \pi/4 = a/b = b/a = \cot \pi/4 = 1.$$

2. Beim gleichseitigen Dreieck sind alle drei Winkel $\pi/3$ (60°). Die Höhe h teilt es in zwei spiegelbildliche rechtwinklige Dreiecke. Bezeichnet man die Elemente eines solchen Dreiecks wie in der Skizze mit a, b, c, α, β, so kann man folgende Beziehungen direkt ablesen:

$$c = s, \ b = h, \ a = s/2, \ \alpha = \pi/6 \ (30°), \ \beta = \pi/3 \ (60°)$$

Der Satz von Pythagoras liefert:

$h^2 + \left(\frac{s}{2}\right)^2 = s^2 \quad h = \frac{s}{2}\sqrt{3}$

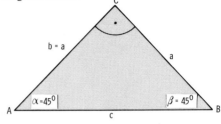

Damit erhält man:

$$\sin \pi/6 = a/c = s/2s = 1/2 = \cos \pi/3$$
$$\sin \pi/3 = b/c = \sqrt{3}\, s/2s = \sqrt{3}/2 = \cos \pi/6$$
$$\tan \pi/6 = a/b = s/\sqrt{3}\, s = \sqrt{3}/3 = \cot \pi/3$$
$$\tan \pi/3 = b/a = \sqrt{3}\, s/s = \sqrt{3} = \cot \pi/6$$

258 Mathematischer Anhang

3. Tabelle für spezielle Winkel:

α	0 (0°)	π/6 (30°)	π/4 (45°)	π/3 (60°)	π/2 (90°)	π (180°)	$\frac{3}{2}\pi$ (270°)	2π (360°)
sin α	0	1/2	$\frac{1}{2}\sqrt{2}$	$\frac{1}{2}\sqrt{3}$	1	0	–1	0
cos α	1	$\frac{1}{2}\sqrt{3}$	$\frac{1}{2}\sqrt{2}$	1/2	0	–1	0	1
tan α	0	$1/\sqrt{3}$	1	$\sqrt{3}$	∞	0	∞	0
cot α	∞	$\sqrt{3}$	1	$1/\sqrt{3}$	0	∞	0	∞

4. **Winkel am Einheitskreis:** In der Tabelle der Funktionswerte für spezielle Winkel sind offenbar Winkel berücksichtigt, welche größer als π/2 (90°) sind. Solche Winkel sind jedoch am rechtwinkligen Dreieck überhaupt nicht möglich. Obwohl für das Verständnis der grundlegenden Definitionen die Verhältnisse am rechtwinkligen Dreieck recht nützlich waren, versagen sie offenbar für diese Winkel.

Hier hilft uns nur eine allgemeinere Definition der Winkelfunktionen weiter, für welche wir uns in einem kartesischen Koordinatensystem einen Kreis mit Zentrum im Koordinatenursprung konstruieren, dessen Radius wir willkürlich als Einheit (r = 1) festsetzen – den sogenannten Einheitskreis!

Am Einheitskreis kann man die Winkelfunktionen nach folgenden Vorschriften konstruieren:

sin α: Ordinate des Schnittpunktes P des zu α gehörenden Radiusstrahles mit dem Einheitskreis.

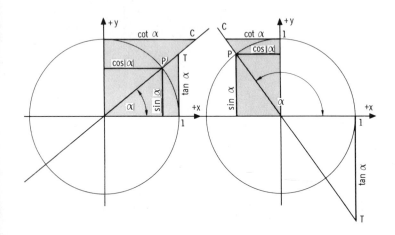

cos α: Abszisse des Schnittpunktes P des zu α gehörenden Radiusstrahles mit dem Einheitskreis.

tan α: Ordinate des Schnittpunktes T des zu α gehörenden Radiusstrahles mit der Tangente an den Kreis in $(x = 1; y = 0)$.

cot α: Abszisse des Schnittpunktes C des zu α gehörenden Radiusstrahles mit der Tangente an den Kreis in $(x = 0; y = 1)$.

5. Graphische Darstellung der Winkelfunktionen: Mit Hilfe der Konstruktion am Einheitskreis lassen sich die Winkelfunktionen im kartesischen Koordinatensystem leicht darstellen:

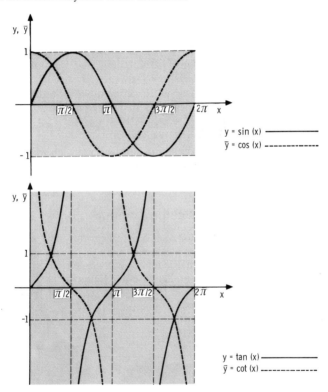

5. Die Strahlensätze

Aus dem Sinussatz lassen sich für zwei Strahlen mit gemeinsamem Anfangspunkt, die von zwei Parallelen geschnitten werden, folgende Relationen ableiten:

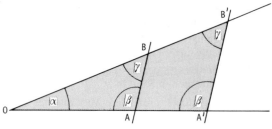

$$\sin\alpha : \sin\beta = \overline{AB} : \overline{OB} = \overline{A'B'} : \overline{OB'}$$
$$\sin\beta : \sin\gamma = \overline{OB} : \overline{OA} = \overline{OB'} : \overline{OA'}$$
$$\sin\gamma : \sin\alpha = \overline{OA} : \overline{AB} = \overline{OA'} : \overline{A'B'}$$

Diese kann man in den beiden Sätzen zusammenfassen: Werden zwei Strahlen mit gemeinsamem Anfangspunkt von zwei Parallelen geschnitten, so verhalten sich ...

1. Strahlensatz: ... die Abschnitte auf dem einen Strahl wie die entsprechenden auf dem anderen Strahl.
$$\overline{OA} : \overline{OA'} = \overline{OB} : \overline{OB'}$$
$$\overline{OA} : \overline{AA'} = \overline{OB} : \overline{BB'}$$

2. Strahlensatz: ... die Abschnitte auf den Parallelen wie die entsprechenden Scheitelabschnitte auf den Strahlen.
$$\overline{AB} : \overline{A'B'} = \overline{OA} : \overline{OA'} = \overline{OB} : \overline{OB'}$$

6. Elemente der Vektorrechnung

Definition: Zur Definition des Vektorbegriffes muß zunächst der Begriff „Verschiebung" erläutert werden. Als solche bezeichnet man eine Abbildung, bei welcher jeder Punkt P des abzubildenen Objektes durch eine Translation parallel zu einer Leitgeraden g um dieselbe Strecke $\vec{v}$ zu einem Bildpunkt P' verschoben wird. Die Verschiebungslinien $\overrightarrow{PP'}$ nennt man Verschiebungspfeile.

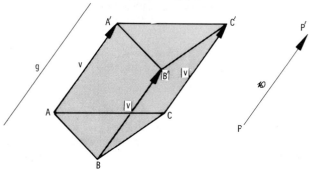

Die *Gesamtheit* aller zu derselben Verschiebung V gehörenden Verschiebungspfeile nennt man einen *Vektor*. Seine Bestimmungsstücke Größe, Richtung und Orientierung werden durch den Repräsentationspfeil $\vec{v}$ dargestellt ($\vec{v} = \vec{PP'}$). Dieser Pfeil repräsentiert den Vektor, er selbst ist aber kein Vektor!

Die Adddition von Vektoren und die Multiplikation eines Vektors mit einer reellen Zahl lassen sich durch die Zusammensetzung und Multiplikation von Verschiebungen erklären.

Die Zusammensetzung zweier Verschiebungen V_1 und V_2 ist wieder eine Verschiebung. Man erhält sie durch geometrische Addition.

Geometrische Addition: Man setzt den Anfang des zweiten Pfeils an das Ende des ersten Pfeils. Der resultierende Pfeil beginnt am Anfang des ersten und endet am Ende des zweiten Pfeils.

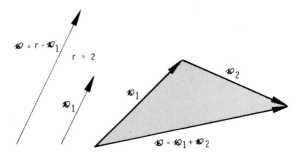

Da zu jeder Verschiebung ein Vektor gehört als die Gesamtheit all ihrer Verschiebungspfeile, so hat man für Vektoren damit die *Addition* erklärt.

Ebenso kann man die *Multiplikation* von Vektoren v_1 mit reellen Zahlen r erklären, indem man die Länge v_1 sämtlicher Verschiebungspfeile der zugehörigen Verschiebung V_1 mit der Zahl r multipliziert. Die Orientierung der Pfeile bleibt erhalten, ihre Richtung kehrt sich bei negativem r um.

Man erhält dadurch eine neue Verschiebung, zu welcher dann der Vektor $\vec{v} = r\vec{v_1}$ gehört.

7. Messen und Meßfehler

Die möglichen Fehler einer Messung lassen sich in zwei Gruppen einteilen:

a) Als systematische Fehler bezeichnet man alle Ungenauigkeiten, die auf das Meßsystem zurückzuführen sind. Diese haben also ihre Ursache in der Unvollkommenheit des Meßsystems, z. B. Ablesegenauigkeit der Skalen, Eichfehler oder Abnützungserscheinungen der Meßvorrichtungen. Sie haben daher bei jeder Messung mit derselben Meßvorrichtung die gleiche Größenordnung und Richtung und lassen sich daher, soweit sie erfaßbar sind, korrigieren.

b) Im Gegensatz hierzu sind alle zufälligen Fehler statistischer Art, d. h. sie schwanken bei jeder Messung unterschiedlich nach Größe und Richtung und sind auf nicht erfaßbare Veränderungen der Meßvorrichtung oder der Umwelt und auf Eigenschaften des Beobachters zurückzuführen. Man kann durch Mittelwertbildung wiederholter Messungen die Schwankungen der einzelnen Meßwerte um diesen Mittelwert (die sogenannte Streuung) als Maß für den abzuschätzenden Fehler verwenden.

Beispiel 9: Eine sechsmal wiederholte Längenmessung (mit einem systematisch korrigierten Maßstab) liefert folgende Meßwerte:
Meßgröße x, Einheit [x] = cm, Anzahl n = 6

Messung i	1	2	3	4	5	6
Meßwert x_i	x_1	x_2	x_3	x_4	x_5	x_6
Maßzahl x_i	167,5	169,0	168,5	169,5	169,0	170,5

Das *arithmetische* Mittel $\bar{x}$ erhält man durch Aufsummierung aller Meßwerte x_i und Division der Summe durch die Anzahl der Meßwerte.

$$\bar{x} = \frac{1}{n}(x_1 + x_2 + \ldots + x_n) \quad \text{Mittelwert} \quad \text{DEF}$$

Für die Meßwerte des Beispiels erhält man:

$$\bar{x} = \frac{1}{6}(167,5 + 169,0 + 168,5 + 169,5 + 169,0 + 170,5)\,\text{cm}$$

$$\bar{x} = \frac{1}{6} \times 1014,0 \text{ cm} = 169 \text{ cm}$$

Für die Summenbildung, die sich unter Umständen auf eine sehr große Anzahl von Meßwerten erstrecken kann, wurde allgemein eine Abkürzung eingeführt: Als Symbol für die Summe selbst wird der Buchstabe „Sigma" aus dem griechischen Alphabet verwendet, und zwar der Großbuchstabe mit der Form Σ. Dahinter schreibt man den allgemeinen Summanden (in unserem Falle x_i), und gibt dann *unter* dem Symbol den Anfangswert von i (in unserem Beispiel i = 1) und *über* dem Symbol den Endwert von i (in unserem Falle also n) an.

$$x_1 + x_2 + \ldots + x_n = \sum_{i=1}^{n} x_i \quad \text{DEF}$$

Obige Formel für das arithmetische Mittel schreibt sich dann einfacher:

$$\bar{x} = \frac{1}{n} \cdot \sum_{i=1}^{n} x_i \qquad \text{Mittelwert} \qquad \text{DEF}$$

Zur Abschätzung des zufälligen Fehlers untersucht man nun die Abweichungen $\Delta x_i = (x_i - \bar{x})$ der einzelnen Meßwerte vom Mittelwert, die sog. *Streuung*.

Als Maß für diese Streuung dient nach Gauß das „beinahe" arithmetische Mittel der quadratischen Abweichungen (Δx_i), „beinahe" deshalb, weil ihre Summe nicht durch die gesamte Anzahl n, sondern durch n − 1 dividiert wird. Man nennt diesen Mittelwert die *Varianz* s^2:

$$s^2 = \frac{1}{n-1} \cdot \sum_{i=1}^{n} (\Delta x_i)^2 \qquad \text{DEF}$$

Die Varianz s^2 erhält man durch Aufsummieren aller quadratischen Abweichungen der Meßwerte x_i vom Mittelwert $\bar{x}$, $\Delta x_i^2 = (x_i - \bar{x})^2$, und Division der Summe durch die um 1 verminderte Anzahl der Meßwerte n − 1.

Das Symbol s^2 wurde gewählt, weil im allgemeinen nicht die Varianz selbst, sondern die Wurzel aus ihr als sogenannte *Standardabweichung* verwendet wird.

$$s = \sqrt{\frac{1}{n-1} \cdot \sum_{i=1}^{n} (\Delta x_i)^2} \qquad \text{Standardabweichung} \qquad \text{DEF}$$

Die Standardabweichung ist die Quadratwurzel aus der Varianz!

Zu der vollständigen Messung einer Größe x gehört eine wiederholte Bestimmung des Meßwertes, die Bildung des arithmetischen Mittels $\bar{x}$ und die Berechnung der Standardabweichung. Das Meßergebnis ist dann die Angabe des Mittelwertes $\bar{x}$ und der Standardabweichung s als Grenze, innerhalb welcher der wahre Wert x liegen wird:

$$x = \bar{x} \pm s \qquad \text{Ergebnis}$$

Zur besseren Übersicht stellen wir die Rechengrößen unseres Beispiels noch einmal in der Tab. 20 zusammen:

Tabelle 20

x_i (cm)	x_i	$-\bar{x}$	$= \Delta x_i$ (cm)	$(\Delta x_i)^2$ (cm^2)
167,5	167,5	− 169,0	= −1,5	2,25
169,0	169,0	− 169,0	= 0,0	0,00
168,5	168,5	− 169,0	= −0,5	0,25
169,5	169,5	− 169,0	= 0,5	0,25
169,0	169,0	− 169,0	= 0,0	0,00
170,5	170,5	− 169,0	= 1,5	2,25

$\sum_{i=1}^{6} x_i =$ 1014,0 cm $\qquad\qquad \sum_{i=1}^{6} (\Delta x_i)^2 =$ 5,00 cm^2

Damit ergibt sich für die Standardabweichung:
$$s = \sqrt{\frac{1}{6-1} \cdot 5,00 \text{ cm}^2} = \pm 1 \text{ cm}$$
Die vollständige Angabe des Meßergebnisses lautet also:
$$x = \bar{x} \pm s = (169,0 \pm 1) \text{ cm}$$
Der Fehler x_F wird häufig auch in Prozenten des Mittelwertes angegeben, also
$$x_F = \frac{s}{\bar{x}} \cdot 100\% \text{ oder } x = \bar{x} \pm x_F$$
Für unser Beispiel ergibt dies:
$$x = 169,0 \text{ cm} \pm \frac{1}{169,0} \cdot 100\% \quad \text{oder}$$
$$x = 169,0 \text{ cm} \pm 0,6\%$$

Sachverzeichnis

A

Abbé, E. 241
Abbildung 230 ff.
– reelle 230
– virtuelle 230
Abbildungsgesetz 233
Abbildungsmaßstab 231
Aberration, chromatische 234 f.
– sphärische 234 f.
Absorption 178
Absorptionsgesetz 210
Abszisse 250
Addition 261
Adhäsion 61
Aerostatik 72
Aggregatzustände 59
Akkommodation 236
Akkommodationsbreite 236
Akkumulator 128
Aktion 34
Aktionsspannung, bioelektrische 129
Alphabet, griechisches 3
Alphastrahlung 208
Alphateilchen 208
Ampère (Einheit) 136
Ampère, André Marie 136
Ampèremeter 153
Analysator 243
Analyse, harmonische 173
Anion 150
Anlegegoniomter 16
Anode 150
Anschauungsform 2
Antenne 178
Apertur, numerische 243
Aperturwinkel 242
Ar 11
Aräometer 71
Arbeit 50
– elektrische 157
Archimedes 70
Archimedisches Prinzip 69
Astigmatismus 235
Atmosphäre, physikalische 49
– technische 49
Atom 57
Atombau 196

Atombindung 205
Atomistik 57
Atomkern 197, 205 ff.
Atommasse, relative 57
Atomuhr 18
Atomverbindung 205
Auenbrugger, Leopold 192
Auflösung, spektrale 226
Auflösungsvermögen 240
Aufschlemmung 77
Auftriebskraft 69 ff.
Auge, menschliches 235 ff.
Ausbreitungsgeschwindigkeit, elektromagnetischer Wellen im Vakuum 179 ff.
– von Licht 181
Ausdehnung von Gasen 96
Ausdehnungskoeffizient, kubischer 94
– linearer 94
Auskultation 192
Avogadrokonstante 59

B

Bahngeschwindigkeit 27
Balmer 200
Bandmaß 10
bar 49
Barometer 73
barometrische Höhenformel 73
Basis 251
Basiseinheit 4 f.
Basisgröße 4 f.
Basissystem 4 ff.
Becquerel, Henri 196
Becquerelstrahlen 196 f.
Benetzung 61
Bernoulli, Daniel 83
Bernoulli-Effekt 83
Beschleunigung 22 ff.
Beta-Strahlung 208 f.
Betrag der Geschwindigkeit 19
Beugung 189
Beugungseffekt 215
Beugungsgitter 215
Beugungsspalt 216
Bewegung 20

Sachverzeichnis

Bewegungsenergie 53
Bewegungslehre 20
Bildfeldwölbung 235
Bildweite 231
Bimetallstreifen 95
Bimetallthermometer 95
Bindung, heteropolare 205
– homöopolare 205
– polare 205
– unpolare 205
BKS s. Blutsenkung
Blutdruckmessung 76
Blutsenkung 88
Bohr, Niels 199
Bohrsche Theorie 199 ff.
Bolzmannsches Gesetz 104
Boyle-Mariotte 73
Boyle-Mariottesches Gesetz 73
Braunsche Röhre 166
Brechkraft 229 f.
Brechung 187 ff., 221 ff.
Brechungsgesetz 189, 222
Brechnungswinkel 221 f.
Brechzahl 221
Bremsstrahlung 210
Brennebene 228
Brennpunkt 228 f.
Brennweite 228 f.
Brewstersches Gesetz 245
Brown, R. 77
Brownsche Molekularbewegung 77
BSG s. Blutsenkung
Bunsenbrenner 83

C
Candela 246
Cantor, Georg 248
Celsius, Anders 89
Celsiusskala 89
Clausius, R. 104
Cosinus 255
Cotangens 255
Coulomb (Einheit) 117
Coulomb, Christian 116
Coulombsches Gesetz 117
– Reibungsgesetz 41

D
Daltonsches Prinzip 78
Dampf 108
– gesättigter 107
Dampfdruck 107
Dampfdruckerniedrigung 111

Daniell, J. 128
Daniellsches Element 129
Defektelektron 151
Deformation, elastische 46
Diathermie 193
Dichte 32
Dichteanomalie von Wasser 96
Dichtebestimmung 70 ff.
Dielektrikum 123
Dielektrizitätskonstante, relative 123
Diffusion 77 ff.
Diode 152
Dioptrie 229
Dipol 133
– elektrischer 178
Dispersion 221
Dissoziation 149
Doppelbrechung 244
Doppler-Effekt 190 ff.
Dosierhilfe 65
Dosierung 65
Dotierung 151
Drehkondensator 126
Drehmoment 42
Drehmomentgleichgewicht 43
Drehspulinstrument 144
Drehung 26
Dreifingerregel 141 f.
Druck 48
– hydrostatischer 68
– osmotischer 80
Druckmessung 73
Druckwelle 186
Durchschallungsverfahren 193
Düsenantrieb 35
Dynamik 30
Dynamo 161
Dynamometer 47

E
Ebene, schiefe 40 f.
ebullioskopische Konstante 111
Echoverfahren 193
Eigenfrequenz 172
Einfallsebene 221
Einfallslot 221
Einfallswinkel 121 ff.
Einheit 3 ff.
– abgeleitete 6
– kohärent abgeleitete 6
Einheitskreis 258
Einstein 180
Eintrittswinkel 188

Sachverzeichnis 267

elektrische Ladung 114
Elektrizitätswerk 135
Elektrodynamik 135
Elektrokardiographie 129
Elektrolyse 149
Elektrolyt 128, 149
Elektromagnet 141
Elektromagnetismus 139
Elektrometer 116
Elektromotor 143
Elektron 196
Elektronegativität 205
Elektronenfehlstelle 151
Elektronenvolt 165
Elektrophorese 150
Elementarmagnet 134
Elemente 248
Emulsion 77
Energie 50 ff.
– elektrische 125
– innere 112
– kinetische 53
– potentielle 51 f.
Energiesatz 53
Energiestrom 245
Entladung 166
Entladungsröhre 214
Erdbeschleunigung 25
Erstarrungspunkt 106
Erwärmung 105
Euler-Diagramm 249
Exponent 251
Exponentialfunktion 252 f.

F

Fadenpendel 167
Fahrenheit 89 f.
Fall 25
– freier 24
Fallbewegung 33
Farad 122
Faraday, M. 122, 159
Faraday-Käfig 127 f.
Farbe 213
Farbenspektrum, kontinuierliches 225
Federkonstante 47
Federpendel 169 f.
Federwaage 47
Fehler 261
– systematische 261
– zufällige 262
Feld, elektrisches 116

– elektromagnetisches 141
– magnetisches 131 ff., 134 f.
Feldlinien, elektrische 118 f.
– magnetische 134 f.
Feldstärke, elektrische 117 f.
– magnetische 135
Fernkraft 116
Fick, A. E. 79
1. Ficksches Gesetz 79
Fieberthermometer 91
Fixpunkt 89
Fläche 11
Flächenmaß 11
Flächenmessung 12
Fleck, blinder 236
Fluidität 85
Fluß, magnetischer 141
Flußdichte, magnetische 141
Flüssigkeit 60
– ideale 81
Flüssigkeitsthermometer 91
Frequenz 19
Fundamentalpunkt 89
Funktion 249 ff.
– eindeutige 250
– spezielle 250 ff.
– trigonometrische 254 ff.
Funktionsbegriff 249
Funktionsgraphen 250
Funktionstabelle 250

G

Galvani, Luigi 128
galvanisches Element 128
Galvanometer 145
Gamma-Strahlung 209
Gangunterschied 182
Gase 60, 72 ff.
– ideale 73, 97
– reale 73
Gasentladung 166
Gasentladungsröhre 166
Gasgleichung, ideale 97
Gaskonstante, allgemeine 98 f.
Gay-Lussacsches Gesetz 96 f.
Gefrierpunkt 106
Gefrierpunktserniedrigung 111
Gefriertrocknen 110
Gegenstandsweite 231
Gemisch 77
Generalkonferenz für Maße und Gewichte 9
Generator, elektrischer 160 f.

Gesamtenergie 112
Geschwindigkeit 19, 21
Geschwindigkeits-Zeit-Diagramm 23
Gestaltselastizität 59 f.
Gewichtskraft 33
glaselektrischer Zustand 114
Gleichgewicht 40
Gleichgewichtsbedingung 65
Gleichrichter 152
Gleichrichtung 165
Glühbirne 164
Glühemission 164
Glühkathode 164
Glühwendel 165
Grad Celsius 89
Gravitation 36
Gravitationsgesetz 36
Gravitationskonstante 36
Gravitationskraft 35
Grenzschicht 151
Grenzwinkel 224
Grundgröße 4 f.

H
Hagen-Poiseuillesches Gesetz 86
Halbleiter 150 ff.
Halbschatten 220
Hammerwurf 37
Hämolyse 81
Hangabtrieb 41
Harvey, William 239
Harzelektrischer Zustand 114
Hauptebene 228
Hauptgruppe 205
Hauptquantenzahl 200
Hebel 44 ff.
– einarmiger 45 f.
– zweiarmiger 45 f.
Hebelgesetz 46
Hektar 11
Helligkeitsempfinden 246
Hertz (Einheit) 19
Hertz, Heinrich 19
Herzaktionskurve 130
Hochfrequenzchirurgie 194
Hochspannung 131
Höchstspannung 131
Höhensonne 195
Hookesches Gesetz 46
Hörschall 184
Hubarbeit 50 f.
Hufeisenmagnet 135
Huygens, Christian 187

Huygenssches Prinzip 187 ff.
Hydraulik 66 f.
Hydrodynamik 81 ff.
Hydrodynamisches Paradoxon 83
Hydrostatik 65 ff.
Hydrostatisches Paradoxon 68 f.
Hyperämie 195
Hyperopie 237
Hypertonie 81

I
Immersionsöl 243
Impuls 55
Impulssatz 55
Induktion 159 ff.
Induktionskonstante 141
Induktionsspannung 159
Influenz 121
Influenzladung 121
Infrarot 179
Infraschall 184
Inkompressibilität 81
Intensität 210
Interferenz 182
Ionen 150, 197 f.
Ionenbindung 205
Ionisation 210
Iris 235
Isolator 114
Isotherme 98
Isotone 81
Isotope 207

J
Jansen, Zacharias 239
Jollysche Waage 70
Joule (Einheit) 50
Joule, J. P. 50, 101
Joulesche Wärme 158

K
Kammerwasser 235
Kapazität 122 ff.
Kapillaraszension 62 f.
Kapillardepression 62 f.
Kapillare 62
Kapillarität 62
Kapillarviskosimeter 87
Kapillarwirkung 63
kartesisch 250
Kathode 150, 164 f.
Kathodenstrahloszillograph 166
Kathodenstrahlröhre 165 f.

Sachverzeichnis

Kation 150
Kelvin (Einheit) 90
Kelvin, Lord 90, 97
Kernladungszahl 197, 206
Kernschatten 220
Kernumwandlung, künstliche 209
Kinematik 20ff.
Kirchhoff 104
Kirchhoffsche Knotenregel 156
- Maschenregel 154
Koagulation 194
Koagulationsmethode 194
Kochsalzlösung, physiologische 81
kohärent 182
Kohäsion 61
Kompaß 132
Komponente 76
Komponentenzerlegung 40
Kompressibilität 72
Kondensation 106
Kondensationspunkt 106
Kondensationswärme 106
Kondensator 122ff.
Konstante, ebullioskopische 111
Kontaktspannung 128
Kontinuitätsgleichung 82
Konvektion 103
Konzentrationsausgleich 78
Konzentrationsgefälle 79
Konzentrationsspannung 130
Koordinatensystem 250
Kraft 30
- Einheit 31ff.
- elektromotorische 128
- magnetische 131f.
Kraftarm 46
Kraftbegriff 30
Krafteck 40
Kräftepaar 42
Kraftfeld 116
Kraftmessung 46
Kreis 13
Kreisbewegung 26ff.
Kreisdurchmesser 13
Kreisumfang 13
Kreiszahl 13
Kryoskopie 111
Kurzsichtigkeit 237

L

Ladung, elektrische 114
Ladungseinheit 117
Ladungstransport 146
- im Vakuum und in Gasen 164
Lageenergie 51
Länge 4, 7ff., 20
Längenausdehnung, thermische 92
Längenausdehnungskoeffizient 93
Längenmessung 10f.
Längswelle 177
Lastarm 46
Leistung 54
Leiter 114ff.
- stromdurchflossener 138
- n-Leiter 151
- p-Leiter 151
Leitfähigkeit 146
Leitungselektron 151
Leitwert 146
Lenz, H. F. E. 159
Lenzsche Regel 160
Leuchtstoffröhre 166
Licht 174, 179ff., 213ff.
- polarisiertes 244
Lichtgeschwindigkeit 180f., 221
Lichtinterferenz 214
Lichtleiter 224
Lichtstärke 246
Lichtstrahl 219
Linse 227ff.
- dünne 228
- symmetrische 230
Linsenfehler 234f.
Linsentypen 227f.
Linsenwirkung 227ff.
Liter 12
Lochkamera 231
Logarithmus f 253
- dekadischer 254
- natürlicher 254
Longitudinalwelle 177
Lorentz, Hendrick Antoon 143
Lorentz-Kraft 143
Lösung 76ff.
- echte 76
- gesättigte 77
- hypertonische 81
- hypotonische 81
- kolloidale 77
Luftdruck 73
Lupe 233, 238f.
Lupenvergrößerung 239

M

Magnesia 131
Magnet, natürlicher 131ff.

Magneteisenstein 131
Magnetfeld 132 ff.
Magnetfeldstärke (einer Spule) 140
Magnetismus 131 ff.
Magnetnadel 132
Magnetostatik 131 ff.
Magnetpol 132 f.
Malur, Etienne 243
Masse ff 30
– molare 59
Massenbestimmung 43 f.
Masseneinheit 31 f.
– atomare 58
Massenprototyp 32
Massenzahl 206
Maßzahl 3 f.
Mayer, Julius Robert 101
Maxwell, J. Cl. 104
Mechanik-Grundgesetz 31
Mendelejew, D. J. 203
Menge 248
Messen 2 ff.
Messung 2 ff.
Meter 9
mètre des archives 9
Meyer, L. 203
Mikrometerschraube 10 f.
Mikroskop 239 ff.
Mikroskopvergrößerung 239 f.
Mittel, arithmetisches 262
Mittelpunktswinkel 14
Mittelwert 263
Mohrsche Waage 71
Mol 58 f.
Molekül 205
Molekülmasse, relative 58
Multiplikation von Vektoren 261
Myopie 237

N
Nebengruppe 205
Nebenquantenzahl 201
Neutron 206
Newton (Einheit) 33
Newton, Isaac 33
Newtonsche Axiome 30 ff., 35
Newtonsches Reibungsgesetz 85
Nichtleiter 114
Niederspannung 131
Nordpol 132
Normalkomponente 40
Nukleon 206 ff.
Nullpunkt, absoluter 90

O
Oberflächenenergie 64
Oberflächenspannung 63 ff.
Objektiv 239
Objektivvergrößerung 239
Ohm (Einheit) 146
Ohm, Georg Simon 146
Ohmsches Gesetz 146
Okular 239
Okularvergrößerung 239
„optisch aktiv" 243
Orbitale 201
Ordinate 250
Osmose 77, 80
osmotischer Druck 80
Oszillator 167
– harmonischer 167
Oxidation, anodische 150

P
Paradoxon, hydrodynamisches 83
– hydrostatisches 68 f.
Parallelkomponente 40
Parallelschaltung 131
– von Widerständen 156
Partialdruck 78
Pascal (Einheit) 49
Pascal, Blaise 49
Pascalsches Prinzip 68
Pauli-Prinzip 202
Pendel 18, 167 ff.
– mathematisches 167 f.
Pendeluhr 18
Periode 205
Perkussion 192
Perkussionshammer 192
Perkussionsschall 192
Permanentmagnet 132 f.
Pferdestärke 54
Phase, Lösung 76
– Schwingung 177
Phasendiagramm 110
Phasendifferenz 182 f.
Phasenübergang 105
Phasenverschiebung 174
Phonokardiographie 192
Photometrie 245
physikalische Größe 2 ff.
Pipette 74
Plancksche Konstante 200
Planimeter 12
Plasmolyse 81
Plattenkondensator 123 ff.

Sachverzeichnis 271

Pol, magnetischer 132
Polarimeter 243
Polarisation 181
- von Licht 243 ff.
Polarisationsebene 243
Polarisationsfilter 243
Polarisationsfolie, dichroitische 244
Polarisator 243
Positron 209
Potential, elektrisches 120
Potentialdifferenz 120
Potentiometer 156 f.
Potenzfunktion 252
Prisma 225
Prismenspiegel 226
Proton 206
Pupille 235
Pythagoras 39, 255

Q
Quadratmeter 11
Quantenzahl 200 ff.
Quarzuhr 18
Querwelle 176

R
Radialbeschleunigung 27 f.
Radiant 16
Radioaktivität 196, 207 ff.
Radium 208
Raoultsches Gesetz 111
Raum 2 ff.
Rauminhalt 12
Razenate 243
Reaktion 34
Réaumur 89
Réaumurskala 90
Rechteckschwingung 173
Rechte-Hand-Regel 138
Reduktion, kathodische 150
Reflexion 188 f., 221
Reflexionsgesetz 189, 221
Reibung 41 f.
- äußere 41
- innere 84
Reibungselektrizität 128
Reibungskoeffizient 42
Reibungskraft 41 f.
Reihenschaltung, Spannungsquellen 131
- Widerstand 155
Rekombination 151
Relais 141

Relation 249 ff.
- linkseindeutige 250
Resonanz 171
Retina 235
Rhythmus 130
Richtungspfeil 19
Riva Rocci 76
Röhre, kommunizierende 74
Röntgen, W. C. 210
Röntgenstrahlen 210
Röntgenstrahlung, ultraharte 212
Rotation 26 f.
Rückdiffusion 79
Rückstoß 35
Rutherford, Ernest 197
Rutherfordsches Atommodell 197 f.
- Streuexperiment 198

S
Sammellinse 228
Sanduhr 16
Sättigung 165
Sättigungsdampfdruck 107 ff.
Sättigungsgrad 77
Saugpipette 75
Schalenmodell 202
Schallgeschwindigkeit 185 f.
Schallwelle 184
Schallwellenerzeugung (mit einer Stimmgabel) 185
Schatten 219 ff.
Schattenbildung 219 ff.
Schiebewiderstand 148
Schieblehre 11
Schmelzdruck 109
Schmelzen 109
Schmelzpunkt 106 f.
Schmelzwärme 106
Schraubenfeder 47
Schwarzer Körper 246 f.
Schweben 71
Schwerebeschleunigung 25
Schweredruck 68
Schwerpunkt 39 ff.
Schwimmen 71
Schwingkreis 170 ff.
Schwingung 18 f., 28 f., 167 ff.
- anharmonische 171
- elektrische 169
- erzwungene 171
- freie 171
- harmonische 29, 167
- mechanische 167

Schwingungsamplitude 175
Schwingungsbauch 184
Schwingungsdauer 18, 167, 175
Schwingungsgleichung, harmonische 29
Schwingungsknoten 184
Schwingungsphase 177
Sedimentation 87
Sehweite, deutliche 238
Sehwinkel 237
Sekunde 18
Sekundenpendel 19
Senkspindel 71
Serie 200
Serienschaltung 131
SI 4
Sieden 106 ff.
Siedepunkt 106
Siedepunktserhöhung 110 f.
Siedetemperatur 106, 109
Sinus 255
Sinussatz 256
Skalar 19
Sommerfeld, Arnold 201
Sonnentag, mittlerer 18
– wahrer 17
Sonnenuhr 18
Sonographie 193
Spannung, bioelektrische 128
– elektrische 120
– induzierte 160
– mechanische 48
Spannungsabfall 153 f.
Spannungsquelle, elektrische 128, 131
Spannungsteiler 156
Spektrometer 225
Spektrum 179, 200
– elektromagnetisches 179
– Linienspektrum 225
Spin 202
Spinquantenzahl 201 f.
Sprungtemperatur 148
Spule 140
Stabilitätskriterien 207
Stabmagnet 132, 134
Stalagmometer 65
Standardabweichung 263
Stechheber 74
Stimmgabel 186
Stimmgabelschwinger 18
Stoffmenge 58
Stokessche Formel 88
Strahl, außerordentlicher 244

– ordentlicher 244
Strahlendosis 212
Strahlstärke 245 f., 259
Strahlung 208
– ionisierende 210
Streuung 262 f.
Strichmaß 9 f.
Strom, elektrischer 135 f.
– induzierter 160
Stromkreis, elektrischer (von stationären Strömen) 152
– geschlossener 153
– offener 153
Stromquelle 137
Stromstärke 82, 136
– Messung 144
Strömung 86 f.
– laminare 86 f.
– turbulente 86 f.
Strömungsmechanismus 86 f.
Sublimation 107, 109
Südpol 132
Superposition, ungestörte 182
Supraleitfähigkeit 148
Suspension 77
System 112
– abgeschlossenes 54, 112
– optisches 235
– periodisches (der Elemente) 201
Système International d' Unités s. SI

T
Tangens 255
Teilchenbeschleuniger 212
Teilmenge 249
Temperatur 89 ff., 105
Temperaturgefälle 103
Temperaturmessung 91
Thermoelement 92, 130
Thermometer 91
Thermospannung 130
Torr 49
Totalreflexion 223 f., 226 f.
Trägheit 30
Trägheitsgesetz 30
Transformator 162 ff.
Transistor 152
Translation 21 ff.
– beschleunigte 22
– gleichförmige 21
Transversalwelle 176
Tripelpunkt 109
Tubus 239

Sachverzeichnis 273

Tubuslänge, optische 239
Turgeszenz 81
Turgor 81

U
Überlagerung 181
Überlaufgefäß 13
Uhr 17f.
– mechanische 18
Ultraschall 184
Ultraviolett 179
Umwandlungswärme, molare 107
– spezifische 107
Uran 208
Ur-Meter 9
U-Rohr-Manometer 74
UV-Strahl, künstlicher 195

V
Vakuumdiode 164f.
Vakuumventil 165
Valenzelektron 151, 203
Vektor 19f., 260f.
Vektorrechnung 260f.
Vektorsumme 39
Verdampfungswärme 106
Verdunstung 107f.
Verdunstungskälte 108
Verformung, elastische 46
– plastische 46
Verformungsarbeit 51
Vergrößerung 237
Vergrößerungsmaßstab 231
Verstärker 152
Viskosimeter 87
Viskosität 84ff.
Vollwinkel 15
Volt (Einheit) 120
Volta 120
Voltmeter 153
Volumausdehnung, thermische 94
Volumelastizität 59f.
Volumen 12
Volumeneinheit 12
Volumenmessung 13

W
Waage 43
– Balkenwaage 44
Wärme als Energie 100ff.
Wärmeausdehnung 91ff.
Wärmebegriff 99ff.
Wärmeinhalt 99

Wärmekapazität, spezifische 99
– Einheit 101
Wärmelehre, 1. Hauptsatz 112
– 2. Hauptsatz 113
– phänomenologische 89ff.
Wärmeleitfähigkeit 103
Wärmeleitung 102f.
Wärmemenge 99
Wärmestrahlung 104
Wärmestrom 102
Wärmeströmung 103
Wärmetheorie, molekularkinetische 104ff.
Wärmetransport 102ff.
Warmwasserheizung 103
Wasserstoffatom, Atommodell 200
– Masse 57
Wasserstrahlpumpe 83
Wasserwelle 173f.
– konzentrische 174
Watt (Einheit) 54
Watt, James 54
Wechselspannung 162
Wechselstrom 160
Wechselwirkung 34ff.
Weg-Zeit-Diagramm 22
Weicheiseninstrument 145
Weitsichtigkeit, Altersweitsichtigkeit 237
Welle 173ff.
– elektromagnetische 178ff., 193ff.
– mechanische 176ff. 192f.
– stehende 184
Wellenanwendung (in der Medizin) 192ff.
Wellenbeugung 189f.
Wellenfläche 187f.
Wellenfront 187f.
Wellenfunktion 201
Wellengleichung 175
Wellenlänge 175
Wellenmechanik 201
Wellenzug 173
Wickelkondensator 126
Widerstand 146ff.
– elektrischer 146ff.
– spezifischer 147
– technischer 148
Widerstandsthermometer 147
Winkelbegriff 13
Winkelgeschwindigkeit 27
Winkelmaß 13, 16
Winkelmesser 16

Winkelmessung 15f.
Wirkungslinie 42
Wirkungsquantum 200

X
X-Strahlung 210

Z
Zähigkeit 84
Zahlen, ganze 248
- irrationale 248
- natürliche 248
- rationale 248
- reelle 248
Zahlenmengen 248f.
Zeit 2, 4f., 7, 16ff.
Zeiteinheit 16ff.
Zeitmessung 17f.
Zehnerpotenz (Vorsilben) 5
Zehntelmaß 11
Zentrifugalkraft 37f.
Zentripetalbeschleunigung 27f.
Zentripetalkraft 37
Zerfallsgesetz 209
Zerlegung, spektrale 225
Zerstäuber 84
Zerstreuungslinse 228
Zustandsänderungen 98
Zustandsdiagramm 110
Zustandsgleichung, allgemeine 97
Zustandsgröße 97

Notizen

Notizen

Notizen

Notizen